普通化学简明教程

主　编　王明文

副主编　闫红亮　李新学

车　平　臧丽坤

科学出版社

北京

内 容 简 介

本书是普通高等学校非化学化工、非冶金材料类工科专业化学公共基础课教材。

全书简明扼要，除绪论外，理论部分主要内容集中为4章，包括化学反应的基本原理、溶液化学、电化学和微观物质结构，应用化学部分不再独立成章。本书适用于少学时的普通化学教学。本书通过"化学家史话"介绍在化学某领域作出杰出贡献的科学家，以"化学新知"的方式开阔学生的视野，提高学习兴趣。

本书不仅可以作为高等学校本科生化学公共基础课教材，也可供自学者、工程技术人员以及高中化学教师参考。

图书在版编目(CIP)数据

普通化学简明教程/王明文主编. —北京：科学出版社，2014.8
ISBN 978-7-03-041513-4

Ⅰ.①普… Ⅱ.①王… Ⅲ.①普通化学-高等学校-教材 Ⅳ.①O6

中国版本图书馆 CIP 数据核字(2014)第 176128 号

责任编辑：陈雅娴 / 责任校对：李 影
责任印制：赵 博 / 封面设计：迷底书装

科 学 出 版 社 出版
北京东黄城根北街 16 号
邮政编码：100717
http://www.sciencep.com
安泰印刷厂印刷
科学出版社发行 各地新华书店经销
*
2014年8月第 一 版 开本：B5 720×1000
2016年6月第三次印刷 印张：15 1/2 插页：1
字数：327 000

定价：39.00 元

(如有印装质量问题，我社负责调换)

前　言

普通化学是非化学化工、非冶金材料类工科专业必修的一门化学公共基础课。它是构筑全面发展的现代工程技术人员的知识结构、能力结构以及素质教育的重要组成部分，也是学习有关专业知识的基础。

由于普通化学是一般工科学生大学阶段重要的化学课程，也可能是唯一一门化学课程，因此应介绍化学最基本的基础理论、基本知识，以及与化学密切相关的社会热点、科技发展、学科交叉等方面的知识，使学生具有一定的化学素质和知识水平，建立化学的思维方式，培养用化学方法解决实际问题的综合能力。

目前出版的《普通化学》一般包括理论化学、应用化学两部分。应用化学部分包括化学与能源、环境、材料、信息、生命和健康等多个方面，这部分在教学时一般为选学内容。本书出繁入简，理论化学部分集中为 4 章，应用化学部分不再独立成章，部分基本知识和应用问题与理论有机结合，故称之为《普通化学简明教程》，适用于工科院校少学时的普通化学教学。

绪论和附录由王明文编写，第 1 章由闫红亮编写，第 2 章由李新学编写，第 3 章由臧丽坤编写，第 4 章由车平编写。全书由王明文任主编并统稿。

本书的编写得到了教育部本科教学工程“专业综合改革试点项目”经费和北京科技大学教材建设基金的资助。李文军教授和东北大学王林山教授审阅全稿并提出了宝贵的意见和建议，在此表示感谢！

由于时间紧迫和编者的水平有限，疏漏及不妥之处请读者批评指正！

编　者

2014 年 5 月

目　　录

第0章　绪　　论

0.1　化学发展简史

化学是一门古老而又年轻的科学。化学史是人类在长期的社会实践中对获得化学知识的系统的历史回顾。化学历史的发展大致可以分为如下三个时期：

(1) 古代及中古时期(17世纪中叶以前)。主要特点是以实用为目的，化学知识来源于具体工艺过程的经验，主要包括炼丹术、炼金术以及医药化学的萌芽。

由野蛮进入文明是从用火开始的，燃烧这种化学现象为一系列化学变化如制陶、炼铜、染色、酿造等提供了条件。

关于物质变化的本源及其规律的追溯，无论在东方还是西方均有假说提出，如中国的阴阳五行之说，认为物质都是由金、木、水、火、土五种基本物质组合而成，而五行则是由阴、阳二气相互作用而成的。在古希腊有类似的四元素说，即万物是由火、土、水、气四种元素组成。德谟克利特(希腊语：Δημκριτο，公元前460年—公元前370年或公元前356年)提出原子论假说。

化学实验的雏形来自于中国的炼丹术和阿拉伯的炼金术。中国炼丹术盛于秦汉，公元7～9世纪传入阿拉伯，形成炼金术(alkimiya，al是阿拉伯语冠词，kim和kimiya语音类似于中国字“金”和“金液”的语音)。炼金术再传入欧洲，成为alchemy，即现在化学一词chemistry的来源。

16世纪，欧洲工业生产推动了医药化学的发展。在中国，炼丹术也逐渐被本草学取代。明代李时珍撰写的《本草纲目》全书达190多万字。同时期的宋应星所著《天工开物》详尽记录了当时的手工业和化学生产过程。

总之，这一时期的特点是实用性、经验性和零散性，化学还不能称为一门科学。

(2) 近代化学时期(17世纪后半叶到19世纪末)。摆脱经验哲学的束缚，引入正确的科学研究方法大大推动了化学的发展。例如，培根(F. Bacon，1561—1626)指出：“一切知识来源于感觉，感觉是可靠的。科学在整理感性材料时，用的是归纳、分析、比较、观察和实验的方法。”

这一时期还可以分为前、后两个时期，前期至18世纪末，是近代化学的孕育期。1661年，玻意耳(R. Boyle)首次提出科学的“元素”概念：“元素是由某些不由其他物质所构成的原始的和简单的物质或完全纯净的物质，它们是用一般方法不能再分解的更简单的物质”，“化学的对象和任务就是要寻找和认识物质的组成和性质”。这明确地表明要把化学看成认识自然的一门学问。对此恩格斯给予高度的评价：“是玻意耳把化学确立为科学。”当然，现在元素的定义以原子结构为依据，元素是具有相同核电荷数(质子数)的同一类原子的总称,而玻意耳的元素实际上是单质。1777年,拉瓦锡(A.-L. de Lavoisier)提出燃烧氧化学说并推翻燃素学说,“把过去建立在燃素学说基础上倒立着的全部化学正立过来了”(恩格斯语)。拉瓦锡把量的概念引入化学实验中,证明了化学过程中的物质不灭定律,被誉为“定量化学之父”。

化学家史话

拉 瓦 锡

安托万-洛朗·德·拉瓦锡(A.-L. de Lavoisier,1743—1794),法国伟大的化学家,生于巴黎的一个律师之家,曾有一段时间想承父业,在马萨林学院获得法律硕士学位。由于爱好自然科学,在这方面具有广博知识的他,最后决心专门从事化学研究。曾向法国科学院提交了大量的实验研究报告,著有《化学概论》等著作。

1777年在论文《燃烧通论》中提出新的燃烧氧化学说,否定了燃素学说,带来了一场“化学的革命”。拉瓦锡通过精确的定量实验,证明物质虽然在一系列化学反应中改变了状态,但参与反应的物质的总量在反应前后都是相同的,即化学反应中的质量守恒定律。拉瓦锡与他人合作制定出化学物种命名原则,创立了化学物种分类新体系。这些工作特别是他所提出的新观念、新理论、新思想,为近代化学的发展奠定了重要的基础,因而后人称拉瓦锡为“近代化学之父”,也被誉为“定量化学之父”。拉瓦锡之于化学,犹如牛顿之于物理学。

基于氧化说和质量守恒定律,1789年拉瓦锡发表了《化学概论》这部集大成著作,定义了元素的概念,并对当时常见的化学物质进行了分类,使得当时零碎的化学知识逐渐清晰化。在该书中的实验部分,拉瓦锡强调了定量分析的重要性。这种简洁、自然而又可以解释很多实验现象的理论系统完全有别于燃素学说的繁复解释和各种充满炼金术术语的化学著作,很快产生了轰动效应并受到年轻化学家的欢迎,与玻意耳的《怀疑派的化学家》一样,被列入化学史上划时代的作品。

1768年,年仅25岁的拉瓦锡当选为法国科学院院士,同年成为一个包税人,承包国家税收。1789年法国爆发资产阶级革命,1793年法国国民议会发布命令,逮捕所有包税人,拉瓦锡被捕入狱,1794年5月8日被推上断头台。

后期是近代化学的发展期。1811年,阿伏伽德罗(A. Avogadro)提出分子假说。1827年,道尔顿(J. Dalton)建立原子论解释定比定律和倍比定律。1869年,门捷列夫(Д. И. Менделеев)提出元素周期律而集大成。与此同时,苯的六元环结构和碳的四面体结构的建立使有机化学得以发展,热力学的引入可从宏观角度解决平衡问题。

总之,这一时期是一个大发展的阶段,化学实现了从经验到理论的重大飞跃,真正被确立为一门独立的科学,传统的四大基础化学分支无机化学、分析化学、有机化学、物理化学相继建成,化学工业大规模出现,如制酸、制碱、合成氨、染料及有机合成工业。

(3) 现代化学时期(20世纪以来)。X射线、放射性和电子这三大发现打开了微观世界的大门,化学家能够从微观结构的角度和更深的层次上研究物质的性质和化学变化的根本原因,可以知其所以然。

现代化学百余年是一个丰收期,化学理论、研究方法、实验技术以及应用等都发生了深刻的变化。高分子化学、材料化学、核化学、量子化学、仪器分析等新的分支学科相继建立,生物化学、环境化学、元素有机化学、药物化学等边缘和交叉学科破土而出。化学与生物、地质、能源、材料、环境等学科之间的联系越来越密切。

0.2　化学的定义与分支

化学与数学、物理等同属于自然科学基础课,是培养大学生的**基本素质课程**。化学是在**原子、分子**层次上研究物质的**组成、结构、性质**及其**变化规律**的科学。另有一种简单的表述:"化学主要是研究物质的分子转变规律的科学。"化学的研究对象是物质的分子,是"实体"(不包含物理学上的场),分子的转变是指化学运动,不是热运动或机械运动,转变的规律则包含所有转变过程中的规律,如组成、结构对性质的影响等,"主要"二字明确指出化学主要研究对象和其他科学有明显区别,但"次要"问题也可能涉及,赋予化学定义一定的灵活性。

化学在发展过程中,依照所研究的分子类别和研究手段、目的、任务等派生出许多分支学科。除传统的无机化学、有机化学、物理化学和分析化学四个基础分支学科外,又发展衍生出高分子化学、核化学和放射化学、生物化学等新的分支。1967年,美国的*Chemical Abstracts*(化学文摘)把化学分为五大部分,再细分为80类:①生物化学(1～20类);②有机化学(21～34类);③大分子化学(35～46类);④应用化学和化学工程(47～64类);⑤物理化学和分析化学(65～80类)。《中国大百科全书(化学卷)》(1989)把化学分为七大部分:无机化学、有机化学、物理化学、分析化学、高分子化学、核化学和放射化学、生物化学。

无机化学是研究无机物的组成、结构、性质和无机化学反应与过程的化学。无机物种类繁多,包括在元素周期表中所有元素的单质及其化合物。从现代科学发展史看,一种新化合物的制得及其特性的发现往往导致一个新的科技领域的产生或一个崭新工业的兴起。例如,固体无机化学中InP的合成开始了Ⅲ～Ⅴ族化合物半导体的应用;Y_2O_3、ZrO_2及Na-β-Al_2O_3的合成兴起了固体电解质的研究以及钠-硫高能蓄电池、耐高温燃料电池的开发应用;$LiNbO_3$晶体的制得促进了现代非线性光学的发展;红色荧光粉Y_2O_3:Eu的发现推动了彩色电视机的发展等。

分析化学是测量和表征物质的组成和结构的学科。随着生命科学、信息科学和计算机技术的发展,分析化学进入一个崭新的阶段,不只限于测定物质的组成和含量,而且要对物质的状态(氧化还原态、各种结合态、结晶态)、结构(一维、二维、三维)、微区、薄层和表面的组成与结构以及化学行为和生物活性等做出瞬时追踪、无损和在线监测等分析及过程控制。仪器分析技术飞速发展,观察原子、摆布原子、芯片分析实验室、原位XRD结构分析等技术纷纷实现。

有机化学是研究碳氢化合物及其衍生物的化学，也称“碳的化学”。目前已知的化合物有2400多万种，其中无机物不到20万种。世界上每年合成的新化合物中70%以上是有机化合物。有机化合物直接或间接地为人类提供大量的必需品。

物理化学是研究所有物质系统的化学行为的原理、规律和方法的学科，是化学学科以及在分子层次上研究物质变化的其他学科的理论基础，主要包括化学热力学、化学动力学、结构化学和量子化学等。化学热力学的基本原理是化学学科的普遍基础，可根据热力学函数来判断系统的稳定性、变化的方向和程度。热化学、电化学、溶液与胶体化学都是化学热力学的组成部分。化学动力学研究化学反应的速率和机理，分子束和激光技术的应用使其研究由宏观转入微观超快过程和过渡态。量子化学和结构化学是从微观角度研究化学的“左右手”，借助现代先进测试手段和超高速计算机技术，化学走向实验和理论并重的时代。

高分子化学是研究高分子化合物的结构、性能与反应、合成方法、加工成型及应用的化学。高分子是人类物质文明的标志之一。塑料、纤维、橡胶三大合成材料以及形形色色的功能高分子材料对提高人类生活质量，促进国民经济发展和科技进步作出了巨大贡献。

0.3　化学的三大特征

1. 特征一：化学已经成为自然科学基础学科的中心

“化学是中心科学”的说法是英国科学家、诺贝尔奖获得者罗宾森(R. Robinson)提出的，科学技术发展的历史证明这一说法的正确性和科学性。中国科学院上海有机化学研究所吴毓林、陈耀全先生指出“此中心的涵义是指化学是面向物质变化的科学”。世界是物质的，而物质是由原子和分子组成的。世界上的万事万物都在运动、发展、变化，变是绝对的，不变是相对的。从这一意义上说，化学所研究的对象涉及自然界的所有物质，与自然科学的方方面面都有联系，从而处于自然科学的独特地位。

从科学的层次看，数学、物理是上游，生物、医药和社会科学是下游，化学是中游，因此化学是承上启下的中心科学。

化学向其他学科的渗透趋势进一步加强，化学与生物学、材料的交叉领域大有作为。化学的发展已经并将会进一步带动和促进其他相关学科的发展(图0-1)。

信息、能源、材料是21世纪的三大热点问题。化学将会在解决能源这一人类面临的重大问题方面作出贡献。新型催化剂使煤、天然气和煤层气的综合利用为期不远，大规模、大功率光电转换材料的研制使太阳能、氢能等新型能源得以利用，燃料电池的研究实现电动汽车的实用化，从而改变人类能源消费方式，提高人类生态环境的质量。材料科学的发展中化学必将发挥关键作用。化学将不断提高基础材料如钢

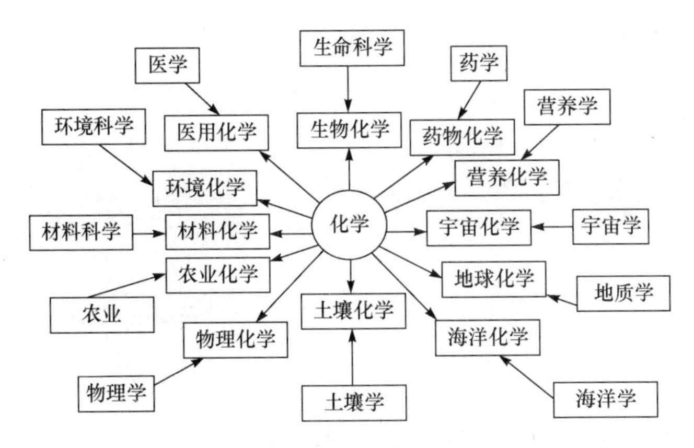

图0-1 化学与多学科形成的交叉学科

铁、水泥和通用有机高分子材料及复合材料的质量和性能,并将继续创造各类新材料,如电子信息材料、生物医用材料、新型能源材料、生态环境材料和航天航空材料等。

化学在提高国民生活质量方面发挥着重大作用。例如,研制高效肥料和高效农药、开发新型农业生产资料,治理土地荒漠化、干旱及盐碱地以解决粮食短缺问题,开发新药提高人类健康问题,环境污染治理问题等均需要化学的方法和手段。

可见化学与人类衣食住行、能源、材料、国防、环境保护、医药卫生、资源利用等密切相关,是一门有关社会迫切需要的实用科学(图0-2)。

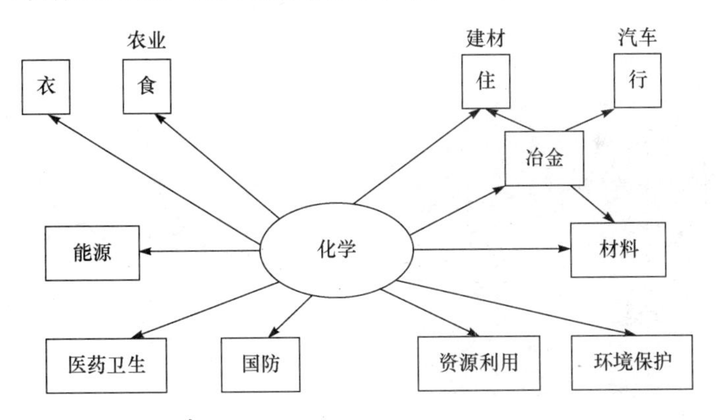

图0-2' 化学是一门有关社会需要的实用科学

2. 特征二:化学是一门以实验为基础的科学

化学起源于人类的生产劳动。例如,我国古代在冶炼、染色、制盐、酿造、造纸、火药以及炼丹术等方面的发展直接推动了化学的发展。反过来化学也促进了上述行业的进步。

现代分析测试仪器是我们眼和手的延伸。借助于电子显微镜(扫描电子显微镜

SEM、透射电子显微镜 TEM、原子力显微镜 AFM)可以直接看到原子乃至操纵原子(图 0-3)。

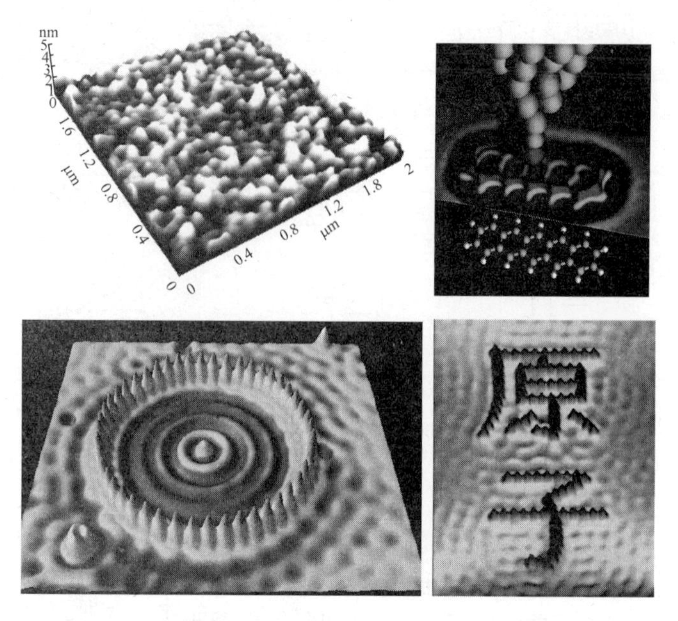

图 0-3　原子力显微镜测量材料表面、化学键与操纵原子

借助 X 射线衍射技术(粉末衍射、单晶衍射)可以测定物质结构,获知原子和分子的排列堆积信息(图 0-4)。此外还包括色谱技术(气相色谱、液相色谱、离子色谱等)、红外、核磁共振、紫外-可见、荧光、差热热重分析等现代化手段。

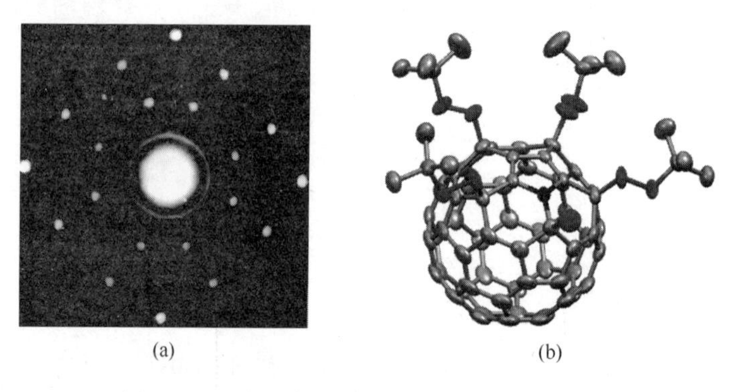

图 0-4　C_{60}衍生物的单晶衍射图(a)和结构(b)

量子力学和计算机技术的发展产生的计算化学分支使我们在化学的研究上可以"两条腿走路",实验与计算并举,并且互相促进。

3. 特征三:化学的主要任务是创造新物质

化学是研究物质变化的科学,原料通过化学反应而得到生成物,创造了新分子、新的化合物和具有特殊性质的新材料。化学元素周期表中有100多种元素，以这诸多的元素及其衍生物为基础，化学工作者以几乎每10年品种数翻一番的速度发现和创造新的化合物。在这100年中，在美国的*Chemical Abstracts*上登录的天然和人工合成的分子和化合物的数目已从1900年的55万种，增加到1999年底的2340万种，2001年已增加到3200万种。迄今，有机和无机化学物质2400余万种，生物序列4800余万条。没有其他的自然科学能像化学那样制造出如此众多的新分子、新物质。这些新分子、新物质都是当今人类社会赖以生存的物质宝库，已经或正在满足着人们的物质需求，以及包括经济、文化、科技、教育在内的社会需求。

从诺贝尔化学奖的获奖情况也能看出化学与经济的关系。1901年，诺贝尔化学奖开始颁发，到2005年，已颁发了近100次，1901～1945的45年中，德国获得16人次，英国、法国各获得6人次，而美国仅获得3人次。1945年以前化学研究的中心是在以德国为中心的欧洲国家，其突出代表是德国。1945年以后，美国就有40多人次获奖，比欧洲国家获奖人次的总和还多，说明了1945年以后，世界化学研究的中心已转移到美国。此外，1945年以前只有10个国家获奖，而1945年以后获奖国家增加到16个，这也反映了化学研究与开发的地区向多极化发展。

0.4 现代化学的发展趋势和前沿领域

我国著名化学家徐光宪先生指出，21世纪化学面临的挑战有：创造和识别泛分子，其中包括发展合成和分离的新方法。例如，组合化学与药物合成、模板合成、相转移合成、水热合成、芯片合成，DNA转录为mRNA，mRNA翻译为蛋白质，识别生命体内数以亿万计分子的功能，解释生命现象的化学机理，推动生命科学的发展，都涉及物理化学、理论化学和计算化学的内容。

1. 合成化学

合成化学的发展是未来化学发展的基础，21世纪合成化学将进一步向高效率和高选择性发展；新方法、新反应以及新试剂仍将是未来合成化学研究的热点；手性合成与技术将越来越受到人们的重视；各类催化和选择性合成研究将会取得更大进展；化学家也将更多地利用细胞来进行物质的合成。随着生物工程研究的进展，通过生物系统合成所需要的化合物的目的能够很快实现，这些研究成果将使合成化学呈现出崭新的局面。

2. 基于储能及能量转换的化学反应

高效储能与能量转化的研究是人类社会研究的重点和热点。这方面的工作包括：常规能源、核能、太阳能、生物能、氢能、燃料电池、锂离子电池、镍氢电池、其他新能源及其关键材料的研究，高效储能及其能量转化机理研究；能量的转换与储存技术，清洁能源技术，工业与生活垃圾等废弃物的能源资源利用技术等。

太阳能的光电转换虽早已用于卫星，但大规模、大功率的光电转换材料的化学研究则才开始。太阳能光解水产生氢燃料的研究，已引起人们的关注和重视；随着石油资源的近于枯竭，人们加强了对燃烧过程的研究，了解燃烧的机制；燃料电池及其催化剂的研究；高效储氢材料设计与研究等。这些方面的化学反应过程及机理研究，不仅推动化学学科的发展，也是人类充分利用自然资源的关键和需要。

3. 绿色化学与循环经济

绿色化学将成为21世纪化学的重大变化。它要求化学反应符合"原子经济性"，即反应产率高，副产物少，而且耗能低，节省原材料，同时还要求反应条件温和，所用化学原料、化学试剂和反应介质以及所生成产物均无毒无害或低毒低害，与环境友好。绿色化学及其新化学途径要求得到选择性高、生产环境友好的产品，并且经济合理。绿色化学的主体思想是采用无毒无害的原料和溶剂。

绿色化学是与生态环境协调发展的更高境界的化学，它要求化学家重新考虑化学问题，从源头上消除任何污染。绿色化学过程不排出任何废物的化学反应(原子经济性)，对解决环境污染具有重大意义。

4. 化学计算与设计反应

化学涉及研究新物质的合成方法、分子设计、探索化合物的微观结构与性能等工作。利用其研究的成果、数据以及化学计算技术，可以创造特定性能的物质或材料。分子团簇和原子、分子聚集体等的研究与现代计算机技术、生物、医学等相结合，能获得多角度、多尺度、多层次的研究突破。21世纪的化学工作者将更普遍地利用计算机辅助进行化学反应优化设计，通过计算机评估浩如烟海的已知反应，从而选择最佳合成路线，制得目标化合物。我们有望让计算机按照所设定的方式去解决材料、生物、环境、生命、能源与资源等现代科学问题。

5. 纳米尺度与纳米化学

在复杂性科学和物质多样性研究中，尺度效应至关重要。尺度的不同，引起主要相互作用力的不同，导致物质性能及其运动规律等原理方面质的区别。从化学、生物或物理学角度看，纳米级的微粒由于其表面原子或分子所占比例超乎寻常的大而性能变得不同寻常，研究其特殊的光学、电学、催化性质以及特别的量子效应已受到重视。借助STM/AFM等技术进行单分子化学的研究，能观察在单分子层次上的许多不同于宏观的新现象和特异效应，对这些新现象和新效应的揭示可能会导致一些科学问题的突破。纳米尺度体系的热力学性质，如铁磁性、铁电性、超导性和熔点等与粒子尺度有重要的关系。例如,当粒子尺度在 0.1～10 nm 的量级,处于量子尺度和经典尺度的模糊边界中,此时热运动的涨落和布朗运动将起重要的作用。

6. 活性分子及其运动规律认识

21 世纪的化学不仅要面对简单体系,还要面对包括生命体系在内的复杂系统。充分认识和了解人类和生物体内活性分子的运动规律,无疑是 21 世纪化学亟待解决的重大难题之一。如何实现从生物分子到分子生物的飞跃?如何跨越从化学进化到生物进化的鸿沟?人类的大脑是用“泛分子”组装成的最精巧的“计算机”,如何彻底了解大脑的结构和功能将是 21 世纪脑科学、生物学、化学、物理学、信息和认知科学等交叉学科共同面对的难题。

7. 学科的渗透与交叉将使化学的发展面临更多的机会与挑战

化学向其他学科的渗透趋势在 21 世纪会更加明显。更多的化学工作者会投身到研究生命、材料的队伍中,并在化学与生物学、化学与材料、化学与能源等的交叉领域大有作为。化学必将为解决基因组工程、蛋白质组工程中的问题以及理解大脑的功能和记忆的本质等重大科学问题作出巨大的贡献。

化学的发展已经并将会进一步带动和促进其他相关学科的发展,同时其他学科的发展和技术的进步会反过来推动化学学科的不断前进。研究单分子中的电子过程与能量转移过程,探讨分子间的作用力和电子的运动,描述相关现象的慢过程,跟踪超快过程等的研究,将有助于化学工作者不断地汲取数学、物理学和其他学科中发展的新理论和新方法,在更深层次揭示物质的性质及物质变化的规律。

面对 21 世纪社会发展的需求和新技术、新科学的召唤,化学的用武之地将更加广泛,其中心科学的作用将更加突出。

(1) 创造新材料。新材料既是新技术革命的三大支柱之一,又是能源技术、信息技术和生命科学的物质基础。

(2) 发展绿色化学。全球环境的恶化赋予化学工作者开发绿色化学义不容辞的责任。

(3) 开发新能源。环境问题与能源问题是密切相关的。当今世界的能源结构分布、能源消耗与储量比较都显示出现有的化石能源是不可能持续很久的。在开发新的无污染的燃料电池、利用太阳能发电及其开发新的储能系统,以及在制氢并解决和开发安全、高密度储氢的方法及研制过程中,化学必将发挥核心作用。

(4) 揭示生命的奥妙。生命体系中的化学问题研究仍将是科学研究的前沿。以利用化学理论、研究方法和手段来探索生物医学问题的生物无机化学正在形成。有迹象表明,生物无机化学将成为未来 20 年或更长一段时间内的重要前沿学科方向之一。

0.5 普通化学课程

普通化学是一门现代化学导论课程，其目的是给学生以高素质的化学通识教育。通过化学反应基本规律和物质结构理论的学习，使学生了解当代化学学科的概貌，能运用化学的理论、观点、方法审视公众关注的环境污染、能源危机、新兴材料、生命科学、健康与营养等社会热点话题，了解化学对人类社会的作用和贡献。

一般普通化学的教学内容主要可分为三大部分。

(1) 理论化学：包括化学热力学、化学动力学和物质结构基础(第 1 章～第 4 章)，从宏观热化学开始，引入化学热力学和动力学基本概念和核心内容，并在溶液化学、电化学中予以具体应用。

(2) 基本知识和应用化学：包括单质和化合物的知识，化学与能源、环境、材料、信息、生命和健康，以及与人文社会的关系和互相渗透等。这部分内容在本书中未单独设章，部分内容以与理论相结合的形式提及。

(3) 实验化学：设有独立课程。

普通化学是一门重要的基础课，深入、扎实地学习并掌握其基础理论和基本概念，并在此基础上创新性地思考、创造性地学习，在学习这门课程时是十分重要的。

在学习中，研究普通化学的基本问题要与解决实际问题相结合。可结合人类健康、生产和生活中所接触到的一些自然现象和热门问题进行知识原理的学习、研究方法的掌握、前沿热点的跟踪。因此，学习时可通过利用信息技术来学习知识。

普通化学中许多反应式、理论体系、原理方法等都是建立在已知的基础上，然而还有许多未知领域。在学习过程中，既要掌握已知的概念理论，又要探知未知领域，树立科学想象力，培养学习的兴趣，保持一颗好奇心，才能使得我们不断求索和创新。

普通化学设有独立的实验课，理论课与实验课是一个整体，相互补充、完善。在学习中，实验可以加深感性认识，而理论可以加深对感性认识的理解。

本章小结

化学是研究物质的性质和变化的科学，在人类认识和改造世界的过程中也给予了有力的帮助。作为一门中心科学，化学涉及人类生活的各个门类并常扮演着理论阐述的角色，如从冰的融化、水的蒸发等自然现象到治癌药物的开发等。同时，化学又是一门极具实际意义的科学，已经在我们的日常生活中如健康治疗的改进、自然资源的转化和地球环境的保护以及衣食住行的供应等方面产生了决定性的影响。

通过普通化学的学习，我们能够运用化学的基本原理和思维方法去理解和描述现代科学、技术和工程领域的各种现象，甚至帮助我们认识和理解原子和分子的行为。

Chemistry is the study of the properties of materials and the changes that materials undergo, which provides important understanding of our world and how it works. As a central science, chemistry is often used to describe the principles in the aspects of our lives, from everyday activities like melting of ice and evaporation of water to more far-reaching matters like the development of drugs to cure cancer. Chemistry is an extremely practical science and has been very influential in its impact on our daily living, such as improvement of health care, conservation of natural resources, protection of the environment, provision of our everyday needs for food, clothing, shelter and means of traveling.

By studying general chemistry, we will be able to use fundamental chemistry principles and ideas to understand and describe various matters. Furthermore, an understanding of behavior of atoms and molecules provides powerful insights in other areas of modern science, technology, and engineering.

(北京科技大学 王明文)

第 1 章　化学反应的基本原理

人们研究化学反应主要是探索物质的变化规律和变化过程中的能量关系。变化规律和能量关系具体包括如下几个基本问题：

(1) 化学反应的方向。两种或多种物质在一定条件下混合在一起能否发生化学反应？向什么方向进行？

(2) 反应过程的能量变化。若反应能进行，它是吸热还是放热？

(3) 化学反应进行的程度。反应是可逆反应还是不可逆反应？可逆反应达到平衡时，各物质间的量有什么关系？

(4) 化学反应的速率。若反应能进行，它的反应速率和反应机理如何？

化学反应的方向、程度及能量变化属于化学热力学(chemical thermodynamics)的研究范畴，化学反应的速率则属于化学动力学(chemical dynamics)的研究范畴。对于某一化学反应的研究，化学热力学和化学动力学两者是相辅相成、缺一不可的。例如，汽车尾气中含有 NO 和 CO 两种大气污染物，能否通过如下反应 $2NO+2CO \longrightarrow N_2+2CO_2$ 实现汽车尾气的无害化治理？热力学计算表明，该反应在常温常压下能够进行。但热力学仅能告诉我们这种可能性，实际上在常温常压下将两种气体简单混合在一起，并没有任何可察觉的反应发生，而通过结合动力学的研究发现，找到合适的催化剂，该反应才能顺利实现。当然，如果热力学研究表明该反应不能发生，就不必为寻找催化剂枉费心机了。由此可见，研究化学热力学和化学动力学具有重要的理论和实践意义。

1.1　化学热力学基本概念

1.1.1　系统和环境

客观世界中各种事物总是相互联系的。为研究方便，常把要研究的那部分物质和空间与其他物质和空间人为地分开，被划分出来作为研究对象的那一部分物质和空间称为**系统**(system)；系统之外，与其密切联系的其他物质和空间称为**环境**(surrounding)。例如，一杯 NaOH 溶液，如果研究 NaOH 溶液的性质，那么研究对象 NaOH 溶液就是系统，盛放溶液的烧杯及其周围的空间即环境。

系统与环境之间的联系包括能量交换和物质交换，根据系统与环境之间能量和物质的交换情况，可将系统分为以下三类。

(1) **敞开系统**(open system)：系统与环境之间既有物质交换，又有能量交换。

(2) **封闭系统**(closed system)：系统与环境之间没有物质交换，但有能量交换。

通常在密闭容器中进行的化学反应即属于封闭系统。热力学中主要研究封闭系统。

(3) **孤立系统**(isolated system):系统与环境之间既无物质交换,又无能量交换。当然,严格的孤立系统是不存在的,因为没有一种材料能够完全隔绝能量的传递。但是,如果影响非常小,以至于可以忽略,仍可近似地视为孤立系统。

例如,在一个敞口的玻璃杯中盛有热水,若将其中的热水作为研究的系统,该系统与环境之间有物质的交换(水分子进入环境),也有能量的交换,是敞开系统;若给水杯加上密封盖,则系统与环境间没有物质交换,仅有能量交换,系统为封闭系统;若将水杯改为保温杯,则系统可近似为孤立系统。

思考题 1-1　系统与环境间的界面必须是真实存在的,对吗?为什么?

1.1.2　相

系统中具有相同的物理性质和化学性质的均匀部分称为**相**(phase)。均匀是指分散度达到分子或离子大小的数量级。相与相之间有明确的界面。越过相界面,一定有某些性质(如密度、折射率、组成等)发生突变。例如,置于烧杯中的冰水混合物,其中的冰、水及水面上的空气各自具有相同的物理性质和化学性质,分别称为固相、液相和气相。相的存在与物质的量的多少无关,也可不连续存在。例如,冰不论是1 kg或1 g,是一块或多块,它们都是同一个相。一个相可以含有多种物质。再如,空气是多种气体的混合物,溶液中可以溶有多种物质,但都是一个相。相与物质的聚集状态不同,物质的聚集状态一般分为固态、液态和气态三种。通常任何气体都可均匀混合,所以系统内不论含有多少种气体都只是一个气相。液态物质根据其互溶程度可以是一相、两相或三相共存。例如,乙醇和水可以完全互溶,其混合液为单相系统;苯和水不能互溶而分层,是相界面清晰的两相系统;而苯、水、氯仿则因密度差异可构成三相系统。对于固体,如果系统中不同种固体成分达到了分子程度的均匀混合,就形成了固溶体,此时系统为单相;否则,不论固体研磨得多么细,其分散度也远达不到分子、离子水平,系统中含有多少种固体物质,就有多少相。

系统按相的组成可分为单相系统和多相系统。

1.1.3　理想气体状态方程与分压定律

1. 理想气体状态方程

理想气体状态方程(the ideal gas equation)是描述理想气体的温度(T)、压力(p)、体积(V)和物质的量(n)之间关系的方程,即

$$pV=nRT \tag{1-1}$$

在国际单位制(SI)中,p 的单位是 Pa,V 的单位是 m^3,T 的单位是 K,n 的单位是 mol,由于标准状况下任何 1 mol 理想气体体积均为 22.414 dm^3,则摩尔气体常量

R 的数值及单位为

$$R=\frac{pV}{nT}=\frac{1.01325\times10^5\ \mathrm{Pa}\times22.414\times10^{-3}\ \mathrm{m^3}}{1\ \mathrm{mol}\times273.15\ \mathrm{K}}$$

$$=8.3145\ \mathrm{Pa\cdot m^3\cdot mol^{-1}\cdot K^{-1}}$$

$$=8.3145\ \mathrm{J\cdot mol^{-1}\cdot K^{-1}}\text{(一般计算时取 8.314)}$$

2. 理想气体分子的特征

严格遵守理想气体状态方程的气体称为理想气体。理想气体分子除了彼此碰撞以及和器壁碰撞之外，分子间相互作用可以忽略不计，且分子本身占有的体积与气体分子运动的空间相比也可略去不计。严格意义上的理想气体实际上是不存在的。但许多实际气体，特别是那些不易液化的气体，如 He、H_2、O_2、N_2 等，在常温常压下的性质近似于理想气体，因此可以用理想气体状态方程进行有关 p、V、T、n 的计算。

3. 道尔顿分压定律

若在恒温下把几种不同的气体混合于容积为 V 的容器中，各种气体分子的物质的量分别为 $n_1,n_2,\cdots,n_i$，总的物质的量为 $n=n_1+n_2+\cdots+n_i$。混合前，由理想气体状态方程得

$$p_1V=n_1RT,p_2V=n_2RT,\cdots,p_iV=n_iRT$$

各式相加

$$(p_1+p_2+\cdots+p_i)V=(n_1+n_2+\cdots+n_i)RT$$

另混合后的气体作为一个整体有

$$pV=(n_1+n_2+\cdots+n_i)RT$$

两式相比较，则有

$$p=p_1+p_2+\cdots+p_i \tag{1-2}$$

即混合气体的总压力 p 等于各组分气体分压力 p_i 之和。由推导过程不难看出，分压是指在相同温度下，各组分气体占有与混合气体相同体积 V 时所具有的压力，即未混合前在体积 V 时该气体的压力。由于这一定律是英国科学家道尔顿于 1801 年提出的，因此称为**道尔顿分压定律**(Dalton's law of partial pressures)。

又根据 $p_iV=n_iRT$，$pV=nRT$，可得

$$\frac{p_i}{p}=\frac{n_i}{n}=x_i$$

$$p_i=x_ip \tag{1-3}$$

式中，x_i 表示第 i 种气体在混合气体中的摩尔分数。

同样，在恒温(T)和恒压(p)条件下，由理想气体状态方程

$$V=\frac{nRT}{p}=\frac{n_1RT}{p}+\frac{n_2RT}{p}+\cdots+\frac{n_iRT}{p}=V_1+V_2+\cdots+V_i$$

$$\frac{V_i}{V}=\frac{n_i}{n}=x_i \tag{1-4}$$

即恒温恒压下，混合气体的总体积等于各组分气体的分体积之和。某组分气体的分体积 V_i 是该气体单独存在并具有与混合气体相同温度和压力时占有的体积。这就是气体的分体积定律。

【例 1-1】 0 ℃时，一容积为 15.0 dm^3 的钢瓶中装有 6.00 g 氧气和 9.00 g 甲烷，钢瓶中两种气体的摩尔分数和分压各为多少？钢瓶的总压力为多少？

解

$$n(O_2)=\frac{6.00\ g}{32.0\ g\cdot mol^{-1}}=0.188\ mol$$

$$n(CH_4)=\frac{9.00\ g}{16.0\ g\cdot mol^{-1}}=0.563\ mol$$

$$x(O_2)=n(O_2)/[n(O_2)+n(CH_4)]=0.188\ mol/(0.188\ mol+0.563\ mol)=0.250$$

$$x(CH_4)=1-x(O_2)=1-0.25=0.75$$

根据理想气体状态方程可得

$$p(O_2)=\frac{n(O_2)RT}{V}=\frac{0.188\ mol\times 8.314\ kPa\cdot L\cdot mol^{-1}\cdot K^{-1}\times 273\ K}{15.0\ dm^3}=28.45\ kPa$$

$$p(CH_4)=\frac{n(CH_4)RT}{V}=\frac{0.563\ mol\times 8.314\ kPa\cdot L\cdot mol^{-1}\cdot K^{-1}\times 273\ K}{15.0\ dm^3}=85.20\ kPa$$

根据道尔顿分压定律可知，钢瓶的总压力就是瓶中各气体的分压之和，即

$$p=p(O_2)+p(CH_4)=28.45\ kPa+85.20\ kPa=113.65\ kPa$$

1.1.4　状态和状态函数

热力学系统的**状态**(state)是系统一切物理和化学性质的综合。任何一个系统的状态都可以用一些宏观的物理量来表示，每个物理量代表系统的一种性质。例如，理想气体的状态可用压力(p)、体积(V)、温度(T)及物质的量(n)等物理量来确定。当系统处于一定的状态时，这些物理量都有确定的值，倘若其中某一个物理量发生变化，系统的状态会发生相应的变化，也就是说，系统的状态与这些物理量之间有一定的函数关系，因此，热力学把这些描述系统状态的物理量称为**状态函数**(state function)。

系统的各状态函数之间是互相关联的。例如，对于理想气体来说，如果知道了压力、体积、温度、物质的量这四个状态函数中的任意三个，就能用理想气体状态方程式确定另外一个状态函数的数值。

状态函数有两种重要性质：

(1) 系统的状态一定，状态函数就具有确定值。

(2) 系统从一种状态转变到另一种状态时，状态函数的变化量只取决于系统的始态(变化前的状态)和终态(变化后的状态)，而与变化所经历的途径无关。

例如，在 101.325 kPa 下，将 1 mol H_2O 从 298 K 升高到 328 K，所经历的变化

途径不论是由始态的 298 K 直接加热到终态的 328 K，还是先从始态的 298 K 冷却到 278 K 后，再升温到终态的 328 K，其温度的变化都是 30 K，可见温度 T 是一个状态函数。

系统的热力学性质可以分为广度性质和强度性质。

广度性质（又称容量性质）：这种性质与系统中物质的数量成正比，具有简单的加和性，即系统总的性质是组成该系统各部分该性质的简单加和。例如，体积、质量、热容及我们将要学到的热力学能、熵、焓等均是广度性质。

强度性质：与系统内物质的量无关，由系统自身性质决定，不具有简单的加和性，如温度、压力、浓度、密度等。

显然，系统的某种广度性质除以物质的量或质量（或任何两个广度性质相除）后就成为与系统的量无关的强度性质，如摩尔体积（体积除以物质的量）、比热容（热容除以质量）、密度（质量除以体积）等均为强度性质。

1.1.5 过程和途径

系统状态发生的任何变化称为**过程**（process）；实现这个过程所经历的具体步骤或具体路线，则称为**途径**（path）。

根据变化过程中所控制的条件不同，热力学的基本过程主要有如下几种：恒温过程、恒压过程、恒容过程、绝热过程、循环过程等。

完成一个从同一始态到同一终态的变化过程，可以经历许多不同的途径，而每一途径经常包含多个步骤。

例如，要完成图 1-1 中从始态到终态的变化过程（气缸中填充理想气体），可通过图示的两种途径来实现。其中，途径Ⅰ仅含一个步骤，途径Ⅱ包含两个步骤。

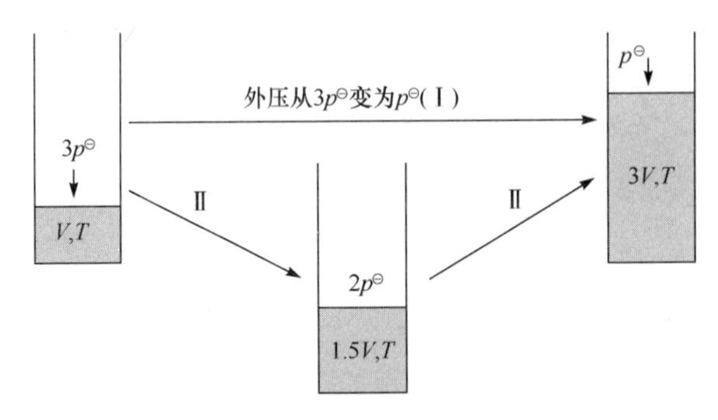

图 1-1 同一变化过程可经历不同的途径

1.1.6 化学计量数与反应进度

1. 化学计量数

化学反应方程式又称化学反应计量式，仅表示反应时各物质转化的比例关系。

对任一反应，可写为

$$a\mathrm{A}+d\mathrm{D}=\!=\!=e\mathrm{E}+f\mathrm{F}$$

也可写成

$$0=e\mathrm{E}+f\mathrm{F}-a\mathrm{A}-d\mathrm{D}$$

或简化成

$$0=\sum_{\mathrm{B}}\nu_{\mathrm{B}}\mathrm{B} \tag{1-5}$$

式中，B 为参与反应的物种；ν_{B} 为物种 B 相应的**化学计量数**(stoichiometric number)，是量纲为 1 的纯数。ν_{B} 可以是整数或分数，对于反应物取负值，对于产物取正值。这与反应中反应物减少、产物增加是一致的。

对于同一个化学反应，化学计量数与化学反应计量式的写法有关。例如，合成氨反应写成

$$N_2+3H_2=\!=\!=2NH_3$$

时，则 $\nu(N_2)=-1$，$\nu(H_2)=-3$，$\nu(NH_3)=2$；若写作

$$\frac{1}{2}N_2+\frac{3}{2}H_2=\!=\!=NH_3$$

则 $\nu(N_2)=-1/2$，$\nu(H_2)=-3/2$，$\nu(NH_3)=1$。

2. 反应进度

反应进度(extent of reaction)表示反应进行的程度，常用符号 ξ 表示，其定义为

$$\xi=\frac{n_{\mathrm{B}}(\xi)-n_{\mathrm{B}}(0)}{\nu_{\mathrm{B}}} \tag{1-6}$$

式中，$n_{\mathrm{B}}(0)$ 为反应起始时刻 t_0，即反应进度 $\xi=0$ 时，B 的物质的量；$n_{\mathrm{B}}(\xi)$ 为反应进行到 t 时刻，即反应进度 $\xi=\xi$ 时，B 的物质的量。反应进度 ξ 的单位为 mol。引入反应进度的最大优点是在反应进行到任意时刻时，可用任一反应物或产物来表示反应进行的程度，所得的值总是相等的。例如，对于合成氨反应：

	$N_2(g)$ +	$3H_2(g)\longrightarrow$	$2NH_3(g)$	ξ
t_0 时 $n_{\mathrm{B}}/\mathrm{mol}$	3.0	10.0	0	0
t 时 $n_{\mathrm{B}}/\mathrm{mol}$	2.0	7.0	2.0	ξ

$$\xi=\frac{\Delta n(N_2)}{\nu(N_2)}=\frac{\Delta n(H_2)}{\nu(H_2)}=\frac{\Delta n(NH_3)}{\nu(NH_3)}$$

$$=\frac{2.0-3.0}{-1}=\frac{7.0-10.0}{-3}=\frac{2.0-0}{2}=1.0\ (\mathrm{mol})$$

反应进度与化学反应方程式的书写有关，因为同一反应的反应方程式写法不同，ν_{B} 就不同，因而 ξ 也就不同。例如，对于反应 $N_2(g)+3H_2(g)\longrightarrow 2NH_3(g)$，当有 2 mol NH_3生成时，反应进度为 1 mol。若将反应写成

$$\frac{1}{2}N_2+\frac{3}{2}H_2 = NH_3$$

则反应进度为 2 mol。

反应进度是以反应方程式为单元来表示反应进行的程度。当反应进度为 1 mol 时，参与反应的各种物质转化的物质的量等于所给反应式中相应物质的化学计量数。

1.1.7　热力学标准状态

同一种物质，在不同的温度、压力等条件下性质不同。热力学中为计算某些状态函数的变化值，有必要为物质确定一个共同的基准状态即热力学标准状态，简称标准态(standard state)。标准态是指在某温度 T 和标准压力 $p^\ominus$(100 kPa)下该物质的状态。上标“$\ominus$”是表示标准态的符号(读作标准)。物质的聚集状态不同，标准态的规定也不同，具体规定如下。

气体：标准压力 $p^\ominus$(100 kPa)下的纯气体或混合气体中分压为标准压力的某气体，并认为气体均具有理想气体的性质。

纯液体(或纯固体)：标准压力下的纯液体(或纯固体)。

溶液中的溶质：标准压力下，质量摩尔浓度 $m^\ominus=1\ \text{mol}\cdot\text{kg}^{-1}$的状态。在稀溶液中，标准浓度可用物质的量浓度 $c^\ominus=1\ \text{mol}\cdot\text{dm}^{-3}$代替。

需要注意，在规定标准态时仅限定了压力 $p^\ominus$，而没有指定温度，通常选取 298.15 K 为参考温度。

若某个化学反应中各种物质均处于标准状态，我们称该反应在标准状态下进行；反之，如果某反应在标准态下进行，则参与反应的各种物质均处于标准状态。

1.2　化学反应中的能量变化

1.2.1　热力学第一定律

人们在长期实践的基础上总结出这样一个规律：自然界的一切物质都具有能量，在任何过程中能量不会自生自灭，只能从一种形式转化为另一种形式，在转化过程中，能量的总值不变。这就是能量转化与守恒定律。把能量转化与守恒定律应用于具体的热力学系统，就得到**热力学第一定律**(first law of thermodynamics)。

系统的总能量一般由动能、势能和**热力学能**(thermodynamic energy)组成。动能由系统的整体运动所决定，势能由系统在外力场(如电磁场、离心力场等)中的位置所决定，热力学能是系统内部所储存能量的总和。化学热力学通常只研究静止的且不考虑外力场作用的系统，则热力学系统能量仅指热力学能。

热力学能是系统内部所有微观粒子各种运动形式的能量的总和，常用符号 U 表示。它包括系统中分子的平动能、转动能、振动能，分子内部的振动能和转动能，电子运动的能量、原子核内的能量以及分子间相互作用的势能等。由于微观粒子运动的复杂性，至今仍无法确定一个系统热力学能的绝对值。但可以肯定的是，系统处于一定状态时必有一个确定的热力学能，即热力学能是状态函数。尽管 U 的绝对值无法确定，但实际计算各种过程的能量转化时，涉及的仅是热力学能的变化值 ΔU。

若封闭系统由始态（热力学能为 U_1）变到终态（热力学能为 U_2），同时系统从环境吸收热 Q，得功 W，则系统热力学能的变化为

$$\Delta U = U_2 - U_1 = Q + W \tag{1-7}$$

式(1-7)就是封闭系统的热力学第一定律的数学表达式。它表示系统以热和功的形式传递的能量，必定等于系统热力学能的变化。

热(heat)是因温度不同而在系统和环境之间传递的能量形式，常用符号 Q 表示。热力学规定：系统向环境放热，Q 为负值；系统从环境吸热，Q 为正值。

系统和环境之间除热以外的其他能量传递形式都称为**功**(work)，常用符号 W 表示。热力学规定：系统对环境做功，W 为负值；环境对系统做功，W 为正值。热力学中将功分为体积功和非体积功两类。由于系统体积发生变化而与环境所交换的功称为体积功 $W_{体}$。所有其他的功统称非体积功 W'，如电功、表面功等。本书将在第 3 章中讨论电功，本章的讨论仅限于系统只做体积功的情况。

如图 1-2 所示，气缸内充满一定量的理想气体。假定活塞（截面积为 A）与气缸内壁之间无摩擦力，当活塞在外力 F 作用下移动 l 的距离后，体积功

$$W_{体} = Fl = -(p_{外}\ A) \cdot \frac{\Delta V}{A} = -p_{外}\ \Delta V \tag{1-8}$$

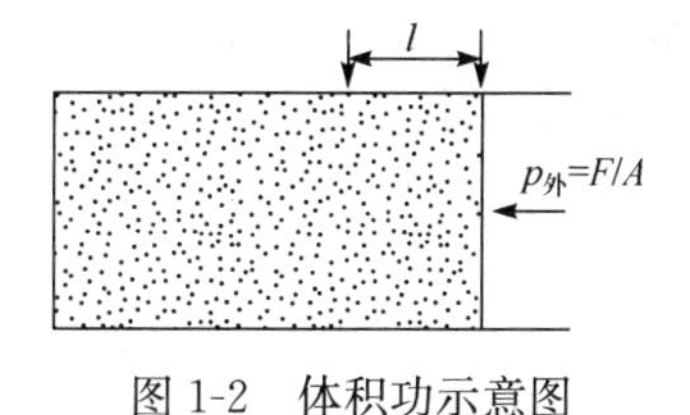

图 1-2　体积功示意图

> **思考题 1-2**　Q 和 W 均非状态函数，$Q+W$ 与途径有关吗？

【例 1-2】　1 mol 理想气体从始态 100 kPa、22.4 dm^3 经等温恒外压 $p_2 = 50$ kPa 膨胀到平衡，求系统所做的功。

解　终态平衡时的体积为

$$V_2 = p_1 V_1 / p_2 = 100000\ \text{Pa} \times 22.4 \times 10^{-3}\ \text{m}^3 / 50000\ \text{Pa} = 44.8 \times 10^{-3}\ \text{m}^3$$

$$W_{体} = -p_{外}\ \Delta V = -50000\ \text{Pa} \times (44.8 - 22.4) \times 10^{-3}\ \text{m}^3 = -1120\ \text{J}$$

功和热是能量传递的不同形式，只有在能量传递的过程中才存在。功和热都不是状态函数，其数值大小与状态变化的途径有关。

以图 1-1 为例，系统经不同的途径由始态变到终态，途径（Ⅰ）的体积功为

$$W_{\text{I}} = -p^{\ominus}(3V - V) = -2p^{\ominus} V$$

途径（Ⅱ）的体积功为

$$W_{\text{II}} = -2p^{\ominus}(1.5V - V) + [-p^{\ominus}(3V - 1.5V)] = -2.5p^{\ominus} V$$

1.2.2　化学反应的反应热

对于一个化学反应而言，由于反应物和生成物的热力学能不同，在反应过程中，

反应系统的热力学能将发生改变。与此同时，系统以热或(和)体积功的形式与环境进行能量交换。由于体积功一般在数量上比热小，所以化学反应的能量交换以热为主。

化学反应的**反应热**(heat of reaction)是指等温反应热，即当一个化学反应发生后，使产物的温度回到反应物的起始温度，整个过程中系统与环境所交换的热量。

1. 恒容反应热及其测量

在恒容、不做非体积功条件下，$\Delta V=0$，$W'=0$，所以 $W=-p\Delta V+W'=0$，根据热力学第一定律：

$$\Delta U=Q_V \tag{1-9}$$

Q_V 称为**恒容反应热**(heat of reaction at constant volume)，式(1-9)表明，在不做非体积功条件下，在恒容过程中系统与环境所交换的热全部用于改变系统的热力学能，或者说，恒容反应热等于系统热力学能的改变量。

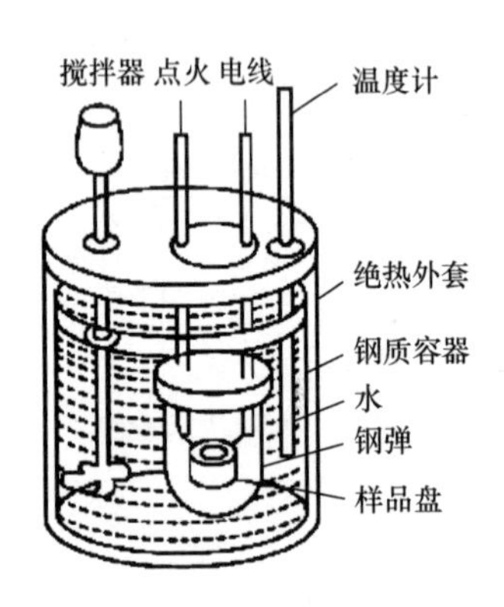

图 1-3　弹式热量计示意图

恒容反应热可通过弹式热量计(图 1-3)进行精确测量。弹式热量计中有一个用高强度钢制成的耐压容器称为钢弹，在其中装入质量精确的反应物。将钢弹放在绝热的恒温浴中，其中装入已知质量的水作为吸热介质。在弹式热量计的钢弹中有点火装置，通过电火花引发反应。系统放出的热量使环境(包括钢弹、水和恒温容器)温度升高。精确地测量反应前后水的温度，如果已知热量计和水的热容(温度每升高 1 ℃所需热量)，就可以计算出化学反应在恒容条件下放出的热。由式(1-9)可知，应用弹式热量计所测得的反应热，即为反应的 ΔU。

2. 恒压反应热与焓

在恒压、不做非体积功时，$W_{体}=-p(V_2-V_1)$，所以根据热力学第一定律：

$$\Delta U=U_2-U_1=Q_p-p(V_2-V_1)$$

即

$$Q_p=\Delta U+p\Delta V=(U_2-U_1)+p(V_2-V_1)=(U_2+p_2V_2)-(U_1+p_1V_1)$$

定义

$$H\equiv U+pV \tag{1-10}$$

则

$$Q_p=H_2-H_1=\Delta H \tag{1-11}$$

Q_p 称为**恒压反应热**(heat of reaction at constant pressure)，式(1-10)是热力学函数焓 H 的定义式。因 H 是状态函数 U、p、V 的组合，则焓 H 也为状态函数。由

于U的绝对值不能确定，H的绝对值也无法确定，但系统的焓变ΔH却可以测得。式(1-11)表明，在仅做体积功条件下，系统的焓变ΔH等于恒压反应热。

由于化学反应一般在仅做体积功的恒压条件下进行，所以化学热力学常用ΔH来直接表示恒压反应热Q_p。如$\Delta H<0$，表示反应放热；如$\Delta H>0$，表示反应吸热。

思考题 1-3　Q_V、Q_p分别等于系统的热力学能变化和焓变，它们的数值只取决于系统的始态、终态，而与变化途径无关，那么Q_V、Q_p属于状态函数吗？

3. 恒容反应热与恒压反应热的关系

如前所述，许多反应的恒容反应热Q_V可由弹式热量计精确测定(图1-3)。而化学反应一般在恒压下进行，对应的是恒压反应热Q_p。如果知道Q_p与Q_V的关系，就能由Q_V的数据求算Q_p。

对于理想气体，热力学证明其热力学能只是温度的函数；对于真实气体、液体、固体，其热力学能在温度不变、压力变化不大时，也可近似认为不变。换言之，恒温恒压过程和恒温恒容过程的热力学能的改变量可认为近似相等，即$\Delta U_p \approx \Delta U_V$。因此，由式(1-9)和式(1-11)可得

$$Q_p - Q_V = \Delta H - \Delta U_V = (\Delta U_p + p\Delta V) - \Delta U_V = p\Delta V \qquad (1\text{-}12)$$

对于只有凝聚相(液态和固态)的系统，$\Delta V \approx 0$，所以$Q_p = Q_V$。对于有凝聚相参与的理想气体反应，由于凝聚相相对于气相体积可以忽略，因此在式(1-12)中，只需考虑气体的体积变化。根据理想气体状态方程，在恒温恒压过程中，气体的ΔV只与其物质的量的变化相关。若反应前后任一气体的物质的量变化为$\Delta n(\mathrm{B_g})$，则系统的体积变化为

$$\Delta V = \sum_{\mathrm{B}} \Delta n(\mathrm{B_g}) \cdot RT/p$$

故

$$Q_p - Q_V = \sum_{\mathrm{B}} \Delta n(\mathrm{B_g}) \cdot RT \qquad (1\text{-}13\mathrm{a})$$

根据式 (1-6)，$\Delta n_{\mathrm{B}} = \xi\nu_{\mathrm{B}}$，故

$$Q_p - Q_V = \xi \sum_{\mathrm{B}} \nu(\mathrm{B_g}) \cdot RT \qquad (1\text{-}13\mathrm{b})$$

等式两边除以反应进度ξ，即得化学反应摩尔恒压反应热与摩尔恒容反应热之间的关系式：

$$Q_{p,\mathrm{m}} - Q_{V,\mathrm{m}} = \sum_{\mathrm{B}} \nu(\mathrm{B_g}) \cdot RT \qquad (1\text{-}13\mathrm{c})$$

或

$$\Delta_{\mathrm{r}} H_{\mathrm{m}} - \Delta_{\mathrm{r}} U_{\mathrm{m}} = \sum_{\mathrm{B}} \nu(\mathrm{B_g}) \cdot RT \qquad (1\text{-}13\mathrm{d})$$

式中，下标“r”表示化学反应；下标“m”表示反应进度 $\xi=1$ mol。

【例 1-3】 固体柠檬酸的燃烧反应为

$$C_6H_8O_7(s)+\frac{9}{2}O_2(g)=\!=\!=6CO_2(g)+4H_2O(l)$$

298.15 K 时，在弹式热量计中 10.0 g 固体柠檬酸完全燃烧所放出的热为 103.6 kJ。试求 298.15 K 时该反应的恒压反应热 $\Delta_r H_m$。

解 柠檬酸的摩尔质量 $M=192.0\ g\cdot mol^{-1}$，故其物质的量为

$$n=\frac{10.0}{192.0}=5.21\times10^{-2}(mol)$$

弹式热量计中发生的是恒容反应，所以

$$Q_V=-103.6\ kJ$$

$$Q_{V,m}=\frac{Q_V}{n}=\frac{-103.6}{5.21\times10^{-2}}=-1.99\times10^3(kJ\cdot mol^{-1})$$

则反应的摩尔恒压反应热为

$$\Delta_r H_m=Q_{p,m}=Q_{V,m}+\Delta n_g RT$$
$$=-1988.5+(6-4.5)\times8.314\times10^{-3}\times298.15=-1.98\times10^3(kJ\cdot mol^{-1})$$

1.2.3 反应标准摩尔焓变的计算

如果每一个化学反应的反应热都通过实验来测定，则工作量太大。另外，有些反应如 $2C(s)+O_2(g)=\!=\!=2CO(g)$，其反应热难以直接用实验测定，因为无法做到使 C 完全氧化为 CO 而无 CO_2 生成。为此，有必要研究反应热的理论计算方法。

1. 反应热的表示——热化学方程式

表示化学反应与反应热关系的反应方程式称为**热化学方程式**(thermochemical equation)。书写热化学方程式时，先写出反应的化学方程式，然后列出相应的焓变 ΔH，两者之间用逗号或空格隔开。因为化学反应的反应热与反应进行的条件(恒压还是恒容、温度、压力等)有关，也与反应物和生成物的物态及物质的量有关，因此写热化学方程式时须注意以下几点：

(1) 注明反应系统的温度及压力。同一反应在不同温度下反应热是不同的；压力对反应热也有影响，但影响不大。某反应在 298.15 K、标准状态时的反应热，称为反应的标准摩尔焓变(change of standard molar enthalpy)，以 $\Delta_r H_m^\ominus(298.15\ K)$ 表示，此符号中的上标“$\ominus$”表示标准态。

(2) 注明反应物和生成物的物态。例如，在 298.15 K 和标准态下，由 H_2 和 O_2 生成 1 mol H_2O 时，若生成的 H_2O 是气态，则反应热是 $-241.81\ kJ\cdot mol^{-1}$；若是液态，则反应热是 $-285.83\ kJ\cdot mol^{-1}$，因为由液态 H_2O 转变成气态 H_2O 时还要进一步吸收汽化热。所以在写热化学方程式时必须注明物态。气态、液态和固态物质分别用 g、l 和 s 表示，水溶液(aqueous solution)中的物质以 aq 表示。如果固体的晶形

不同，则需注明晶形，如 C(石墨)、C(金刚石)等。

以碳的燃烧反应为例，其热化学方程式为

$$C(石墨,p^{\ominus})+O_2(g,p^{\ominus})=CO_2(g,p^{\ominus}) \quad \Delta_r H_m^{\ominus}(298.15\ K)=-393.51\ kJ\cdot mol^{-1}$$

2. 由盖斯定律计算标准摩尔焓变

1836 年，俄国化学家盖斯(G. H. Hess)在大量实验的基础上总结出："一个化学反应不管是一步完成还是分几步完成，它的反应热都是相同的。"这就是**盖斯定律**(Hess's law)。盖斯定律作为一个经验结论，发表于热力学第一定律之前，而在热力学第一定律建立之后，盖斯定律就成为其必然推论。因为化学反应通常是在恒容(或恒压)、不做非体积功的情况下进行的，此时 $Q_V=\Delta U$ 或 $Q_p=\Delta H$，而 U、H 都是状态函数，只要给定了始态和终态，则 ΔU 和 ΔH 就必然有定值，而与变化的途径无关。盖斯定律是热化学计算的基础。

例如碳的燃烧反应，在 298.15 K 下，可按反应式(1)一步完成：

(1) $C(石墨)+O_2(g)=CO_2(g) \quad \Delta_r H_{m,1}^{\ominus}=-393.51\ J\cdot mol^{-1}$

也可分下列两步完成：

(2) $C(石墨)+\frac{1}{2}O_2(g)=CO(g) \quad \Delta_r H_{m,2}^{\ominus}=-110.53\ kJ\cdot mol^{-1}$

(3) $CO(g)+\frac{1}{2}O_2(g)=CO_2(g) \quad \Delta_r H_{m,3}^{\ominus}=-282.98\ kJ\cdot mol^{-1}$

确定始态为 $C(石墨)+O_2(g)$，终态为 $CO_2(g)$，则变化的途径如图 1-4 所示。

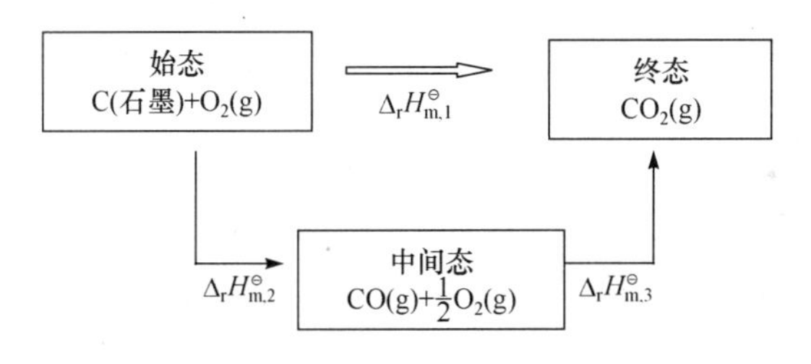

图 1-4 碳的燃烧反应的两种途径

根据盖斯定律有

$$\Delta_r H_{m,1}^{\ominus}=\Delta_r H_{m,2}^{\ominus}+\Delta_r H_{m,3}^{\ominus}=-110.53+(-282.98)=-393.51\ (kJ\cdot mol^{-1})$$

而上述三个化学反应方程式之间的关系为

反应式(1)=反应式(2)+反应式(3)

这表明，一个反应如果是另外两个或更多个反应之和，则该总反应的恒压反应热必然是各分步反应的恒压反应热之和，这是**盖斯定律的推论**。用此推论就可根据已知的反应热数据来计算难于测量或无法测量的反应热。

3. 由标准摩尔生成焓计算标准摩尔焓变

利用盖斯定律,可由已知相关反应的反应热间接求算某一指定反应的反应热。为寻求一种更方便、适用范围更普遍的计算反应焓变的方法,人们引入了物质相对焓值的概念即标准摩尔生成焓(standard molar enthalpy of formation)。有了各种物质的标准摩尔生成焓,就能方便地计算一个反应的焓变。

1)标准摩尔生成焓

在标准状态时由指定单质生成单位物质的量的纯物质时反应的焓变,称为该物质的标准摩尔生成焓,用符号 $\Delta_f H_m^\ominus(B,T)$ 表示,下标"f"表示生成,B 表示此物质,T 表示反应温度。一般选 T=298.15 K 为参考温度,常用单位为 $kJ \cdot mol^{-1}$,298.15 K 时的数据可以从附表 4 中查到。

所谓**指定单质**是指在给定的温度和压力下能够稳定存在的单质。例如在 298.15 K、$p^\ominus$下,$O_2(g)$、$H_2(g)$、C(石墨)、$Br_2(l)$、Hg(l) 等均为稳定单质,而$Br_2(g)$、$O_2(l)$、C(金刚石)等在上述条件下不是稳定单质。但也有例外,磷的指定单质是白磷,而非热力学更稳定的红磷。

根据上述定义,指定单质的标准摩尔生成焓(由指定单质生成单位物质的量的指定单质这一过程的焓变)均为零。

以氨气在 298.15 K 下的标准摩尔生成焓为例,它指的是如下反应的焓变:

$$\frac{1}{2}N_2(g)+\frac{3}{2}H_2(g) = NH_3(g)$$

$$\Delta_f H_m^\ominus(NH_3, 298.15\ K)=\Delta_r H_m^\ominus(298.15\ K)=-46\ kJ \cdot mol^{-1}$$

根据标准摩尔生成焓的定义,生成物氨气的化学计量数必须为 1。

对于水合离子,规定水合氢离子的标准摩尔生成焓为零,通常选定温度为 298.15 K,即规定 $\Delta_f H_m^\ominus(H^+, aq, 298.15\ K)=0$。据此,可以获得其他水合离子在 298.15 K 时的标准摩尔生成焓。例如由反应

$$Zn(s)+2H^+(aq) = Zn^{2+}(aq)+H_2(g) \quad \Delta_r H_m^\ominus(298.15\ K)=-153.89\ kJ \cdot mol^{-1}$$

可得 $Zn^{2+}(aq)$的标准摩尔生成焓:

$$\Delta_f H_m^\ominus(Zn^{2+}, aq, 298.15\ K)=-153.89\ kJ \cdot mol^{-1}$$

2)由标准摩尔生成焓计算标准摩尔焓变

根据盖斯定律,可用标准摩尔生成焓计算化学反应的标准摩尔焓变。对任意一个化学反应,由于其反应物和生成物所含的原子种类和数目是相同的,所以可以由同样的单质来生成反应物和生成物。设想反应按如图 1-5 所示两种途径进行。

其中,根据标准摩尔生成焓的定义,途径(Ⅰ)的第一个步骤与途径(Ⅱ)所对应反应的焓变分别是反应物的 $\Delta_f H_m^\ominus(r)$和生成物的 $\Delta_f H_m^\ominus(p)$。由盖斯定律

$$\Delta_f H_m^\ominus(p)=\Delta_f H_m^\ominus(r)+\Delta_r H_m^\ominus$$

或

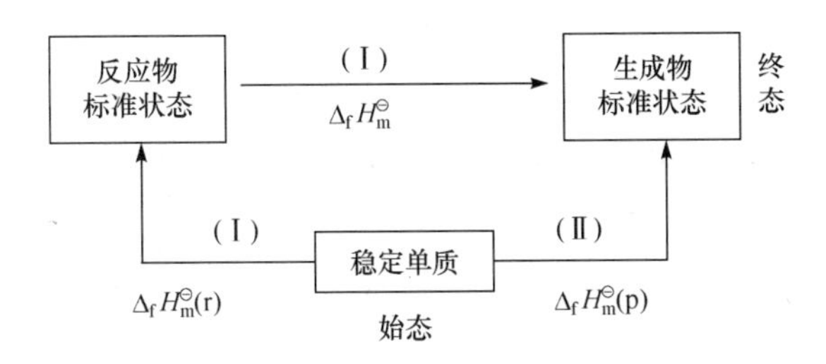

图 1-5　由标准摩尔生成焓计算标准摩尔焓变

$$\Delta_r H_m^\ominus = \Delta_f H_m^\ominus(p) - \Delta_f H_m^\ominus(r)$$

具体地，若化学反应以如下的通式表示：

$$aA + dD = eE + fF$$

则该反应在 298.15 K、标准态条件下的反应热为

$$\Delta_r H_m^\ominus(298.15\ K) = [e\Delta_f H_m^\ominus(E, 298.15\ K) + f\Delta_f H_m^\ominus(F, 298.15\ K)]_{产物} - [a\Delta_f H_m^\ominus(A, 298.15\ K) + d\Delta_f H_m^\ominus(D, 298.15\ K)]_{反应物}$$

或

$$\Delta_r H_m^\ominus(298.15\ K) = \sum_B \nu_B \Delta_f H_m^\ominus(B, 298.15\ K) \qquad (1\text{-}14)$$

此即利用 $\Delta_f H_m^\ominus$ 计算任一化学反应标准摩尔焓变的公式，式中 ν_B 为化学计量数。

例如，当计算反应 $CH_4(g) + 2O_2(g) = CO_2(g) + 2H_2O(l)$ 的标准摩尔焓变时，可以设想反应分如下三步进行：

$C(s) + O_2(g) = CO_2(g)$　　$\Delta_r H_{m,1}^\ominus = \Delta_f H_m^\ominus(CO_2, g)$

$2H_2(g) + O_2(g) = 2H_2O(l)$　　$\Delta_r H_{m,2}^\ominus = 2\Delta_f H_m^\ominus(H_2O, l)$

$CH_4(g) = C(s) + 2H_2(g)$　　$\Delta_r H_{m,3}^\ominus = -\Delta_f H_m^\ominus(CH_4, g)$

由盖斯定律，此三个反应的标准摩尔焓变的总和即为总反应的标准摩尔焓变，即

$$\begin{aligned}\Delta_r H_m^\ominus &= \Delta_r H_{m,1}^\ominus + \Delta_r H_{m,2}^\ominus + \Delta_r H_{m,3}^\ominus \\ &= [\Delta_f H_m^\ominus(CO_2, g) + 2\Delta_f H_m^\ominus(H_2O, l)] + [-\Delta_f H_m^\ominus(CH_4, g) + 0]\end{aligned}$$

其中，0 是 O_2 的标准摩尔生成焓。

应用物质的标准摩尔生成焓计算标准摩尔焓变时需要注意，反应的焓变与方程式的写法有关，因为同一个反应写法不同，化学计量数 ν_B 不相同。另外，查表时注意物质的聚集状态，如液态水与气态水的标准摩尔生成焓不同。

若系统的温度不是 298.15 K，反应的焓变会有些改变，但一般变化不大，即反应的焓变基本不随温度而变化。

$$\Delta_r H_m^\ominus(T) \approx \Delta_r H_m^\ominus(298.15\ K) \qquad (1\text{-}15)$$

【例 1-4】 试计算铝热剂点火反应的 $\Delta_r H_m^\ominus(298.15\ K)$，反应计量式为

$$2Al(s) + Fe_2O_3(s) = Al_2O_3(s) + 2Fe(s)$$

解　从附表 4 查得 298.15 K 时 Fe_2O_3 和 Al_2O_3 的标准摩尔生成焓分别为 $-824.2\ kJ \cdot mol^{-1}$ 和 $-1675.7\ kJ \cdot mol^{-1}$，则

$$\Delta_r H_m^\ominus(298.15\ \text{K}) = \Delta_f H_m^\ominus(\text{Al}_2\text{O}_3, 298.15\ \text{K}) - \Delta_f H_m^\ominus(\text{Fe}_2\text{O}_3, 298.15\ \text{K})$$
$$= [-1675.7-(-824.2)]\ \text{kJ} \cdot \text{mol}^{-1} = -851.5\ \text{kJ} \cdot \text{mol}^{-1}$$

可见，该反应放出大量的热（温度可达 2000 ℃以上），能使钢铁熔化，可应用于钢轨的焊接等。

4. 由标准摩尔燃烧焓计算标准摩尔焓变

许多无机化合物的标准摩尔生成焓可以通过实验来测定，而有机化合物的分子常由大量原子组成且结构比较复杂，很难由元素单质直接合成，故其标准摩尔生成焓的数据不易获得。但几乎所有的有机化合物都容易燃烧，其燃烧热比较容易测定。利用燃烧热数据可计算有机化学反应的反应热。

在标准态下，1 mol 可燃物质完全燃烧（或完全氧化）所放出的热称为该物质的**标准摩尔燃烧焓**（standard heat of combustion），符号 $\Delta_c H_m^\ominus$（下标“c”指燃烧），单位 $\text{kJ} \cdot \text{mol}^{-1}$。这里**“完全燃烧”**是指该物质分子中的组成元素都被氧化成最稳定的高价氧化物，如 C、H、S、P、N 等元素氧化为 $CO_2(g)$、$H_2O(l)$、$SO_2(g)$、$P_4O_{10}(s)$、$N_2(g)$，金属则变成金属的游离态。由于反应物已完全燃烧，上述这些指定的终产物意味着不能再燃烧，规定这些产物或不燃物的燃烧焓为零。标准摩尔燃烧焓 $\Delta_c H_m^\ominus(298.15\ \text{K})$ 的数据见附表 5。利用这些数据可计算任一化学反应的反应热。

【例 1-5】 由附表相关物质的标准摩尔燃烧焓数据，计算 $2\text{C}(\text{石墨}) + 2\text{H}_2(\text{g}) + \text{O}_2(\text{g}) \!=\!=\!= \text{CH}_3\text{COOH}(\text{l})$ 在 298.15 K 及标准态下的反应热。

解 相关物质的燃烧反应和标准摩尔燃烧焓数据如下

① $\text{C}(\text{石墨}) + \text{O}_2(\text{g}) \!=\!=\!= \text{CO}_2(\text{g})$

$$\Delta_r H_{m,1}^\ominus = \Delta_c H_m^\ominus[\text{C}(\text{石墨}), \text{s}] = -393.51\ \text{kJ} \cdot \text{mol}^{-1}$$

② $\text{H}_2(\text{g}) + \frac{1}{2}\text{O}_2(\text{g}) \!=\!=\!= \text{H}_2\text{O}(\text{l})$

$$\Delta_r H_{m,2}^\ominus = \Delta_c H_m^\ominus(\text{H}_2, \text{g}) = -285.83\ \text{kJ} \cdot \text{mol}^{-1}$$

③ $\text{CH}_3\text{COOH}(\text{l}) + 2\text{O}_2(\text{g}) \!=\!=\!= 2\text{CO}_2(\text{g}) + 2\text{H}_2\text{O}(\text{l})$

$$\Delta_r H_{m,3}^\ominus = \Delta_c H_m^\ominus(\text{CH}_3\text{COOH}, \text{l}) = -874.2\ \text{kJ} \cdot \text{mol}^{-1}$$

由 2×①+2×②−③得

$$2\text{C}(\text{石墨}) + 2\text{H}_2(\text{g}) + \text{O}_2(\text{g}) \!=\!=\!= \text{CH}_3\text{COOH}(\text{l})$$

根据盖斯定律，此反应的反应热为

$$\Delta_r H_m^\ominus = 2\times\Delta_r H_{m,1}^\ominus + 2\times\Delta_r H_{m,2}^\ominus - \Delta_r H_{m,3}^\ominus$$
$$= 2\times\Delta_c H_m^\ominus[\text{C}(\text{石墨}), \text{s}] + 2\times\Delta_c H_m^\ominus(\text{H}_2, \text{g}) + \Delta_c H_m^\ominus(\text{O}_2, \text{g}) - \Delta_c H_m^\ominus(\text{CH}_3\text{COOH}, \text{l})$$
$$= 2\times(-393.51) + 2\times(-285.83) + 0 - (-874.2)$$
$$= -484.5\ (\text{kJ} \cdot \text{mol}^{-1})$$

例 1-5 表明，该反应的标准反应焓变等于其反应物的标准摩尔燃烧焓之和减去产物的标准摩尔燃烧焓之和。因而，利用 $\Delta_c H_m^\ominus(\text{B}, T)$ 计算任一化学反应的反应热，可表示为

$$\Delta_r H_m^{\ominus}(T) = -\sum_B \nu_B \Delta_c H_m^{\ominus}(B, T) \tag{1-16a}$$

对于298.15 K时的反应：

$$\Delta_r H_m^{\ominus}(298.15\ K) = -\sum_B \nu_B \Delta_c H_m^{\ominus}(B, 298.15\ K) \tag{1-16b}$$

注意，式(1-16b)中减数与被减数的关系正好与利用标准摩尔生成焓计算反应焓变的式(1-14)相反。

化学家史话

焦　耳

焦耳(J. P. Joule,1818—1889)，英国物理学家，出生于曼彻斯特近郊的沙弗特(Salford)。焦耳自幼跟随父亲参加酿酒劳动，没有受过正规的教育。青年时期，在别人的介绍下，焦耳认识了著名的化学家道尔顿，向他虚心地学习了数学、哲学和化学，这些知识为焦耳后来的研究奠定了理论基础。

1840年12月，焦耳提出了电流通过导体产生热量的焦耳定律。从1843开始到1878年，焦耳不断改进实验设计、提高实验精度，前后用各种方法进行了四百多次实验，测定了热和功之间的当量关系。该研究工作为热运动与其他运动的相互转换提供了无可置疑的证据，焦耳因此成为能量守恒定律的发现者之一。此外，1852年焦耳和汤姆孙发现气体节流膨胀时温度下降的现象，被称为焦耳-汤姆孙效应。这种效应在低温和气体液化方面有广泛应用。

1850年焦耳当选为英国皇家学会会员。1866年由于他在热学、热力学和电方面的贡献，皇家学会授予他最高荣誉的科普利奖章(Copley Medal)。后人为了纪念他，把能量或功的单位命名为“焦耳”，简称“焦”，并用焦耳姓氏的第一个字母“J”来标记热量。

在去世前两年，焦耳对他的弟弟说：“我一生只做了两三件事，没有什么值得炫耀的。”焦耳的谦虚是非常真诚的。但事实上，一位物理学家只要能够做到这些“小事”中的一件就足以名垂青史。

1.3　化学反应方向的判断

1.2节介绍了热力学第一定律及化学反应过程中的能量转化问题。热力学第一定律告诉我们，当系统发生某一过程时伴随着怎样的能量转换。但对于给定系统，某种过程能否按照既定方向发生，如果某过程能够发生，其进行的程度如何，热力学第一定律不能给出答案。要解决这些问题，必须借助于热力学第二定律。

1.3.1　自发反应

自然界中发生的变化都有一定的方向性。例如，两个物体接触并具有温度差时，热必定是从高温物体自发地流到低温物体，直到两物体的温度相等为止；当两容器连接相通并具有压力差时，气体必定从高压容器自发地流到低压容器，直到两容器的压力相等为止；同样，有些物质混合在一起，在给定条件下反应一经开始，就能自动进行下去。例如，镁带在空气中燃烧生成氧化镁，锌片投入硫酸铜溶液引起置换反应等。这种在给定条件下能自动进行的反应或过程称为**自发反应**(spontaneous reaction)或**自发过程**(spontaneous process)。一切自发过程都具有单方向性的特点，即是不可逆的：热不会自动从低温物体流向高温物体；气体不会从低压自动向高压扩散；氧化镁不会自动分解为镁和氧气等。

人们可以根据压力差、温度差来判断气体扩散和热传导的方向，但对于一个化学反应，根据什么来判断反应的方向呢？

人们在研究自发过程时，发现这些过程总是从不稳定状态到稳定状态，且能量越低，系统的状态越稳定。据此人们自然地想到：放热反应可以自发进行，因为反应系统的能量降低了。而事实上，确有很多放热反应在 298.15 K、标准态下是自发的，例如

$$2H_2(g)+O_2(g)=\!=\!=2H_2O(l) \qquad \Delta_r H_m^\ominus(298.15\ K)=-571.66\ kJ\cdot mol^{-1}$$

$$C(s)+O_2(g)=\!=\!=CO_2(g) \qquad \Delta_r H_m^\ominus(298.15\ K)=-393.51\ kJ\cdot mol^{-1}$$

$$Zn(s)+2H^+(aq)=\!=\!=Zn^{2+}(aq)+H_2(g) \qquad \Delta_r H_m^\ominus(298.15\ K)=-153.89\ kJ\cdot mol^{-1}$$

因此曾有人用焓变作为一个反应或过程能否自发进行的判断依据，认为放热反应就能自发进行，吸热反应则不能。

但是有些过程，如冰的融化、一些盐类(如 KNO_3、NH_4Cl 等)在水中的溶解等都是吸热的，而这些过程都是自发进行的。因此，把焓变作为反应自发性的判据是不准确、不全面的。

考察上述自发而又吸热的过程可以发现，过程发生后系统的混乱程度增大了。KNO_3 晶体中 K^+ 和 NO_3^- 的排布是有序的，其内部离子基本上只在晶格点阵上振动。溶于水后，K^+ 和 NO_3^- 在水溶液中的热运动而使混乱程度大大增加。冰中水分子的排列是很有序的，而水中水分子能在液体体积范围内做无序运动，同样混乱程度增大了。

在生活中也有许多混乱度自发增大的例子。例如，一滴墨水滴入一杯水中，墨水会自发地逐渐扩散到整杯水中，这个过程不会自发地逆向进行。再如，用隔板将一个密闭容器分为两部分，两边分别放有两种不同的气体(如氮气和氧气，图 1-6)，当抽去隔板时，两边气体自动扩散，最后形成均匀的混合气体，以后再放置多久也不会恢复到原状。

这些例子说明，系统的混乱度变化也是影响过程自发进行的一个重要因素，混乱度增大有利于过程自发进行。混乱度是系统的一个重要性质，为定量描述系统的混乱度，热力学研究中引入了熵的概念。

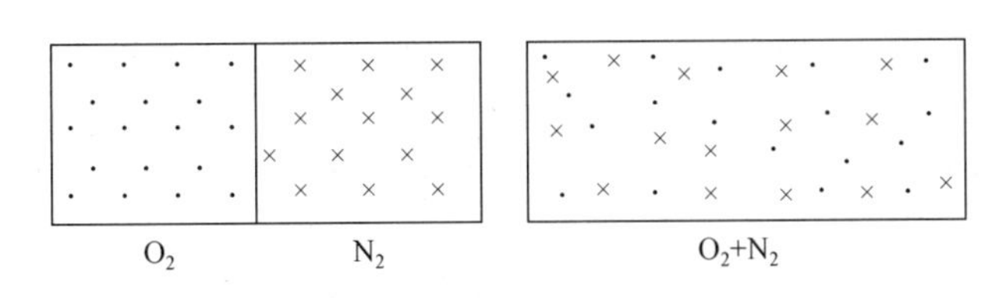

图 1-6　两种气体自发混合均匀

1.3.2　熵变与自发反应

1. 熵的概念

熵是系统混乱度(或无序度)的量度,用符号 S 表示。系统的混乱度越大,熵值越大。系统处于一定的状态时,其混乱度(体现在物质内部微观粒子的排列方式、运动方式等方面)是确定的,即熵是状态函数。因此,熵变的大小只取决于系统的始态与终态,与变化途径无关。

在统计热力学中

$$S=k\ln\Omega \tag{1-17}$$

式(1-17)称为玻耳兹曼关系式,$k=1.38\times10^{-23}\ \text{J}\cdot\text{K}^{-1}$ 为玻耳兹曼常量,Ω 为热力学概率(混乱度),是与系统一定宏观状态对应的微观状态总数。此式将系统的宏观性质熵与微观状态总数即混乱度联系起来,这表明熵是系统混乱度的量度,系统的微观状态数越多,系统越混乱,熵就越大。

为了更好地理解玻耳兹曼关系式,我们通过图 1-7 所示的简单例子来说明系统微观状态数与混乱度的关系。

在一个容器中放有四个气体分子。设想容器等分为左右两室(中间的隔板是虚拟的),四个分子同时位于左室(或右室)是有序度最高的状态,状态数为 1;三个分子位于左室,另一个位于右室(或者一个分子位于左室,三个位于右室)的状态是次有序的状态,状态数为 4;而左右两室各有两个分子的状态是混乱度最高的状态,状态数为 6。可见微观状态数越多,系统越混乱。通过这个例子也不难理解,随着系统内微观粒子的增多,微观状态数和熵值将会越来越大,即熵属于广度性质。

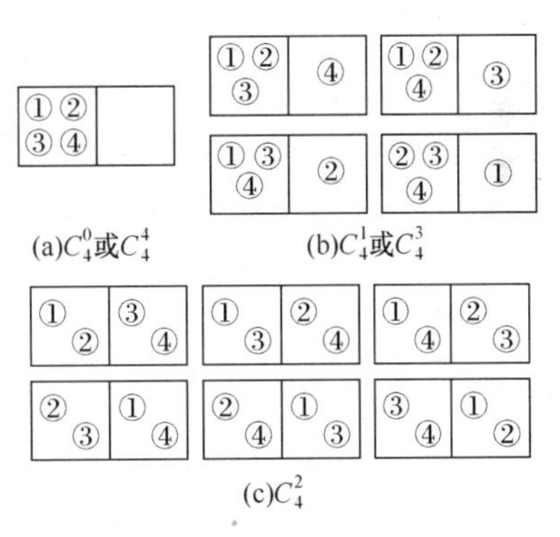

图 1-7　混乱度与微观状态数示意图

2. 热力学第三定律

系统内物质微观粒子的混乱度与物质的聚集状态和温度等有关。以水为例,冰中水分子的排列是很有序的,水中水分子能在液体体积范围内做无序运动,而水蒸气中水分子能在更大的空间自由飞翔,可以说蒸汽的混乱度最大,水的次之,而冰的混乱度最小,若用熵表示,则是 $S_{冰}<S_{水}<S_{汽}$。对于同一种状态的水分子,温度越低,微粒的运动速度越慢,自由活动的范围也越小,混乱度减小。

当温度降低到绝对零度时,分子的热运动可以认为已完全停止,理想晶体内物质微观粒子处于完全整齐有序的状态。人们根据一系列实验现象和推测,总结出一个经验定律。

热力学第三定律(the third law of thermodynamics):**在绝对零度时,一切纯物质的完美晶体的熵值都等于零**,即

$$\boldsymbol{S(0\ K)=0} \tag{1-18}$$

按照统计热力学的观点,0 K 时,纯物质完美晶体的微观状态数为 1,所以

$$\boldsymbol{S(0\ K)=k\cdot \ln 1=0}$$

化学家史话

玻耳兹曼

玻耳兹曼(L. Boltzmann,1844—1906),奥地利物理学家,生于“音乐之都”维也纳。青少年时代的玻耳兹曼聪明伶俐、志趣广泛,学习成绩始终在班上名列前茅。1863 年,进入著名的维也纳大学学习物理学和数学专业。大学毕业后,继续攻读博士学位。1866 年 2 月 6 日,不满 22 岁的玻耳兹曼完成了他的博士论文,之后在维也纳的物理研究所任助理教授。此后历任格拉茨大学、维也纳大学、慕尼黑大学和莱比锡大学等大学的教授。

玻耳兹曼在 1868~1871 年间把麦克斯韦的气体分子速度分布律从单原子气体推广到多原子,得到了麦克斯韦-玻耳兹曼分布定律。他进而在 1872 年从更广和更深的非平衡态的分子动力学出发,引进了分子分布的 H 函数,从而得到 H 定理,这是经典分子动力论的基础。玻耳兹曼通过熵与概率的联系,直接沟通了热力学系统的宏观与微观之间的关联,并对热力学第二定律进行了微观解释。作为一位坚决的唯物论者,玻耳兹曼深信分子与原子的存在,而反对以奥斯特瓦尔德为首否认原子存在的唯能论者。1906 年,因孤立感与疾病缠身,玻耳兹曼在意大利杜伊诺自杀。

3. 规定熵与标准摩尔熵

如果知道某物质从 0 K 到指定温度下的一些热力学数据如热容等,便可求出此温度下的熵值,称为该物质的**规定熵**(conventional entropy)。单位物质的量的纯物质在标准状态下的规定熵称为该物质的**标准摩尔熵**(standard molar entropy),用 $S_m^\ominus$ 表示,单位是 $J\cdot mol^{-1}\cdot K^{-1}$,一些物质 $S_m^\ominus$ 的值见附表 4。需要注意的是,不同于标

准摩尔生成焓，指定单质的标准摩尔熵不是零。

对水合离子，规定处于标准状态下水合氢离子的标准摩尔熵为零。以此为基准得出其他离子的标准摩尔熵。因此，水合离子的标准熵也是相对值。

根据熵的意义，物质的标准摩尔熵 $S_m^\ominus$ 值一般呈现如下变化规律：

(1) 同一物质的不同聚集态，其 $S_m^\ominus$ 值是

$$S_m^\ominus(\text{气态})>S_m^\ominus(\text{液态})>S_m^\ominus(\text{固态})$$

(2) 同一物质在相同的聚集状态时，其熵值随温度的升高而增大，即 $S_{m\,\text{高温}}^\ominus>S_{m\,\text{低温}}^\ominus$。

(3) 在温度和聚集状态相同时，复杂分子比简单分子的 $S_m^\ominus$ 值更大，如

$$S_m^\ominus(CH_4,g)<S_m^\ominus(C_2H_6,g)<S_m^\ominus(C_3H_8,g)$$

(4) 在温度一定时，对气态物质，加大压力，熵值 $S_m^\ominus$ 减小；对固态、液态物质，压力改变对它们的熵值 $S_m^\ominus$ 影响不大。

利用这些简单规律，可以得出一条简单且有效的判断过程熵变的规律：对于物理或化学变化而论，几乎没有例外，一个导致气体分子数增加的过程或反应总伴随着熵值增大，即 $\Delta S>0$；如果气体分子数减少，则 $\Delta S<0$。

4. 反应的标准摩尔熵变的计算

熵是状态函数，因此化学反应的标准摩尔熵变与标准摩尔焓变相似，等于生成物标准摩尔熵的总和减去反应物标准摩尔熵的总和。

设化学反应为

$$a\text{A}+d\text{D}=\!=\!=e\text{E}+f\text{F}$$

其 298.15 K 时的标准摩尔熵变为

$$\Delta_r S_m^\ominus(298.15\text{ K})=[eS_m^\ominus(\text{E},298.15\text{ K})+fS_m^\ominus(\text{F},298.15\text{ K})]_{\text{产物}}-[aS_m^\ominus(\text{A},298.15\text{ K})+dS_m^\ominus(\text{D},298.15\text{ K})]_{\text{反应物}}$$

或

$$\Delta_r S_m^\ominus(298.15\text{ K})=\sum_{\text{B}}\nu_{\text{B}}S_m^\ominus(\text{B},298.15\text{ K}) \tag{1-19}$$

另外，由于温度改变时，$\sum S_m^\ominus(\text{产物})$ 的改变和 $\sum S_m^\ominus(\text{反应物})$ 的改变相近，也可以近似认为

$$\Delta_r S_m^\ominus(T)\approx\Delta_r S_m^\ominus(298.15\text{ K}) \tag{1-20}$$

5. 热力学第二定律

如前所述，自然界中有两种影响自发过程方向的因素，即系统倾向于取得最低的能量和最大的混乱度，或者说，$\Delta H<0$ 或 $\Delta S>0$ 有利于反应自发进行。

在孤立系统中，系统与环境没有能量交换，系统总是自发地向混乱度增大的方向变化，即在孤立系统中发生自发反应必伴随着熵的增加，或者说孤立系统中熵增加的方向总是自发的。这就是**熵增加原理**(principle of entropy increase)，是**热力学第二**

定律(the second law of thermodynamics)的一种表述,可用式(1-21)表示

$$\Delta S_{孤立}>0 \quad 自发过程$$
$$\Delta S_{孤立}=0 \quad 平衡状态 \tag{1-21}$$
$$\Delta S_{孤立}<0 \quad 非自发过程$$

这就是孤立系统中过程能否自发或处于平衡的**熵判据**。

需要指出的是,熵判据只是孤立系统中反应能否自发进行的判据。但是,大多数化学反应并非在孤立系统中发生。事实上,许多自发过程并非熵增加的过程。例如,在 0 ℃以下,液态水自发结冰;过饱和溶液中,自发结晶;乙烯单体聚合为聚乙烯等均是熵减过程。因此,用系统的熵值增大作为反应自发性的判据不具备普遍意义。

1.3.3　吉布斯自由能及其应用

1. 吉布斯自由能变与反应的自发性

由上面讨论可知,有两种重要因素影响反应的自发方向:系统能量降低($\Delta H<0$)和系统的混乱度增加($\Delta S>0$)。在许多化学反应中,这两个因素是一致的,但也有许多反应这两个因素是相互矛盾的。此时,温度对反应的方向有显著影响。例如,温度降到 0 ℃以下,水可以自发结冰,这是熵减、放热过程,即最低能量因素对过程方向起主导作用;当温度升到 0 ℃以上,冰会自发融为水,这是熵增、吸热过程,即最大混乱度的因素起主导作用。所以,要判断一个反应的自发方向,需要综合焓、熵及温度三方面的因素。

1875 年,美国物理化学家吉布斯(J. W. Gibbs)首先提出一个把焓、熵及温度三种因素归并在一起的热力学函数——**吉布斯函数**(Gibbs function)或**吉布斯自由能**(Gibbs free energy),并定义

$$G=H-TS \tag{1-22}$$

G 是状态函数 H 和 T、S 的组合,自然是状态函数,且与焓一样无法确定其绝对值,只能得到其变化值 ΔG(称为吉布斯自由能变)。对于等温过程

$$\Delta G=\Delta H-T\Delta S \tag{1-23a}$$

或

$$\Delta_r G_m=\Delta_r H_m-T\Delta_r S_m \tag{1-23b}$$

在标准状态下

$$\Delta_r G_m^{\ominus}=\Delta_r H_m^{\ominus}-T\Delta_r S_m^{\ominus} \tag{1-23c}$$

根据热力学推导可以得到,对于恒温、恒压、不做非体积功的一般反应,其自发性的判断标准(称为最小自由能原理)为

$$\Delta G<0,自发过程,过程能向正方向进行$$
$$\Delta G=0,平衡状态 \tag{1-24}$$
$$\Delta G>0,非自发过程,过程能向逆方向进行$$

如果化学反应在恒温恒压条件下，除体积功外还做非体积功 W'，则吉布斯自由能判据就变为

$$\begin{aligned} -\Delta G &> -W', \text{自发过程} \\ -\Delta G &= -W', \text{平衡状态} \\ -\Delta G &< -W', \text{非自发过程} \end{aligned} \tag{1-25}$$

此式的意义是，在恒温恒压下，一个封闭系统所能做的最大非体积功$(-W')$等于其吉布斯自由能的减少$(-\Delta G)$。

化学家史话

吉　布　斯

吉布斯(J. W. Gibbs，1839—1903)，美国物理化学家。1839年2月11日生于康涅狄格州的纽黑文。父亲是耶鲁大学教授。年少时进入霍普金斯学校学习，被认为腼腆而孤独。1854年进入耶鲁学院学习，于1858年以优异的成绩毕业，并在数学和拉丁文方面获奖。1863年吉布斯在耶鲁学院获得工程学博士学位。1866年前往欧洲留学，1869年回到美国继续任助教。1871～1903年任耶鲁学院的数学物理教授。被美国科学院及欧洲14个科学机构选为院士或通讯院士。1903年4月28日在家乡逝世。终身未娶。

1873～1878年，在《康涅狄格科学院学报》发表了三篇总计约四百页的论文，堪称化学热力学的经典之作。他把这些文章寄给世界各地的科学家，但当时没几人能读懂他的理论。其实，吉布斯对化学热力学已经叙述得十分翔实。他以严密的逻辑推理和数学形式，导出了数百个公式，提出了吉布斯自由能与吉布斯相律，对矢量分析的发展也有贡献。

由于当时的美国教育看重实践知识而轻视纯理论研究，吉布斯没有受到应有的重视。直到1950年才进入纽约大学的名人馆，并立半身像纪念。但吉布斯从不低估自己工作的重要性，也从不炫耀自己的工作。他的心灵宁静而恬淡，从不烦躁和恼怒，是笃志于事业而不乞求同时代人承认的罕见伟人。

根据式(1-23a)，不同温度下过程或反应自发进行的方向取决于 ΔH 和 $T\Delta S$ 值的相对大小。现分述如下：

(1) $\Delta H<0$，$\Delta S>0$，即放热、熵增过程或反应，按式(1-23a)，在任何温度下均有 $\Delta G<0$，即任何温度下总是正向自发。

(2) $\Delta H>0$，$\Delta S<0$，即吸热、熵减过程或反应，按式(1-23a)，在任何温度都有 $\Delta G>0$，此类情况正向总是不可能自发进行。

(3) $\Delta H<0$，$\Delta S<0$，即放热、熵减过程或反应，按式(1-23a)，低温有利于正向自发进行。

(4) $\Delta H>0$，$\Delta S>0$，即吸热、熵增过程或反应，按式(1-23a)，高温有利于正向自发进行。

从以上分析得知，当 ΔH 和 ΔS 这两个影响因素都有利于或都不利于反应自发进行时，通过调节温度来改变反应自发性的方向是不可能的。只有 ΔH 和 ΔS 对自发性的影响相反（二者符号相同）时，才可能通过改变温度来改变反应的方向；$\Delta G=0$ 时的温度，即化学反应达到平衡时的温度，也称转变温度

$$T_c=\frac{\Delta H}{\Delta S} \tag{1-26}$$

在放热、熵减的情况下，这个温度是正向能自发进行的最高反应温度；在吸热、熵增的情况下，这个温度是正向能自发进行的最低反应温度。

2. ΔG 与 $\Delta G^\ominus$ 的关系

$\Delta G^\ominus$ 表示标准状态时反应的吉布斯自由能变，仅用于判断标准状态时自发反应的方向。任意态时反应自发性的方向应以相应状态的摩尔吉布斯自由能变 ΔG 来判断。

任意态时，反应或过程的吉布斯自由能变 ΔG 会随着系统中反应物和生成物的分压（对于气体）或浓度（对于水合离子或分子）的改变而改变。ΔG 与 $\Delta G^\ominus$ 之间的关系可由化学热力学推导得出，称为**化学反应等温式**（chemical reaction isotherm）。对于气体反应

$$a\mathrm{A(g)}+d\mathrm{D(g)}=\!=\!=e\mathrm{E(g)}+f\mathrm{F(g)}$$

或记作 $0=\sum_{\mathrm{B}}\nu_{\mathrm{B}}\mathrm{B}$。

化学反应等温式为

$$\Delta_r G_m(T)=\Delta_r G_m^\ominus(T)+RT\ln\frac{(p_\mathrm{E}/p^\ominus)^e\ (p_\mathrm{F}/p^\ominus)^f}{(p_\mathrm{A}/p^\ominus)^a\ (p_\mathrm{D}/p^\ominus)^d} \tag{1-27a}$$

其中，$p/p^\ominus$ 为任意状态的相对压力，即相对于标准状态（$p^\ominus=100$ kPa）的压力，量纲为 1。式(1-27a)可简写为

$$\Delta_r G_m(T)=\Delta_r G_m^\ominus(T)+RT\ln\prod_{\mathrm{B}}(p_\mathrm{B}/p^\ominus)^{\nu_\mathrm{B}} \tag{1-27b}$$

$\prod$ 为连乘算符。

定义反应商 J

$$J=\prod_{\mathrm{B}}(p_\mathrm{B}/p^\ominus)^{\nu_\mathrm{B}} \tag{1-28}$$

则式(1-27b)化为

$$\Delta_r G_m(T)=\Delta_r G_m^\ominus(T)+RT\ln J \tag{1-29}$$

对于水合离子参与的反应，由于此类物质变化的是浓度，而非气体的分压，此时各物质的 $p_\mathrm{B}/p^\ominus$ 将换为水合离子的相对浓度 $c_\mathrm{B}/c^\ominus$（$c^\ominus=1\ \mathrm{mol\cdot dm^{-3}}$，称为标准浓度），若有参与反应的固态或液态纯物质，则不必列入反应商式子中。

对于一般化学反应式

$$a\mathrm{A(l)}+d\mathrm{D(aq)}=\!=\!=e\mathrm{E(g)}+f\mathrm{F(s)}$$

化学反应等温式可表示为

$$\Delta_r G_m(T)=\Delta_r G_m^{\ominus}(T)+RT\ln\frac{(p_E/p^{\ominus})^e}{(c_D/c^{\ominus})^d} \tag{1-30}$$

3. 标准摩尔吉布斯自由能变的计算

1）298.15 K 时反应的标准摩尔吉布斯自由能变的计算

298.15 K 时，化学反应的标准摩尔吉布斯自由能变可以由式(1-23c)计算，即计算出反应的标准摩尔焓变和标准摩尔熵变后代入式(1-23c)进行计算。也可以采取与计算焓变相同的方法定义物质的**标准摩尔生成吉布斯自由能**(standard molar Gibbs free energy of formation)，根据反应物和生成物的标准摩尔生成吉布斯自由能计算反应的标准摩尔吉布斯自由能变。

在标准状态时，由指定单质生成单位物质的量的纯物质时反应的吉布斯自由能变，称为该物质的标准摩尔生成吉布斯自由能，常用符号 $\Delta_f G_m^{\ominus}$ 表示，单位为 $kJ\cdot mol^{-1}$。

按照 $\Delta_f G_m^{\ominus}$ 的定义，任何指定单质(注意磷为白磷)的 $\Delta_f G_m^{\ominus}$ 为零。

对于水合离子，规定水合 H^+ 的标准摩尔生成吉布斯自由能为零。

像 $\Delta_f H_m^{\ominus}$ 一样，$\Delta_f G_m^{\ominus}$ 也是相对值。各种物质在 298.15 K 的 $\Delta_f G_m^{\ominus}$ 数据见附表4。

利用物质的标准摩尔生成吉布斯自由能计算反应的 $\Delta_r G_m^{\ominus}(298.15\ K)$ 与标准摩尔焓变具有相同形式的公式。对于化学反应

$$aA+dD = eE+fF$$

则

$$\Delta_r G_m^{\ominus}(298.15\ K)=[e\Delta_f G_m^{\ominus}(E,298.15\ K)+f\Delta_f G_m^{\ominus}(F,298.15\ K)]_{产物}-[a\Delta_f G_m^{\ominus}(A,298.15\ K)+d\Delta_f G_m^{\ominus}(D,298.15\ K)]_{反应物}$$

或

$$\Delta_r G_m^{\ominus}(298.15\ K)=\sum_B \nu_B \Delta_f G_m^{\ominus}(B,298.15\ K) \tag{1-31}$$

思考题 1-4　为什么要引入标准摩尔生成吉布斯自由能 $\Delta_f G_m^{\ominus}$ 的概念？

2）任意温度时反应的标准摩尔吉布斯自由能变的计算

因反应的焓变或熵变基本不随温度而变，即 $\Delta_r H_m^{\ominus}(T)\approx\Delta_r H_m^{\ominus}(298.15\ K)$ 或 $\Delta_r S_m^{\ominus}(T)\approx\Delta_r S_m^{\ominus}(298.15\ K)$，则根据式(1-23c)

$$\begin{aligned}\Delta_r G_m^{\ominus}(T)&=\Delta_r H_m^{\ominus}(T)-T\Delta_r S_m^{\ominus}(T)\\&\approx\Delta_r H_m^{\ominus}(298.15\ K)-T\Delta_r S_m^{\ominus}(298.15\ K)\end{aligned} \tag{1-32}$$

注意：与 $\Delta_r H_m^{\ominus}$ 和 $\Delta_r S_m^{\ominus}$ 不同，温度对 $\Delta_r G_m^{\ominus}$ 有很大影响。

对于焓变或熵变同为正值或同为负值的反应，由式(1-32)可以近似求得反应在标准状态下的转变温度 T_c

$$T_c \approx \frac{\Delta_r H_m^\ominus(298.15\ K)}{\Delta_r S_m^\ominus(298.15\ K)} \tag{1-33}$$

4. 非标准状态下吉布斯自由能变的计算

上述几个计算公式都是适用于标准状态下进行的反应，而实际的反应条件通常不是标准状态的。此时，反应的 $\Delta_r G_m$ 可根据实际条件用化学反应等温式(1-29)进行计算，即

$$\Delta_r G_m(T) = \Delta_r G_m^\ominus(T) + RT\ln J$$

【例 1-6】 讨论利用合适的催化剂进行下述反应以净化汽车尾气的可能性。

$$CO + NO \longrightarrow CO_2 + \frac{1}{2}N_2$$

解

	CO	+	NO	$\longrightarrow$	CO_2	+	$\frac{1}{2}N_2$
$\Delta_f G_m^\ominus(298.15\ K)/(kJ \cdot mol^{-1})$	−137.17		86.55		−394.36		0
$\Delta_f H_m^\ominus(298.15\ K)/(kJ \cdot mol^{-1})$	−110.52		90.25		−393.51		0
$S_m^\ominus(298.15\ K)/(J \cdot mol^{-1} \cdot K^{-1})$	197.67		210.76		213.74		191.61

则

$$\begin{aligned}\Delta_r G_m^\ominus(298.15\ K) &= \sum_B \nu_B \Delta_f G_m^\ominus(B, 298.15\ K)\\ &= [(-394.36)-(-137.17)-86.55]\ kJ \cdot mol^{-1}\\ &= -343.78\ kJ \cdot mol^{-1}\end{aligned}$$

$$\begin{aligned}\Delta_r H_m^\ominus(298.15\ K) &= \sum_B \nu_B \Delta_f H_m^\ominus(B, 298.15\ K)\\ &= [(-393.51)-90.25-(-110.52)]\ kJ \cdot mol^{-1}\\ &= -373.24\ kJ \cdot mol^{-1}\end{aligned}$$

$$\begin{aligned}\Delta_r S_m^\ominus(298.15\ K) &= \sum_B \nu_B S_m^\ominus(B, 298.15\ K)\\ &= [(191.61 \times 1/2 + 213.74) - 197.67 - 210.76]\ J \cdot mol^{-1} \cdot K^{-1}\\ &= -98.89\ J \cdot mol^{-1} \cdot K^{-1}\end{aligned}$$

$\Delta_r G_m^\ominus(298.15\ K) \ll 0$，故在标准态下该反应能够自发进行，且进行的趋势很大。

该反应的 $\Delta_r H_m^\ominus$ 和 $\Delta_r S_m^\ominus$ 同为负值，则转变温度

$$T_c = \frac{\Delta_r H_m^\ominus}{\Delta_r S_m^\ominus} = \frac{-373.24 \times 10^3}{-98.89} = 3.774 \times 10^3 (K)$$

即温度低于 3774 K(或 3501 ℃)，正向均可自发进行。所以利用合适的催化剂能够实现汽车尾气的净化。

【例 1-7】 试计算石灰石热分解反应的 $\Delta_r G_m^\ominus(298.15\ K)$、$\Delta_r G_m^\ominus(1273\ K)$ 及转变温度 T_c，并分析该反应在标准状态时的自发性。

解

	$CaCO_3$	$=\!=\!=$	CaO	+	CO_2
$\Delta_f G_m^\ominus(298.15\ K)/(kJ \cdot mol^{-1})$	−1128.79		−604.03		−394.359
$\Delta_f H_m^\ominus(298.15\ K)/(kJ \cdot mol^{-1})$	−1206.92		−635.09		−393.51
$S_m^\ominus(298.15\ K)/(J \cdot mol^{-1} \cdot K^{-1})$	92.9		39.75		213.74

(1) $\Delta_r G_m^\ominus(298.15\ K)$的计算

方法一

$$\Delta_r G_m^\ominus(298.15\ K) = \sum_B \nu_B \Delta_f G_m^\ominus(B, 298.15\ K)$$
$$= [(-604.03) + (-394.359) - (-1128.79)]\ kJ \cdot mol^{-1}$$
$$= 130.40\ kJ \cdot mol^{-1}$$

方法二　先算出 $\Delta_r H_m^\ominus(298.15\ K)$和 $\Delta_r S_m^\ominus(298.15\ K)$

$$\Delta_r H_m^\ominus(298.15\ K) = \sum_B \nu_B \Delta_f H_m^\ominus(B, 298.15\ K)$$
$$= [(-635.09) + (-393.51) - (-1206.92)]\ kJ \cdot mol^{-1}$$
$$= 178.32\ kJ \cdot mol^{-1}$$

$$\Delta_r S_m^\ominus(298.15\ K) = \sum_B \nu_B S_m^\ominus(B, 298.15\ K)$$
$$= [(39.75 + 213.74) - 92.9]\ J \cdot mol^{-1} \cdot K^{-1}$$
$$= 160.59\ J \cdot mol^{-1} \cdot K^{-1}$$

则

$$\Delta_r G_m^\ominus(298.15\ K) = \Delta_r H_m^\ominus(298.15\ K) - 298.15\ K \times \Delta_r S_m^\ominus(298.15\ K)$$
$$= (178.32 - 298.15 \times 160.59 \times 10^{-3})\ kJ \cdot mol^{-1}$$
$$= 130.44\ kJ \cdot mol^{-1}$$

(2) $\Delta_r G_m^\ominus(1273\ K)$的计算

$$\Delta_r G_m^\ominus(1273\ K) \approx \Delta_r H_m^\ominus(298.15\ K) - 1273\ K \times \Delta_r S_m^\ominus(298.15\ K)$$
$$\approx (178.32 - 1273 \times 160.59 \times 10^{-3})\ kJ \cdot mol^{-1} = -26.11\ kJ \cdot mol^{-1}$$

(3) 反应自发性的分析和 T_c 的估算

石灰石分解反应属低温非自发、高温自发的吸热的熵增大反应，在标准状态时自发分解的最低温度即转变温度可按式(1-33)求得。

$$T_c \approx \frac{\Delta_r H_m^\ominus(298.15\ K)}{\Delta_r S_m^\ominus(298.15\ K)} = \frac{178.32 \times 10^3\ J \cdot mol^{-1}}{160.59\ J \cdot mol^{-1} \cdot K^{-1}} = 1110.4\ K$$

1.4　化学平衡原理

1.2 节和 1.3 节两节介绍了化学反应中的能量变化及方向问题，本节讨论化学反应的限度，即如果一个化学反应正向能够自发进行，则反应将进行到什么程度为止，平衡产率如何。这些问题从理论到实践，都具有重要意义。

1.4.1　标准平衡常数

1. 化学平衡的基本特征

一个化学反应在同一条件下，既能从左向右进行，也能从右向左进行，这样的反应称为**可逆反应**(reversible reaction)。绝大多数化学反应都具有可逆性，只是可逆程度有所不同。

当正反应和逆反应的反应速率相等时，系统内各物质的分压(或浓度)便维持一定，不再随时间而变化，此时称该系统达到了热力学平衡态，简称**化学平衡**(chemical equilibrium)。处于平衡态的物质的浓度或分压称为平衡浓度或平衡分压。

根据化学热力学可知，在恒温恒压下，当反应物的吉布斯自由能的总和大于产物吉布斯自由能的总和时($\Delta_r G_m < 0$)，反应自发进行。随着反应的进行，反应物吉布斯自由能的总和不断减小，而产物吉布斯自由能的总和逐渐增大，当两者相等时($\Delta_r G_m = 0$)，达到化学平衡。这点从化学反应等温式(1-29)也不难看出。随着反应的进行，反应物不断消耗，而产物不断增加，则反应商 J 逐渐增大，从而 $\Delta_r G_m$ 逐渐增大直至等于零时达到化学平衡。

化学平衡是一种**动态平衡**(dynamic equilibrium)，宏观上看反应已经停止，系统内各物种的浓度或分压不随时间而变化，但微观上反应仍在进行，只是正逆反应速率相等。化学平衡是相对的，同时又是有条件的，一旦维持平衡的条件发生了变化(如温度、压力的改变)，系统的宏观性质和物质的组成都将发生变化，原有的平衡将被破坏，平衡发生移动，直至建立新的平衡。

2. 实验平衡常数与标准平衡常数

实验表明，在一定温度下，当化学反应处于平衡状态时，以其化学反应的化学计量数为指数的各产物与各反应物分压或浓度的乘积之比为一个常数。例如，对于一般化学反应

$$a\text{A(g)} + d\text{D(g)} = e\text{E(g)} + f\text{F(g)}$$

或记作 $0 = \sum_B \nu_B \text{B}$

$$\frac{[p^{eq}(\text{E})]^e\,[p^{eq}(\text{F})]^f}{[p^{eq}(\text{A})]^a\,[p^{eq}(\text{D})]^d} = K_p \tag{1-34a}$$

$$\frac{[c^{eq}(\text{E})]^e\,[c^{eq}(\text{F})]^f}{[c^{eq}(\text{A})]^a\,[c^{eq}(\text{D})]^d} = K_c \tag{1-34b}$$

K_p 与 K_c 分别称为压力平衡常数与浓度平衡常数，都是从考察实验数据得到的，所以称为实验平衡常数。对于大多数化学反应而言，反应物与产物的化学计量数之和并不相等，因此 K_p 与 K_c 大多是有量纲的量，且随反应的不同而不同，给平衡计算带来很多麻烦，也不方便与宏观热力学函数相关联。为便于研究，人们引入了标准平衡常数 $K^\ominus$(简称平衡常数)的概念。对于理想气体反应系统

$$0 = \sum_B \nu_B \text{B}$$

$$K^\ominus = \frac{(p_E/p^\ominus)^e\,(p_F/p^\ominus)^f}{(p_A/p^\ominus)^a\,(p_D/p^\ominus)^d} \tag{1-35a}$$

或

$$K^{\ominus}=\prod_{B}(p_B/p^{\ominus})^{\nu_B} \tag{1-35b}$$

由式(1-35)可知，标准平衡常数 $K^{\ominus}$ 量纲为 1。

例如，对于合成氨反应 $N_2(g)+3H_2(g)\rightleftharpoons 2NH_3(g)$

$$K^{\ominus}=\frac{[p^{eq}(NH_3)/p^{\ominus}]^2}{[p^{eq}(N_2)/p^{\ominus}][p^{eq}(H_2)/p^{\ominus}]^3}$$

需要说明的是，标准平衡常数并非标准态下的平衡常数，只是在某个反应条件下，当反应达到平衡状态时，根据定义式(1-35a)所得的常数。事实上，如果反应处于标准态(参与反应的各种物质均处于标准态)，此时一般不是平衡状态。

思考题 1-5　标准平衡常数是标准态下的反应商吗?

关于标准平衡常数，需注意以下几点：

(1) 对于水合离子参与的反应，各物质的 $p_B/p^{\ominus}$ 应换为水合离子的相对浓度 $c_B/c^{\ominus}$，对于参加反应的纯固体、纯液体或稀溶液中的溶剂，其浓度可认为在反应过程中不发生变化，不必列入表达式中。例如对于反应

$$CaCO_3(s)+2H^+(aq)=\!=\!=Ca^{2+}(aq)+H_2O(l)+CO_2(g)$$

其标准平衡常数

$$K^{\ominus}=\frac{[c^{eq}(Ca^{2+})/c^{\ominus}]\cdot[p^{eq}(CO_2)/p^{\ominus}]}{[c^{eq}(H^+)/c^{\ominus}]^2}=\frac{c^{eq}(Ca^{2+})\cdot[p^{eq}(CO_2)/p^{\ominus}]}{[c^{eq}(H^+)]^2}$$

(2) $K^{\ominus}$ 仅是温度的函数，与反应的起始浓度无关。

(3) $K^{\ominus}$ 与化学方程式的写法有关，如 373 K 时

$N_2O_4(g)\rightleftharpoons 2NO_2(g)$　$K_1^{\ominus}=[p(NO_2)/p^{\ominus}]^2/[p(N_2O_4)/p^{\ominus}]=0.36$

$\frac{1}{2}N_2O_4(g)\rightleftharpoons NO_2(g)$　$K_2^{\ominus}=[p(NO_2)/p^{\ominus}]/[p(N_2O_4)/p^{\ominus}]^{1/2}=\sqrt{K_1^{\ominus}}=0.60$

(4) 正逆反应的平衡常数互为倒数。

平衡常数可由热力学数据间接计算或直接测定平衡浓度(分压)而获得。

3. 标准平衡常数与吉布斯自由能变的关系

当反应达到平衡时，$\Delta_r G_m(T)=0$，则热力学等温方程式(1-27b)可写成

$$\Delta_r G_m(T)=\Delta_r G_m^{\ominus}(T)+RT\ln\prod_{B}(p_B^{eq}/p^{\ominus})^{\nu_B}=0 \tag{1-36}$$

将式(1-35b)代入式(1-36)可得

$$\Delta_r G_m^{\ominus}(T)=-RT\ln K^{\ominus} \tag{1-37a}$$

或

$$\ln K^{\ominus} = -\frac{\Delta_r G_m^{\ominus}(T)}{RT} \tag{1-37b}$$

式(1-37b)表明标准平衡常数与标准摩尔吉布斯自由能变的关系。反应的 $\Delta_r G_m^{\ominus}$ 越小，$K^{\ominus}$ 则越大，反应正向进行的程度越大，反之亦然。

4. 多重平衡规则

前面讨论的都是单一反应的化学平衡问题，但实际的化学过程往往有若干种平衡状态同时存在。在指定条件下，一个反应系统中的某一种(或几种)物质同时参与两个(或两个以上)的化学反应并共同达到化学平衡，称为**同时平衡**(simultaneous equilibrium)，也称**多重平衡**(multiple equilibrium)。在多重平衡系统中，至少有一种物质是相同的。例如，298 K，气态的 SO_2、SO_3、NO、NO_2 及 O_2 在一个反应器中共存时，至少会有

① $SO_2(g)+\frac{1}{2}O_2(g) \rightleftharpoons SO_3(g)$　　$K_1^{\ominus}=\dfrac{p(SO_3)/p^{\ominus}}{[p(SO_2)/p^{\ominus}]\cdot[p(O_2)/p^{\ominus}]^{1/2}}$

② $NO(g)+\frac{1}{2}O_2(g) \rightleftharpoons NO_2(g)$　　$K_2^{\ominus}=\dfrac{p(NO_2)/p^{\ominus}}{[p(NO)/p^{\ominus}]\cdot[p(O_2)/p^{\ominus}]^{1/2}}$

③ $SO_2(g)+NO_2(g) \rightleftharpoons SO_3(g)+NO(g)$　　$K_3^{\ominus}=\dfrac{[p(SO_3)/p^{\ominus}]\cdot[p(NO)/p^{\ominus}]}{[p(SO_2)/p^{\ominus}]\cdot[p(NO_2)/p^{\ominus}]}$

三种平衡关系共存。其中 SO_2 既参与平衡①，又参与平衡③，并且其分压是唯一确定的，即平衡系统中共同物种的状态是确定的，只能有一个浓度(或分压)数值。因此，各个平衡的平衡常数间必定存在某种联系。推导如下：

因为 G 是具有容量性质的状态函数，③=①-②，所以

$$\Delta_r G_{m,3}^{\ominus} = \Delta_r G_{m,1}^{\ominus} - \Delta_r G_{m,2}^{\ominus}$$

根据

$$\Delta_r G_m^{\ominus}(T) = -RT\ln K^{\ominus}$$

则

$$-RT\ln K_3^{\ominus} = -RT\ln K_1^{\ominus} - (-RT\ln K_2^{\ominus})$$

$$\ln K_3^{\ominus} = \ln K_1^{\ominus} - \ln K_2^{\ominus}$$

即

$$K_3^{\ominus} = K_1^{\ominus}/K_2^{\ominus}$$

可见，如果某个反应可以表示为两个或更多个反应的总和，则总反应的平衡常数等于各反应平衡常数的乘积。

在多重平衡的系统中，只有几个反应都达到平衡后，系统才处于化学平衡状态。即使有部分反应先达到“平衡”，此“平衡”也必定受尚未平衡反应的影响，于是未平衡的反应就会带动“已达平衡”的反应继续进行，使其反应更加完全，甚至使本来不能自

发进行的反应变得可以自发进行。通过一个反应带动另一个反应，称为反应的偶合，此类反应称为**偶合反应**(coupling reaction)。

1.4.2　标准平衡常数的应用

1. 判断反应程度

平衡常数 $K^\ominus$ 值的大小表明反应进行的程度，也称反应的限度。$K^\ominus$ 值越大，表明反应进行得越完全；$K^\ominus$ 值越小，表明反应进行的程度越小。例如，酸碱中和反应

$$H^+(aq)+OH^-(aq)=H_2O(l) \quad K^\ominus=1.0\times10^{14}(298\ K)$$

平衡常数很大，反应进行得很完全。这类反应在宏观上难以观察到反应的可逆性。但对于下述反应

HgS 溶解：　$HgS(s) \rightleftharpoons Hg^{2+}(aq)+S^{2-}(aq) \quad K^\ominus=6.44\times10^{-53}(298\ K)$

CO 分解：　$CO(g) \rightleftharpoons C(s)+\frac{1}{2}O_2(g) \quad K^\ominus=6.9\times10^{-25}(298\ K)$

平衡常数很小，反应基本不能发生。

2. 预测反应方向

应强调指出，在恒温恒压下，一个给定化学反应进行的方向的热力学判据为 $\Delta_r G_m(T)$，根据化学反应等温式(1-29)和式(1-37a)可得

$$\Delta_r G_m(T)=\Delta_r G_m^\ominus(T)+RT\ln J=-RT\ln K^\ominus+RT\ln J=RT\ln\frac{J}{K^\ominus} \quad (1\text{-}38)$$

则 $\Delta_r G_m(T)$ 判据可化为下述形式：

$\Delta_r G_m(T)<0$，则 $J/K^\ominus<1$，即 $J<K^\ominus$，正反应自发进行；

$\Delta_r G_m(T)>0$，则 $J/K^\ominus>1$，即 $J>K^\ominus$，正反应不自发进行，逆反应自发进行；

$\Delta_r G_m(T)=0$，则 $J/K^\ominus=1$，即 $J=K^\ominus$，处于平衡状态。

经过对数转化后，$RT\ln J$ 项一般较小；若 $\Delta_r G_m^\ominus(T)$ 的绝对值很大，则 $\Delta_r G_m(T)$ 的正负由 $\Delta_r G_m^\ominus(T)$ 决定，即可用 $\Delta_r G_m^\ominus(T)$ 代替 $\Delta_r G_m(T)$ 判断反应进行的方向。通常认为，当一个反应的平衡常数 $K^\ominus\geqslant10^7$ 时，反应进行得很完全；当一个反应的平衡常数 $K^\ominus\leqslant10^{-7}$ 时，反应基本不能进行。相应地，$\Delta_r G_m^\ominus(T)=\pm40\ kJ\cdot mol^{-1}$，故一般认为，当 $|\Delta_r G_m^\ominus(T)|>40\ kJ\cdot mol^{-1}$ 时，可用 $\Delta_r G_m^\ominus(T)$ 代替 $\Delta_r G_m(T)$ 判断反应进行的方向，此时参与反应的各物质浓度或分压的变化不足以改变反应方向。当 $|\Delta_r G_m^\ominus(T)|<40\ kJ\cdot mol^{-1}$ 时，有可能通过改变反应条件来改变反应进行的方向，需要结合反应的具体条件计算 $\Delta_r G_m(T)$，采用 $\Delta_r G_m(T)$ 判据(或根据 J 与 $K^\ominus$ 的关系)判定反应方向。

【例 1-8】 某反应 $A(s)\longrightarrow B(s)+C(g)$，已知 $\Delta_r G_m^\ominus(298\ K)=40.0\ kJ\cdot mol^{-1}$。试问：(1)该反应在 298 K 时的平衡常数；(2)当 $p_C=1.0$ Pa 时，该反应是否能正方向自发进行？

解　(1) 根据式(1-37b)

$$\ln K^\ominus=-\Delta_r G_m^\ominus(T)/RT$$

$$\ln K^{\ominus}=-\frac{40.0\times10^{3}}{8.314\times298}=-16.1$$

$$K^{\ominus}=1\times10^{-9}$$

(2) 平衡时，$p_{C}=1.0$ Pa

$$J=p_{C}/p^{\ominus}=\frac{1.0\times10^{-3}}{100}=1.0\times10^{-5}$$

根据式(1-29)

$$\Delta_{r}G_{m}(T)=\Delta_{r}G_{m}^{\ominus}(T)+RT\ln J$$

$$\Delta_{r}G_{m}(298\ \mathrm{K})=40+8.314\times10^{-3}\times298\times\ln(1.0\times10^{-5})=12\ (\mathrm{kJ\cdot mol^{-1}})>0$$

反应不能向正方向自发进行。

以上计算结果表明，当 $\Delta_{r}G_{m}^{\ominus}(T)=40.0\ \mathrm{kJ\cdot mol^{-1}}$ 时，$K^{\ominus}=1\times10^{-9}$，可以认为该反应不能自发进行。即使当产物C的分压由标准态降低为 1.0 Pa 时，反应商 J 值降低了5个数量级，$\Delta_{r}G_{m}(T)$ 仍为正值，未能改变反应的方向。

【例 1-9】 已知 298 K、100 kPa 下，水的饱和蒸气压为 3.12 kPa，$CuSO_4\cdot5H_2O(s)$、$CuSO_4(s)$、$H_2O(g)$ 的 $\Delta_{f}G_{m}^{\ominus}$ 分别为 $-1880.06\ \mathrm{kJ\cdot mol^{-1}}$、$-661.8\ \mathrm{kJ\cdot mol^{-1}}$、$-228.57\ \mathrm{kJ\cdot mol^{-1}}$。

(1) 下述反应的 $\Delta_{r}G_{m}^{\ominus}$、$K^{\ominus}$ 各是多少？

$$CuSO_4\cdot5H_2O(s)\rightleftharpoons CuSO_4(s)+5H_2O(g)$$

(2) 若空气中水蒸气的相对湿度为5.0%，上述反应的 $\Delta_{r}G_{m}$ 是多少？$CuSO_4\cdot5H_2O(s)$ 是否会风化？$CuSO_4(s)$ 是否会潮解？

解 (1)

$$\Delta_{r}G_{m}^{\ominus}=\sum_{B}\nu_{B}\Delta_{f}G_{m}^{\ominus}=75.41\ \mathrm{kJ\cdot mol^{-1}}$$

$$K^{\ominus}=6.14\times10^{-14}$$

(2) 相对湿度定义为

$$相对湿度=\frac{空气中水蒸气的分压}{该温度下水的饱和蒸气压}\times100\%$$

$$p(H_2O)=p(H_2O,饱和)\times相对湿度=3.12\times5.0\%=0.16\ (\mathrm{kPa})$$

$$J=[p(H_2O)/p^{\ominus}]^{5}=1.0\times10^{-14}$$

$$\Delta_{r}G_{m}(T)=\Delta_{r}G_{m}^{\ominus}(T)+RT\ln J=-4.50\ \mathrm{kJ\cdot mol^{-1}}$$

$\Delta_{r}G_{m}(298\ \mathrm{K})<0$，反应正向自发进行，$CuSO_4\cdot5H_2O(s)$ 会风化，$CuSO_4(s)$ 不会潮解。

在例1-9中，水蒸气的分压并未降低到 1.0 Pa 的低水平，但使 $\Delta_{r}G_{m}^{\ominus}(T)$ 高达 $75.41\ \mathrm{kJ\cdot mol^{-1}}$ 的反应方向发生了改变，原因在于 $H_2O(g)$ 的化学计量数为5，从而极大地降低了反应商 J，进而改变了反应方向。可见，采用 $\Delta_{r}G_{m}^{\ominus}(T)$ 近似代替 $\Delta_{r}G_{m}(T)$ 作为反应方向的判据具有一定的局限性。

3. 计算平衡组成

利用平衡常数 $K^{\ominus}$ 和平衡浓度(分压)之间的相互关系，可以求出系统中各组分的平衡浓度、某一反应物的转化率等。一般方法为：①写出反应方程式；②设未知数 x：一般设一较小的量为未知数，以利于后面解题过程中能够采用近似处理，简化计算;③将反应过程中各组分的浓度(分压)以及其变化值列于反应式对应的位置上;④将平衡浓度(分压)代入平衡常数表达式中;⑤解出未知数 x。解的过程可采取合理的近似,然后应检查近似处理的合理性,方法是将 x 的值代入近似表示式中,计算所产生的误差应小于5%。在本课程中有关化学平衡的计算,一般只要求达到5%的准确度就够了。如果近似计算引起的误差大于5%,则需要解完整的数学方程。

【例1-10】 反应 $CO(g)+Cl_2(g) \rightleftharpoons COCl_2(g)$ 在恒温恒容条件下进行。已知373 K时 $K^\ominus = 1.5\times10^8$。反应开始时 $c_0(CO)=0.0350\ mol\cdot dm^{-3}$,$c_0(Cl_2)=0.0270\ mol\cdot dm^{-3}$,$c_0(COCl_2)=0$。计算373 K反应达到平衡时各物种的分压和CO的平衡转化率。

解　根据 $pV=nRT$

$$p=\frac{n}{V}RT=cRT$$

可得

$$p_0(CO)=109\ kPa, p_0(Cl_2)=83.7\ kPa$$

设平衡时 Cl_2 的分压为 x(为什么这样设?恒压条件下如何设变量),则

	$CO(g)$	+	$Cl_2(g)$	$\rightleftharpoons$	$COCl_2(g)$
开始 p_B/kPa	109		83.7		0
变化 p_B/kPa	$-(83.7-x)$		$-(83.7-x)$		$83.7-x$
平衡 p_B/kPa	$25.3+x$		x		$83.7-x$

代入平衡常数表达式

$$K^\ominus=\frac{p(COCl_2)/p^\ominus}{\dfrac{p(CO)}{p^\ominus}\cdot\dfrac{p(Cl_2)}{p^\ominus}}=\frac{(83.7-x)/100}{\left(\dfrac{25.3+x}{100}\right)\left(\dfrac{x}{100}\right)}=1.5\times10^8$$

因为 $K^\ominus$ 很大,故而 x 很小,近似认为 $83.7-x\approx83.7$,$25.3+x\approx25.3$,解得 $x=2.2\times10^{-6}$。因 $x=2.2\times10^{-6}\ll25.3$,所以近似是合理的。

各物种的分压为

$$p(Cl_2)=x=2.2\times10^{-6}\ (kPa)$$
$$p(CO)=25.3+x\approx25.3\ (kPa)$$
$$p(COCl_2)=83.7-x\approx83.7\ (kPa)$$

CO的转化率为

$$\alpha(CO)=\frac{n_0-n^{eq}}{n_0}=\frac{p_0-p^{eq}}{p_0}=\frac{109-25.3}{109}=77\%$$

1.4.3　化学平衡的移动

任何化学平衡都是在一定温度、压力、浓度条件下暂时的动态平衡。一旦维持平衡的条件发生改变,原有的平衡就会被破坏,平衡系统的宏观性质和物质的组成也随之变化,从而出现一个新的平衡态,这个过程称为化学平衡的移动。由式(1-38) $\Delta_r G_m(T)=RT\ln\dfrac{J}{K^\ominus}$ 可以看出,凡是能够改变反应商 J 和平衡常数 $K^\ominus$ 的因素都会

导致化学平衡的移动。

1. 浓度对化学平衡的影响

浓度(分压)对化学平衡的影响是通过改变反应商 J 进而通过 $J/K^{\ominus}$ 的比值决定 $\Delta_r G_m(T)$ 的符号,从而也决定了化学平衡移动的方向。

在一定温度下,若 $J=K^{\ominus}$,则 $\Delta_r G_m(T)=0$,系统处于平衡状态。如果这时增加反应物的浓度(分压),或者从反应系统中取走某一生成物,则必然使 $J<K^{\ominus}$,从而使 $\Delta_r G_m(T)<0$,化学反应将向正反应方向自发地进行,即平衡向正反应方向移动。从反应速率角度考虑也是如此。平衡时,正反应速率与逆反应速率相等,当增加反应物的浓度(分压)时,正反应速率增大,平衡被打破而正向移动。随着正反应的进行,反应物的浓度(分压)逐渐降低,生成物的浓度(分压)逐渐增加,直到 J 重新等于 $K^{\ominus}$,建立新的平衡。

2. 压力对化学平衡的影响

压力变化对化学平衡的影响视化学反应的具体情况而定。对只有液体或固体参加的反应,压力对平衡的影响很小;对有气体物质参加的反应,改变压力有可能使平衡发生移动。

对于有气体参与的化学反应

$$aA(g)+dD(g) \xlongequal{} eE(g)+fF(g)$$

平衡时

$$K^{\ominus}=\frac{(p_E/p^{\ominus})^e\ (p_F/p^{\ominus})^f}{(p_A/p^{\ominus})^a\ (p_D/p^{\ominus})^d}=\prod_B (p_B^{eq}/p^{\ominus})^{\nu_B}$$

恒温下压缩为原体积的 $1/x(x>1)$ 时

$$J=\frac{(xp_E^{eq}/p^{\ominus})^e\cdot(xp_F^{eq}/p^{\ominus})^f}{(xp_A^{eq}/p^{\ominus})^a\cdot(xp_D^{eq}/p^{\ominus})^d}=x^{\sum\nu_{B,g}}K^{\ominus} \tag{1-39}$$

对于气体分子数增加的反应,$\sum\nu_B>0$,$x^{\sum\nu_B}>1$,$J>K^{\ominus}$,平衡向逆反应方向移动,即向气体分子数减小的方向移动;对于气体分子数减小的反应,$\sum\nu_B<0$,$x^{\sum\nu_B}<1$,$J<K^{\ominus}$,平衡向正向移动,同样向气体分子数减小的方向移动;对于反应前后气体分子数不变的反应,$\sum\nu_B=0$,$x^{\sum\nu_B}=1$,$J=K^{\ominus}$,平衡不移动。可见,在一定温度下,增加平衡时的总压力,化学平衡向气体总的化学计量数减少的方向即体积减小的方向移动;反之,降低总压力,平衡向气体总的化学计量数增加的方向即体积增大的方向移动;若反应前后气体总的化学计量数相等,则压力对平衡移动不产生影响。

思考题 1-6　在有气体参与的化学反应中,达到平衡后充入惰性气体,平衡如何移动?分别考虑恒压反应和恒容反应的情况。

【例 1-11】 已知反应在总压为 101.3 kPa 和 325 K 达到平衡时，N_2O_4 的解离度为 50.2%。(1) 求反应的 $K^\ominus$；(2) 相同温度下，若总压力增加为 5×101.3 kPa，求 N_2O_4 的解离度。

解　(1) 设 $n_0(N_2O_4)=a$ mol，平衡时的解离度为 α

$$N_2O_4(g) \rightleftharpoons 2NO_2(g)$$

	$N_2O_4(g)$	$2NO_2(g)$
开始 n_B/mol	a	0
平衡 n_B/mol	$a(1-\alpha)$	$2a\alpha$
平衡 $n_{总}$/mol	$\sum n_B^{eq} = a(1-\alpha)+2a\alpha = a(1+\alpha)$	
摩尔分数 x_B	$\dfrac{1-\alpha}{1+\alpha}$	$\dfrac{2\alpha}{1+\alpha}$
平衡分压 p^{eq}/kPa	$p\dfrac{1-\alpha}{1+\alpha}$	$p\dfrac{2\alpha}{1+\alpha}$

$$K^\ominus=\frac{[p^{eq}(NO_2)/p^\ominus]^2}{p^{eq}(N_2O_4)/p^\ominus}=\frac{\left(\dfrac{p}{p^\ominus}\dfrac{2\alpha}{1+\alpha}\right)^2}{\dfrac{p}{p^\ominus}\dfrac{1-\alpha}{1+\alpha}}=\frac{p}{p^\ominus}\frac{4\alpha^2}{1-\alpha^2}$$

将 $p=101.3$ kPa、$\alpha=50.2\%$代入得

$$K^\ominus=\frac{101.3}{100}\times\frac{4\times0.502^2}{1-0.502^2}=1.37$$

(2) 当压力变为 5×101.3 kPa 时，此时 $K^\ominus$不变，设 N_2O_4 的解离度为 α'

$$K^\ominus=\frac{p}{p^\ominus}\frac{4\alpha'^2}{1-\alpha'^2}=\frac{5\times101.3}{100}\times\frac{4\alpha'^2}{1-\alpha'^2}=1.37$$

解得 $\alpha'=0.251=25.1\%$，结果表明增加压力，N_2O_4 的解离度降低，平衡向气体化学计量数减少的方向移动。

3. 温度对化学平衡的影响

温度对平衡移动的影响主要是影响平衡常数 $K^\ominus$ 的数值，因为平衡常数是温度的函数，其变化的具体情况随反应标准摩尔焓变不同而不同。根据

$$\Delta_r G_m^\ominus(T)=-RT\ln K^\ominus$$

$$\Delta_r G_m^\ominus(T)=\Delta_r H_m^\ominus-T\Delta_r S_m^\ominus$$

则

$$\ln K^\ominus=-\frac{\Delta_r H_m^\ominus}{RT}+\frac{\Delta_r S_m^\ominus}{R} \tag{1-40}$$

若反应在 T_1 和 T_2 时的平衡常数分别为 $K_1^\ominus$ 和 $K_2^\ominus$，且 $\Delta_r H_m^\ominus$ 和 $\Delta_r S_m^\ominus$ 随温度变化较小，则近似地有

$$\ln K_1^\ominus(T_1)=-\frac{\Delta_r H_m^\ominus}{RT_1}+\frac{\Delta_r S_m^\ominus}{R}$$

$$\ln K_2^\ominus(T_2)=-\frac{\Delta_r H_m^\ominus}{RT_2}+\frac{\Delta_r S_m^\ominus}{R}$$

相减得

$$\ln\frac{K_2^{\ominus}(T_2)}{K_1^{\ominus}(T_1)}=\frac{\Delta_r H_m^{\ominus}}{R}\frac{T_2-T_1}{T_1 T_2} \tag{1-41}$$

式(1-41)是表述平衡常数与温度关系的重要方程式，称为范特霍夫方程。

思考题 1-7　$K^{\ominus}$值变了平衡是否移动？平衡位置移动了$K^{\ominus}$值是否改变？

化学家史话

范特霍夫

范特霍夫(J. H. van't Hoff，1852—1911)，荷兰化学家，1852 年 8 月 30 日生于鹿特丹一个医生家庭。1874 年获博士学位，1876 年起在乌德勒州立兽医学院任教。1877 年起在阿姆斯特丹大学任教，先后担任化学、矿物学和地质学教授。1885 年被选为荷兰皇家学会会员，还是柏林科学院院士及许多国家的化学学会会员。1911 年 3 月 1 日在柏林逝世。

范特霍夫首先提出碳原子是正四面体构型的立体概念，弄清了有机物旋光异构的原因，开辟了立体化学的新领域。在物理化学方面，他研究过质量作用和反应速率，发展了近代溶液理论，包括渗透压、凝固点、沸点和蒸气压理论，并应用相律研究盐的结晶过程，还与奥斯特瓦尔德(F. W. Ostwald)一起创办了《物理化学杂志》。1901 年，他以溶液渗透压和化学动力学的研究成果，成为第一个诺贝尔化学奖获得者。主要著作有《空间化学引论》、《化学动力学研究》、《数量、质量和时间方面的化学原理》等。

范特霍夫精心研究过科学思维方法，曾作过关于科学想象力的讲演。他竭力推崇科学想象力，并认为大多数卓越的科学家都有这种优秀素质。他具有从实验现象中探索普遍规律性的高超本领，同时又坚持“一种理论，毕竟是只有在它的全部预见能够为实验所证实的时候才能成立”。

4. 勒夏特列原理

事实上早在 1907 年，法国化学家勒夏特列(Le Chatelier)就定性地得出平衡移动的普遍原理，即改变系统平衡的条件之一，如温度、压力或浓度，平衡就向减弱这个改变的方向移动。增加反应物浓度(分压)时，平衡向生成物方向移动以削弱反应物浓度(分压)增加的影响(当然不能完全消除这种影响)；压力增加时，气体单位体积内分子数增加，平衡向气体化学计量数减小方向移动，以减少单位体积的分子数；温度升高时，平衡向吸热方向移动，减弱温度升高的影响，这称为勒夏特列原理(Le Chatelier's principle)。根据勒夏特列原理可以定性判断平衡移动的方向，而根据平衡常数可以定量计算平衡移动的程度。

勒夏特列原理只适用已处于平衡状态的系统，对未达到平衡的系统，不能应用这一原理。

> **思考题 1-8**　对于一个在标准状态下吸热、熵减的化学反应，当温度升高时，根据勒夏特列原理判断反应将向正反应方向(吸热方向)移动；根据吉布斯等温方程判断，$\Delta_r G_m^\ominus$ 将变得更正，即反应更不利于向正方向进行。这两种矛盾的判断中，哪一种是正确的？

1.5　化学反应速率

前面我们介绍了化学热力学的基本原理。化学热力学主要是研究化学反应中的能量变化规律，判断化学反应的方向和进行的程度。由于化学热力学不涉及反应时间，因此不能用来研究化学反应的速率问题。本节主要讨论化学反应的速率及其影响因素，并探讨反应机理等问题。这属于化学动力学的研究内容。

1.5.1　化学反应速率的概念

不同的化学反应的速率极不相同，有的反应极快，在瞬间即可完成，如爆炸反应、酸碱中和反应等；有的反应较慢，如钢铁的腐蚀、塑料的降解等。为了比较反应的快慢，必须明确**反应速率**(reaction rate)的概念。

1. 平均速率

在一段时间 Δt 内，某化学反应的反应进度变化为 $\Delta\xi$，则反应平均速率(average rate)为

$$\bar{v}=\frac{\Delta\xi}{\Delta t}=\frac{1}{\nu_B}\frac{\Delta n_B}{\Delta t} \tag{1-42}$$

对于恒容反应，平均速率可用单位体积中反应进度对时间的变化率来表示，即

$$\bar{v}=\frac{\Delta\xi}{V\Delta t}=\frac{1}{V}\frac{1}{\nu_B}\frac{\Delta n_B}{\Delta t}=\frac{1}{\nu_B}\frac{\Delta c_B}{\Delta t} \tag{1-43}$$

此时，反应速率的单位为 $mol\cdot dm^{-3}\cdot s^{-1}$。由于采用了反应进度的变化来定义反应速率，则其量值与所研究反应中物质B的选择无关，即选择任何一种反应物或产物来计算反应速率，都可得到相同的数值。

【例 1-12】　在一定条件下，合成氨反应中各物质浓度的变化如下：

	$N_2(g)$	$+3H_2(g)$	$\longrightarrow 2NH_3(g)$
$t=0$ 时 $c_B/(mol\cdot dm^{-3})$	3.0	10.0	0
$t=2$ s时 $c_B/(mol\cdot dm^{-3})$	2.0	7.0	2.0

求该反应在2 s时的平均速率。

解　根据定义式(1-43)，反应在2s时的平均速率为

$$\bar{v}=\frac{1}{\nu(N_2)}\frac{\Delta c(N_2)}{\Delta t}=-\frac{(2.0-3.0)\ mol\cdot dm^{-3}}{2\ s}=0.5\ mol\cdot dm^{-3}\cdot s^{-1}$$

或 $$\bar{v}=\frac{1}{\nu(H_2)}\frac{\Delta c(H_2)}{\Delta t}=-\frac{1}{3}\times\frac{(7.0-10.0)\ \text{mol}\cdot\text{dm}^{-3}}{2\ \text{s}}=0.5\ \text{mol}\cdot\text{dm}^{-3}\cdot\text{s}^{-1}$$

或 $$\bar{v}=\frac{1}{\nu(NH_3)}\frac{\Delta c(NH_3)}{\Delta t}=\frac{1}{2}\times\frac{(2.0-0)\ \text{mol}\cdot\text{dm}^{-3}}{2\ \text{s}}=0.5\ \text{mol}\cdot\text{dm}^{-3}\cdot\text{s}^{-1}$$

思考题 1-9　化学反应速率与化学方程式的写法有关吗?

2. 瞬时速率

对大多数化学反应而言,随着反应中各物种浓度的变化,化学反应速率也在不断改变。如表 1-1 是 H_2O_2 分解反应 $H_2O_2 \longrightarrow H_2O+\frac{1}{2}O_2$ 过程中,实验测得的 H_2O_2 浓度随时间变化的数据及计算得到的不同时间的平均速率。

表 1-1　H_2O_2 分解反应的浓度变化及平均速率

t/min	$c(H_2O_2)/(\text{mol}\cdot\text{dm}^{-3})$	反应速率$[-\Delta c(H_2O_2)/\Delta t]/(\text{mol}\cdot\text{dm}^{-3}\cdot\text{min}^{-1})$
0	0.80	
20	0.40	0.40/20=0.020
40	0.20	0.20/20=0.010
60	0.10	0.10/20=0.005
80	0.050	0.050/20=0.0025

可见,化学反应并不是等速进行的,平均速率并不是化学反应的真实速率。要用**瞬时速率**(instantaneous rate)才能确切地表明化学反应在某一时刻的速率。

化学反应的瞬时速率等于时间间隔 Δt 无限趋近于零时平均速率的极限值,即

$$v=\lim_{\Delta t\to 0}\bar{v}=\frac{1}{\nu_B}\frac{\text{d}c_B}{\text{d}t} \tag{1-44}$$

通常可用作图法来求得瞬时速率。以物质 B 的浓度 c 为纵坐标,以 t 为横坐标,作出 c-t 曲线。曲线上任一点切线的斜率除以物质 B 的化学计量数就是对应于时刻 t 的瞬时速率。

对于恒容下的气相反应,反应速率也可用系统中组分气体的分压对时间的变化率来表示,即

$$v=\frac{1}{\nu_B}\frac{\text{d}p_B}{\text{d}t} \tag{1-45}$$

这时反应速率的常用单位为 $\text{Pa}\cdot\text{s}^{-1}$。

1.5.2　浓度与反应速率的关系

1. 基元反应、简单反应和复合反应

一个化学反应可能是一步完成的,但大多数反应是分几步完成的。把一步完成

的反应称为**基元反应**(elementary reaction)。基元反应是组成一切反应的基本单元。由一个基元反应构成的化学反应称为**简单反应**(simple reaction)。

例如,$2NO_2(g)=\!=\!=2NO(g)+O_2(g)$就是一个简单反应。反应中,两个 NO_2 分子经过一步反应就生成产物 NO 和 O_2 分子。

由两个或两个以上基元反应构成的化学反应,称为**复合反应**(complex reaction)。常见的反应大多属于复合反应。

2. 化学反应速率方程

表示反应速率和浓度关系的方程称为**化学反应速率方程**(rate equation of chemical reaction)。具体形式随不同反应而异,必须由实验测定。对于一般的化学反应

$$aA+dD=\!=\!=eE+fF$$

$$v=kc_A^{\alpha}\cdot c_D^{\beta} \tag{1-46}$$

式中,各反应物浓度项指数之和($n=\alpha+\beta$)称为反应级数,其中某反应物浓度的指数称为该反应物的分级数,即对 A 为 α 级反应,对 D 为 β 级反应。反应级数反映了物质浓度对反应速率的影响,可以是正整数、分数、零,也可以是负数。

k 称为速率常数,其数值等于反应物浓度均为 1 $mol\cdot dm^{-3}$时的反应速率的值。对于某一给定反应,k 值与温度、催化剂等因素有关,而与反应物的浓度无关。速率常数 k 一般由实验测定。显然,k 的单位与反应级数有关,如果是一级反应,k 的单位为 s^{-1};如果是二级反应,k 的单位为 $dm^3\cdot mol^{-1}\cdot s^{-1}$。

【例 1-13】 在 298 K 时,沉淀反应 $2HgCl_2+C_2O_4^{2-}\longrightarrow 2Cl^-+2CO_2+Hg_2Cl_2(s)$反应物浓度与反应速率的实验数据见表 1-2。

表 1-2

实验编号	$c(HgCl_2)/(mol\cdot dm^{-3})$	$c(C_2O_4^{2-})/(mol\cdot dm^{-3})$	$v/(mol\cdot dm^{-3}\cdot s^{-1})$
1	0.105	0.15	1.8×10^{-5}
2	0.105	0.30	7.1×10^{-5}
3	0.052	0.30	3.5×10^{-5}
4	0.052	0.15	8.9×10^{-6}

(1) 确定各反应物的反应级数;(2)计算该反应的速率常数;(3)计算 $HgCl_2$ 浓度为 0.020 $mol\cdot dm^{-3}$,$C_2O_4^{2-}$ 浓度为 0.22 $mol\cdot dm^{-3}$时该反应的反应速率。

解　(1) 由表中数据可知,当 $c(HgCl_2)$不变时,$c(C_2O_4^{2-})$增大至 2 倍,v 增大至 4 倍,即反应对于 $C_2O_4^{2-}$ 为二级;当 $c(C_2O_4^{2-})$不变时,$c(HgCl_2)$减小一半,v 也减小一半,即反应对于 $HgCl_2$ 为一级。因此该反应的速率方程式为 $v=kc(HgCl_2)c(C_2O_4^{2-})^2$。

(2) $k=\frac{v}{c(HgCl_2)c(C_2O_4^{2-})^2}$

$=\frac{1.8\times10^{-5}\ mol\cdot dm^{-3}\cdot s^{-1}}{0.105\ mol\cdot dm^{-3}\times(0.15\ mol\cdot dm^{-3})^2}$

$=7.6\times10^{-3}\ dm^6\cdot mol^{-2}\cdot s^{-1}$

(3) $v=7.6\times10^{-3}\ dm^6\cdot mol^{-2}\cdot s^{-1}\times0.020\ mol\cdot dm^{-3}\times(0.22\ mol\cdot dm^{-3})^2$

$=7.4\times10^{-6}\ mol\cdot dm^{-3}\cdot s^{-1}$

3. 质量作用定律

实验证明，在一定温度下，对于基元反应，其反应速率与反应物浓度（以化学反应方程式中相应物质的化学计量数为指数）的乘积成正比。这一定量关系称为质量作用定律。对于反应

$$aA+dD=\!=\!=eE+fF$$

若为基元反应，则反应速率方程为

$$v=kc_A^a c_D^d \tag{1-47}$$

根据质量作用定律，对于简单反应，可直接写出速率方程，得到反应级数。例如

$C_2H_5Cl=\!=\!=C_2H_4+HCl$	$v=kc(C_2H_5Cl)$	一级反应
$NO_2+CO=\!=\!=NO+CO_2$	$v=kc(NO_2)\cdot c(CO)$	二级反应

4. 反应机理

复合反应的速率方程及反应级数须由实验测定。对于反应

$$2NO+2H_2\longrightarrow N_2+2H_2O$$

根据实验结果得出速率方程为

$$v=k[c(NO)]^2\cdot c(H_2)$$

显然不满足质量作用定律。研究认为这个反应按照下列连续的过程进行的：

(1) $2NO+H_2\longrightarrow N_2+H_2O_2$（慢）

(2) $H_2+H_2O_2\longrightarrow 2H_2O$（快）

这两个基元反应的组合表示了总反应所经历的途径。组成复合反应的一系列基元反应步骤称为**反应机理**（reaction mechanism）。通过实验确定中间产物，推测反应机理，进而可以确定反应的速率方程。

如对于上述反应 $2NO+2H_2\longrightarrow N_2+2H_2O$，其反应速率是由步骤(1)所示的慢反应决定的，该基元反应称为复合反应的控速步骤。控速步骤的速率即为总反应速率，故速率方程为

$$v=k[c(NO)]^2\cdot c(H_2)$$

即该反应为三级反应。

5. 一级反应浓度与时间的关系

若化学反应速率与反应物浓度的一次方成正比，即为一级反应。例如，某些元素

的放射性衰变，蔗糖水解为果糖和葡萄糖，H_2O_2 分解等反应均属于一级反应。

对于反应 $R \longrightarrow P$，速率方程为 $v=kc(R)$。根据反应速率的定义可以写出浓度对时间的微分方程

$$v=-\frac{dc(R)}{dt}=kc(R) \tag{1-48}$$

将式(1-48)进行整理并积分可得

$$-\int_{c_0(R)}^{c(R)}\frac{dc(R)}{c(R)}=\int_0^t k dt \qquad \ln\frac{c_0(R)}{c(R)}=kt \tag{1-49a}$$

或

$$\ln[c(R)]=-kt+\ln[c_0(R)] \tag{1-49b}$$

反应物消耗一半所需的时间称为**半衰期**(half-life)，符号为 $t_{1/2}$。

当 $c(R)=\frac{c_0(R)}{2}$，根据式(1-49a)得一级反应的半衰期

$$t_{1/2}=\frac{\ln 2}{k}=\frac{0.693}{k} \tag{1-50}$$

根据以上各式，可以得出一级反应的三个特征(其中任何一条均可作为一级反应的判断依据)：

(1) $\ln[c(R)]$对 t 作图为一直线。

(2) $t_{1/2}$与反应物起始浓度无关。

(3) 速率常数 k 的量纲为(时间)$^{-1}$。

【例 1-14】 对于反应 $N_2O_5 = N_2O_4 + 1/2O_2$，实验测得 45 ℃ N_2O_5 在不同时刻 t 时的分压如表 1-3。该反应是否为一级反应？

表 1-3

t/s	600	1200	1800	2400	3000	3600	4200	4800	5400	6000	7200	8400
$p(N_2O_5)$/mmHg	247	185	140	105	76	58	44	33	24	18	10	5

解 根据实验数据作 $\lg p(N_2O_5)$与反应时间 t 的图，得图 1-8。

从图中可以看出 $\lg p(N_2O_5)$对 t 为一直线，因此 N_2O_5 的分解反应为一级反应。

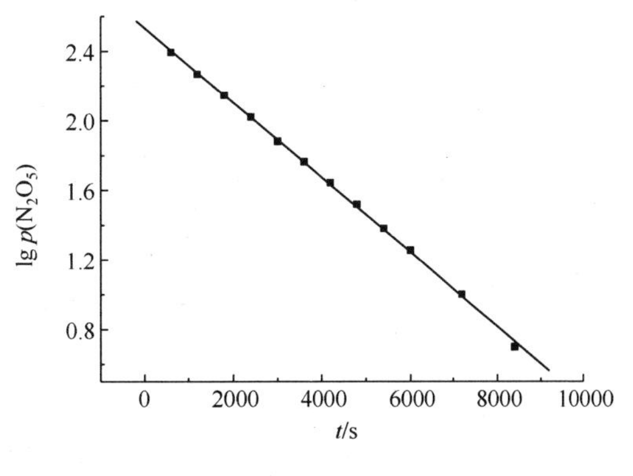

图 1-8

1.5.3　温度与反应速率的关系

除浓度外，影响化学反应速率的另一因素是温度。实验表明，对于绝大多数化学反应，温度升高，反应速率增大。温度升高使反应速率增大

的原因是速率常数 k 变大，即 k 是温度的函数。

1. 范特霍夫规则

1884 年，荷兰物理化学家范特霍夫根据实验归纳得到一近似规则：当温度升高 10 K 时，反应速率增加为原来的 2～4 倍，即

$$\frac{k_{T+10}}{k_T}=2\sim4 \tag{1-51}$$

利用此规则可估计出温度对反应速率的影响。

2. 阿伦尼乌斯公式

1889 年，瑞典科学家阿伦尼乌斯（S. A. Arrhenius）根据大量的实验事实总结出一个物理意义更为明确的经验关系式，称为阿伦尼乌斯公式

$$k=A\mathrm{e}^{-E_a/RT} \tag{1-52}$$

若以对数关系表示

$$\ln k=-\frac{E_a}{RT}+\ln A \tag{1-53a}$$

或

$$\ln\frac{k_2}{k_1}=-\frac{E_a}{R}\left(\frac{1}{T_2}-\frac{1}{T_1}\right)=\frac{E_a}{R}\left(\frac{T_2-T_1}{T_1T_2}\right) \tag{1-53b}$$

式中，A 为指前因子，与速率常数 k 有相同的量纲；E_a 称为反应的**活化能**（也称阿伦尼乌斯活化能），常用单位为 $\mathrm{kJ\cdot mol^{-1}}$；$A$ 与 E_a 都是反应的特性常数，基本与温度无关，均由实验求得。k_1 和 k_2 分别是温度 T_1 和 T_2 时的速率常数。

在式(1-52)中，E_a 和 T 值都在指数上，显然这两个数值的大小对 k 值有很大的影响。对同一反应，T 升高，k 必定增大；E_a 越大的反应，k 越小，反应速率较小；反之，E_a 越小的反应，k 越大，反应速率较大。

3. 阿伦尼乌斯公式的应用

(1) 已知某反应在 T_1 和 T_2 时的反应速率常数 k_1 和 k_2，计算反应的活化能 E_a。该方法至今仍是动力学中求 E_a 的主要方法。

(2) 已知反应的活化能和一个温度下的速率常数，计算另一温度下的速率常数。

应当注意，并非所有的反应都符合阿伦尼乌斯公式。例如，对于爆炸反应，温度升高到某一点时，速率会突然增大；生物体内的酶催化反应有个最佳温度，温度过高或过低都不利于反应进行；还有些反应（如 $2NO+O_2 = 2NO_2$）的速率常数随温度升高而下降，原因较为复杂，这里不作进一步讨论。

化学家史话

阿伦尼乌斯

阿伦尼乌斯(S. A. Arrhenius,1859—1927),瑞典物理化学家。1859 年 2 月 19 日生于瑞典乌普萨拉的大学教师家庭,6 岁时就能进行复杂的计算,少年时期显出数理化方面的特长,成绩一直名列前茅。1876 年进入乌普萨拉大学攻读物理学及数学、化学,在大学时被校方认为是奇才。1881～1887 年,在斯德哥尔摩瑞典科学院研究物理。1886～1888 年,在阿姆斯特丹和莱比锡大学留学,并和物理化学家奥斯特瓦尔德、范特霍夫等共同进行研究工作。1895 年任斯德哥尔摩大学教授,1897 年任该校校长。1903 年因建立电离学说荣获诺贝尔化学奖。1910 年当选为英国皇家学会会员。1911 年当选为瑞典科学院院士。

阿伦尼乌斯在化学上的主要贡献是建立电离学说。1887 年在论文《关于溶质在水中的离解》中,阿伦尼乌斯将电离学说公之于世。电离学说是物理化学发展初期的重要成就,最初曾遭到权威们的怀疑和反对,但奥斯特瓦尔德、范特霍夫等给予坚决支持,终使电离学说在 1890 年后逐渐获得公认。

阿伦尼乌斯的另一重要贡献是研究温度对化学反应速率的影响。1889 年他首先注意到温度对反应速率的强烈影响,并对反应速率随温度变化的规律性的物理意义作出解释。他用“活化分子”和“活化能”的概念来阐明温度对反应速率的影响,并得出“反应速率的指数定律”,即阿伦尼乌斯公式。由该公式求得的活化能值有重要的理论意义和实践意义,并对化学动力学理论的发展有十分重要的影响。

阿伦尼乌斯晚年还研究宇宙物理学和免疫性。他以其杰出的贡献和奥斯特瓦尔德、范特霍夫一起成为物理化学的奠基人。

1.5.4　化学反应的活化能与催化剂

阿伦尼乌斯定律表明温度对反应速率影响的大小主要取决于活化能 E_a 的值,E_a 的值越大,反应速率随温度的变化越显著。反应的活化能物理意义如何?我们首先介绍一种重要的反应速率理论——过渡态理论(transition state theory),然后结合该理论阐述活化能的物理意义。

1. 过渡态理论及活化能的概念

过渡态理论又称活化络合物理论,是在统计力学和量子力学的基础上建立起来的。过渡态理论认为,具有足够能量的分子彼此以适当的空间取向相互靠近到一定程度时,会引起分子内部结构的连续性变化,原来以化学键结合的原子间的距离变长,而没有结合的原子间的距离变短,形成了过渡态的构型,称为**活化络合物**(activating complex)。

以双分子基元反应为例

$$A+BC \longrightarrow AB+C$$

根据过渡态理论假定，反应过程可表示为

$$A+BC \rightleftharpoons [A\cdots B\cdots C]^{\neq} \longrightarrow AB+C$$

在活化络合物$[A\cdots B\cdots C]^{\neq}$中，旧键B—C已经削弱，新键A—B正在形成。活化络合物的势能高于始态也高于终态，它非常不稳定，可能转变为产物，也可能重新分解为原反应物。反应进程中势能变化如图1-9所示。图中E_1为反应物分子的平均能量，E_2为活化络合物分子的平均能量，E_3为产物分子的平均能量。活化络合物的平均能量和反应物平均能量之差就是活化能。E_a是正反应的活化能，E_a'是逆反应的活化能，即

$$E_a = E_2 - E_1 \qquad E_a' = E_2 - E_3$$

反应的反应热是反应物平均能量与产物平均能量的差值

$$\Delta H = E_a - E_a' \tag{1-54}$$

如果$E_a < E_a'$，则$\Delta H < 0$，正反应为放热反应，逆反应是吸热反应。

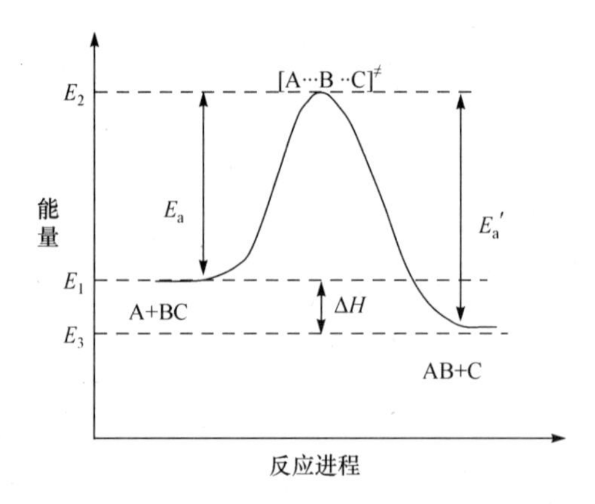

图1-9　反应进程中势能变化示意图

由此可见，要使反应物变成产物，反应物分子必须“爬上”过渡态所处的能垒。这种具有较高能量、能够彼此接近形成过渡态的分子称为活化分子。活化能的物理意义就是克服能垒所需的最低能量。不同物质的化学键能不同，改组化学键所需的能量不同，因而不同化学反应在一定温度下具有不同的活化能。反应的活化能越大，活化分子数越少，反应速率越慢；反之，活化能越小的反应速率越快。活化能是决定反应速率的内因。

2. 热力学稳定性与动力学稳定性

依据化学热力学和化学动力学的基本原理，一个系统或化合物的稳定性可分

为两类，即热力学稳定性和动力学稳定性。一个热力学稳定的系统（给定条件下 $\Delta_r G_m > 0$）必然在动力学上也是稳定的，但一个热力学上不稳定的系统（$\Delta_r G_m < 0$），由于某些动力学的限制因素（如活化能太高），在动力学上却是稳定的（如合成氨反应等）。

例如，在常温下，空气中的 N_2 和 O_2 能长期存在而不化合生成 NO，且热力学计算表明 $N_2(g) + O_2(g) = 2NO(g)$ 的 $\Delta_r G_m^\ominus(298.15\ K) = 173.1\ kJ \cdot mol^{-1} \gg 0$，则 N_2 与 O_2 混合气是热力学稳定系统，必定也是动力学稳定系统。

已知常温下 CCl_4 与 H_2O 混合没有反应发生，但反应 $CCl_4(l) + 2H_2O(l) = CO_2(g) + 4HCl(aq)$ 的 $\Delta_r G_m^\ominus(298.15\ K) = -379.93\ kJ \cdot mol^{-1} \ll 0$，则必定是热力学不稳定而动力学稳定的系统。

对于热力学判定可自发进行，而实际由于动力学原因反应速率太慢的反应，若又是我们需要的，就要研究开发高效催化剂，促使反应快速进行。

3. 催化剂

能显著改变反应速率而本身的化学性质和数量在反应前后保持不变的物质称为催化剂。

为什么加入催化剂能显著改变反应速率呢？这主要是因为催化剂能与反应物生成不稳定的中间化合物，改变了反应历程，降低了反应的活化能（图 1-10）。在有催化剂 J 存在的情况下，A+B+J 沿着活化能较低的 A…J、AJ+B、A…B…J 等新的途径进行。比较图 1-10 中曲线的最高点，即 A…B 和有催化剂 J 时的 A…J 与 A…B…J，分别为相应反应过程的过渡态，非催化反应要克服一个活化能为 E_0 的较高的能峰，而在催化剂的存在下，反应的途径改变，只需要克服两个较小的能峰（E_1 和 E_3）。显然，有催化剂参加反应时的活化能远远小于无催化剂时的活化能。

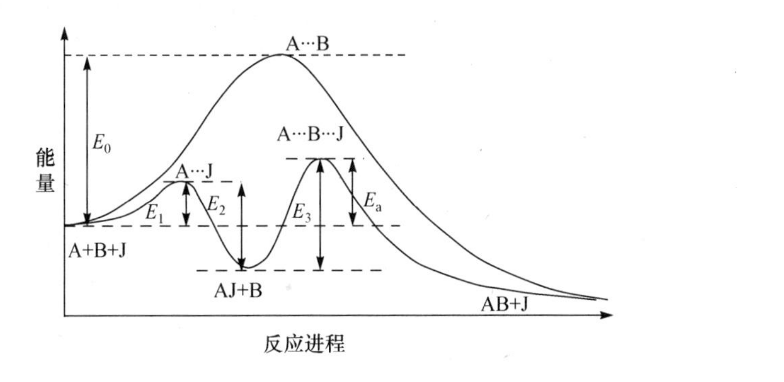

图 1-10　催化剂改变反应的途径示意图

【例 1-15】 计算合成氨反应采用铁催化剂后在 298 K 和 773 K 时反应速率各增加多少倍？设未采用催化剂时 $E_{a,1} = 254\ kJ \cdot mol^{-1}$，采用催化剂后 $E_{a,2} = 146\ kJ \cdot mol^{-1}$。

解　设指前因子 A 不因采用铁催化剂而改变，则根据阿伦尼乌斯公式(1-53a)可得

$$\ln\frac{k_2}{k_1}=\ln\frac{v_2}{v_1}=\frac{E_{a,1}-E_{a,2}}{RT}$$

当 $T=298$ K,可得

$$\ln\frac{v_2}{v_1}=\frac{(254-146)\times 1000\ \mathrm{J\cdot mol^{-1}}}{8.314\ \mathrm{J\cdot mol^{-1}\cdot K^{-1}}\times 298\ \mathrm{K}}=43.57$$

故
$$\frac{v_2}{v_1}=8.0\times 10^{18}$$

如果 $T=773$ K(工业生产中合成氨反应时的温度),可得

$$\frac{v_2}{v_1}=2.0\times 10^{7}$$

即有催化剂与无催化剂相比较,298 K 和 773 K 时的反应速率分别增大了 8.0×10^{18} 倍和 2.0×10^{7} 倍(低温时增大得更显著)。

催化剂的主要特征有:

(1) 催化剂能加快反应到达平衡的速率,是由于改变了反应历程,降低了活化能。

(2) 催化剂在反应前后,其化学性质没有改变,但在反应过程中参与了反应(与反应物生成某种不稳定的中间化合物)。一般认为催化剂主要是与反应物或中间物(非产物物种)反应,同时催化剂一定会在随后形成产物的过程中重新生成。

催化剂除了上述两个基本特征之外,还具备有如下的几个特征:

(1) 在反应前后,催化剂本身的化学性质虽不变,但常有物理形状的改变,如块状变为粉状或结晶的大小有变化等。例如,催化 $KClO_3$ 分解的 MnO_2,作用进行后,从块状变为粉状;催化 NH_3 氧化的铂网,经过几个星期表面就变得比较粗糙。

(2) 催化剂不影响化学平衡。从热力学的观点来看,催化剂只能缩短达到平衡所需的时间,即同等地加速正向和逆向反应,而不能改变 $K^{\ominus}$。

催化剂不能实现热力学上不能发生的反应,因此在寻找催化剂时要首先进行热力学的分析,看这个反应在该条件下发生的可能性。

(3) 催化剂对反应具有特殊的选择性。包含两个方面的意思:①不同的反应需要选择不同的催化剂。例如,氧化反应与脱氢反应所选用的催化剂是不同的。又如同为氧化反应,SO_2 的氧化催化剂为 V_2O_5,而乙烯氧化却用 Ag 作催化剂。②对同样的反应物如果选择不同的催化剂,可以得到不同的产物。例如,C_2H_5OH 在不同的催化剂上能得到不同的产品:在 473～523 K 的金属铜上得到 CH_3CHO 和 H_2;在 623～633 K 的 Al_2O_3 上得到 C_2H_4 和 H_2O;在 673～723 K 的 ZnO、Cr_2O_3 上得到丁二烯等。

(4) 在催化剂或反应系统内加入少量的杂质常可以强烈地影响催化剂的作用。这些杂质可起助催化剂或毒化剂的作用。例如,合成氨的铁催化剂中加入 Al_2O_3 可以提高催化作用,Al_2O_3 就是助催化剂,而原料气中的 O_2、H_2O、CO、S、PH_3、As 等对铁催化剂都是毒化剂。

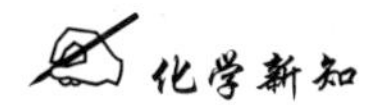

表 面 化 学

物质的两相之间密切接触的过渡区称为界面(interface)，若其中一相为气体，这种界面通常称表面(surface)。在相界面上所发生的一切物理化学现象统称界面现象(interface phenomena)或表面现象(surface phenomena)，而研究在表面上所发生化学反应过程的科学称为表面化学。

早在 20 世纪初，以美国朗缪尔(I. Langmuir)为代表的物理化学家已经充分认识到固体表面的结构对吸附、催化和电化学反应过程的重要影响，并陆续提出了一些重要的理论和假设，如著名的 Langmuir 吸附等温线、异相催化反应中的 Langmuir-Hinshelwood 机理等。朗缪尔因提出表面化学并在该领域作出的一系列开创性贡献而荣获 1932 年诺贝尔化学奖。

但是，由于表面研究的特殊性和复杂性，在精确的实验和系统的理论方面一直没有出现重大突破。

20 世纪 60 年代，由半导体工业发展出的真空技术促成了现代表面化学的诞生。在空气中，任何的表面都会被空气中存在的气体分子所覆盖，很难保持足够纯净来进行特殊反应的研究，这就是为什么成功的表面化学研究必须与高真空技术相结合的原因之一。德国科学家埃特尔(G. Ertl)最早认识到这一新技术在固体表面化学过程研究中的巨大潜力。这位科学大师用他的睿智与勤勉，逐步建立了研究固体表面化学过程的方法学，利用多种研究技术的组合，在原子、分子层次提供了一个表面化学反应的完整图像，为固体表面化学研究奠定了科学基础。他发展的方法学不仅应用于化学过程的基础研究，对相应工业过程也具有重要的指导意义，如化工催化剂的研发、半导体元件的加工、金属表面的防腐、燃料电池的研究等。表面化学甚至能解释平流层中臭氧在冰晶表面的破坏性反应、人工降雨的化学原理等。

在 20 世纪 70 年代埃特尔的研究中，最显著的就是一系列关于哈伯-博施(Haber-Bosch)合成氨过程反应机理研究成果的发表。Haber-Bosch 合成氨反应是最重要的多相催化反应之一，这个过程是以精细的铁粉作为催化剂，使氮气与氢气同时吸附到铁粉表面，然后进行反应生成氨。合成氨催化反应的实现不仅启动了现代化学工业，也宣告了现代农业的到来。由于 Haber-Bosch 合成氨反应的重要性，其反应机理被广泛研究。在埃特尔的研究工作之前，相关研究给出的最肯定的结论是合成氨反应的控速步骤是氮气的化学吸附，而表面吸附氮物种是氮分子还是氮原子都没有定论。埃特尔利用高真空技术结合多种光谱学方法，系统研究了 Haber-Bosch 合成氨过程的催化模型体系，确定吸附的氮原子和氢原子是反应活性物种，并且氮气在催化剂表面解离是催化反应控速步骤，吸附氮原子逐步加氢最终生成氨分子。埃特尔同时鉴定了反应过程中全部的反应中间物种，并给出了反应的势能图。埃特尔的另一个重要工作是研究了汽车尾气催化净化过程中的主要反应——CO 在金属 Pt 表面的催化氧化反应，揭示了反应中不同步骤的速度随时间的变化关系。

人们常说，“表面文章”当少做。不过，埃特尔却在表面化学领域取得了杰出成就，作出了扎扎实实的“表面文章”。因为在该领域的卓越贡献，埃特尔荣获了 2007 年诺贝尔化学奖。

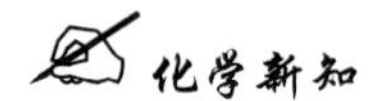

非平衡态热力学

熵增原理和平衡态热力学使世界趋向均匀、混乱、无序，这好像是一种乏味甚至令人悲观的未来图景。为什么在绝大多数物理、化学系统中，人们看到的总是从非平衡趋向平衡、从有序趋向无序的退化，而在生物界和人类社会系统中，占统治地位的演化却是从无序向有序、从低级向高级的进化？生命世界（包括生物、人类和社会）和物理世界（无生命世界）之间为什么存在这种鸿沟？这种鸿沟能不能沟通？许多在形式上看来互不相干的领域有没有统一的内在规律？在对待时间这一古老的问题上，热力学和物理学也存在着根本的分歧。无论是牛顿力学，还是量子力学和相对论力学，时间和空间坐标一样，本质上只是一个描述运动的几何参量。其基本方程如牛顿运动方程、薛定谔方程，对于时间来说都是可逆的、对称的。也就是说，这些方程既可以说明过去，又可以决定未来，在方程中不出现任何“时间箭头”的问题。总之，动力学给我们描述的是一个可逆的、对称的世界图景。但热力学第二定律指出，一个孤立系统无论其初始条件和历史如何，它的一个状态函数熵会随着时间的推移单调增加，直至达到热力学平衡态时趋于极大，从而指明了不可逆过程的方向性，即“时间箭头”只能指向熵增加的方向。克劳修斯（R. J. E. Clausius）把这一理论推广到全宇宙，就得出了“宇宙热寂说”的悲观结论。生物学的进化论描述的却是系统从无序到有序，由简单到复杂，由低级到高级，由无功能到有功能、多功能的有组织的方向演化。于是又产生了一个克劳修斯和达尔文（C. R. Darwin）的矛盾——退化和进化的矛盾。当代著名物理学家威格纳（E. P. Wigner）曾经说：“近代科学中最重要的间隙是什么？显然是物理科学和精神科学的分离。”

1921年，勃雷（W. C. Bray）发现均相溶液中的化学振荡反应——碘钟，H_2O_2 与 KIO_3 在硫酸稀溶液中催化反应时，释放出 O_2 的速率以及 I_2 的浓度会随时间呈周期性的变化。当系统中加入淀粉指示剂时，这种振荡能够显示出无色和蓝色的周期性变化。其主要反应为

$$2IO_3^- + 2H^+ + 5H_2O_2 = I_2 + 5O_2 + 6H_2O$$

$$5H_2O_2 + I_2 = 2IO_3^- + 2H^+ + 4H_2O$$

1959年贝洛索夫（B. P. Belousov）和扎鲍廷斯基（A. M. Zhabotinsky）发现了著名的BZ振荡反应。在铈离子催化下，溴酸钾氧化柠檬酸时产生浓度振荡现象（浓度发生周期性变化）。该反应在室温下发生，铈从黄色的高氧化态（Ce^{4+}）到无色的低氧化态（Ce^{3+}）振荡，加入指示剂邻菲咯啉，溶液显示出红色（Ce^{3+}）和蓝色（Ce^{4+}）的周期性变化。

以普里戈金（I. Prigogine）为代表的布鲁塞尔学派指出：在宇宙的一个局部——一个远离平衡的开放系统中，不可逆过程扮演着建设者的角色，它使系统中的局部表现出惊人的协同一致，为人们构造出奇妙的时空有序结构，这种有序结构称为耗散结构或自组织。耗散结构只有通过与外界交换能量（在某些情况也交换物质）才能维持。平衡结构是一种“死”的结构，它最好不与外界发生任何联系和作用，这样才能长久地保持下去。耗散结构则是一种“活”的结构，它需要与外界不断进行物质和能量的交换，依靠能量的耗散才能维持其有序状态。这是两类结构间最本质的区别。

产生耗散结构的必要条件为：第一，系统必须是一个开放系统。只要从外界流入的负熵流足够大，就可以抵消系统自身的熵产生，使系统的总熵减少，逐步从无序向新的有序方向发展，形成

并维持一个低熵的非平衡态的有序结构。第二，系统应当远离平衡态，提出“非平衡是有序之源”这一著名论断。第三，系统内部各个要素之间存在非线性的相互作用，这是进化的复杂性和多样性的来源。第四，系统从无序向有序演化是通过随机的涨落来实现的。

在生物界中，这种自发的组织现象是十分普遍的，如白蚁、蜜蜂。普里戈金指出，激光、化学振荡等是物理学和化学中最简单的自组织现象，其鲜明地表征了从微观的低级运动向宏观的有序高级运动的演化(或称进化)。既然我们能够在通常的物理、化学条件下实现进化，就说明生物、人类社会的变化和物理、化学的热力学规律(特别是热力学第二定律)虽有矛盾但又是统一的。统一的客观事实基础就是自组织现象的普遍存在，而统一的条件和原理就是耗散结构的形成。1977年普里戈金因在建立耗散结构理论方面的贡献荣获诺贝尔化学奖。

本章小结

本章第一节介绍了化学热力学的几个重要概念，包括：系统与环境、相、理想气体状态方程与分压定律、状态与状态函数、过程与途径、化学计量数与反应进度及热力学标准状态。

本章第二节介绍了化学反应中的能量变化，包括：热力学能、热和功的相互关系和热力学第一定律的数学表达式，介绍了恒容反应热、恒压反应热、焓的概念和应用、盖斯定律，由标准摩尔生成焓、标准摩尔燃烧焓数据求算标准态下反应热的方法。

本章第三节介绍了影响反应自发性的因素，即系统能量的降低(表现为放热)和混乱度的增大(表现为熵增)，其综合表现就是吉布斯自由能判据，并介绍了化学反应的吉布斯自由能变的计算方法。

为了提高可逆反应的产率，人们特别关心化学反应的限度及其影响因素的问题，本章第四节介绍了标准平衡常数的概念、平衡常数与标准摩尔自由能变的关系、平衡常数的应用和有关计算，还介绍了平衡移动的基本原理。在温度一定的条件下，浓度和压力对平衡移动的影响，表现为平衡常数不变而反应商的改变；在浓度和压力一定的条件下，温度对平衡移动的影响，表现为平衡常数的改变。

化学动力学主要研究化学反应速率和反应机理。本章第五节介绍了反应速率的表示方法，包括：平均速率、瞬时速率的概念及表示方法。讨论了反应速率的影响因素，包括：浓度(质量作用定律)、温度(阿伦尼乌斯公式)、催化剂对反应速率的影响及有关计算，其中介绍了基元反应、速率方程、反应级数、反应机理、活化能等基本概念。本章还简单介绍了过渡态理论的基本要点，并用它解释了活化能的概念。

The first section of this chapter introduces some important concepts in chemical thermodynamics, including: system and surrounding, phase, the state equation and partial pressure law of ideal gas, state and state function, process and path, stoichiometric number and extent of reaction and thermodynamic standard state.

The second section introduces the energy changes in chemical reactions, including: the relationship of thermodynamic energy, heat and work, the mathematical expression of the first law of thermodynamics, heat of reaction at constant volume, heat of reaction at constant pressure, the concept of enthalpy and the application of Hess's law to the calculation of enthalpy at thermodynamic standard state with the data of standard molar enthalpy of formation or standard heat of combustion.

The third section introduces the factors which affect the reaction spontaneity, including the reduction of the system energy (heat release) and the increase of the degree of chaos (entropy increase), its comprehensive performance is the Gibbs free energy criterion. This section also introduces the methods to calculate the Gibbs free energy of chemical reactions.

In order to improve the yield of reversible reactions, people particularly concerned about the chemical reaction limit and its influence factors. The fourth section of this chapter introduces the concept of standard equilibrium constant, the relationship between standard equilibrium constant and the standard molar free energy change, the application of standard equilibrium constant and the relevant calculation. This section also introduces the basic principle of equilibrium shifting. At constant temperature, equilibrium constant remains unchanged, the equilibrium shifting due to concentration or pressure change is attributed to the change of the reaction quotient. On the other hand, at constant concentration and pressure, the equilibrium shifting by varying temperature is attributed to the change of equilibrium constant.

The chemical kinetics mainly studies chemical reaction rate and reaction mechanism. The fifth section introduces the concepts and the expressions of average rate and instantaneous rate as well as the factors affecting the reaction rate, including: concentration (the law of mass action), temperature (Arrhenius formula) and the effect of catalyst on reaction rate; the latter part contains the following concepts: elementary reactions, rate equation, reaction order, reaction mechanism and activation energy. This section also introduces the basic points of transition state theory, and has explained the concept of activation energy.

复习思考题

1-1 区分下列基本概念,并举例说明之。

(1) 系统与环境 (2) 状态与状态函数

(3) 单相与多相 (4) 热与功

(5) 焓与热力学能 (6) 反应进度与化学计量数

(7) 标准摩尔生成焓与反应的标准摩尔焓变 (8) 标准摩尔熵与标准摩尔生成吉布斯自由能

(9) 反应的摩尔吉布斯自由能变与反应的标准摩尔吉布斯自由能变

(10) 标准平衡常数与反应商 (11) 化学反应的平均速率与瞬时速率

(12) 反应级数、反应分子数与化学计量数 (13) 反应速率方程与反应速率常数

(14) 活化能与活化分子 (15) 基元反应与复合反应

1-2 如何定义混合气体中某组分 B 的分压? 什么为分压定律? 如何定义混合气体中某组分 B 的分体积? 什么为分体积定律?

1-3 有两种气体,其摩尔质量分别为 M_1 和 M_2($M_1>M_2$)。在相同温度、相同压力和相同体积下,试比较两者的:(1)物质的量 n_1 和 n_2;(2)质量 m_1 和 m_2;(3)气体的密度 ρ_1 和 ρ_2。

1-4　说明反应进度 ξ 的定义及引入反应进度的意义。

1-5　如何利用精确测定的 Q_V 来求得 Q_p 和 ΔH？试用公式表示。

1-6　热化学方程式与一般的化学反应方程式有什么异同？书写热化学方程式时有哪些注意之处？

1-7　说明下列符号的意义。

S，$S_m^{\ominus}(298.15\ K)$，$\Delta_r S_m^{\ominus}(298.15\ K)$，$G$，$\Delta_r G_m^{\ominus}$，$\Delta_r G_m^{\ominus}(298.15\ K)$，$\Delta_f H_m^{\ominus}(298.15\ K)$，$J$，$K^{\ominus}$，$E$

1-8　如何理解盖斯定律是热力学第一定律的必然推论？盖斯定律运算方法对 $\Delta_r H$ 的计算有什么重要价值？

1-9　化学热力学中所说的“标准状态”是指什么？对于单质、化合物和水合离子所规定的标准摩尔生成焓有什么区别？

1-10　试根据标准摩尔生成焓的定义，说明在该条件下指定单质的标准摩尔生成焓必须为零。

1-11　要使木炭燃烧，必须首先加热，为什么？这个反应的 $\Delta_r H$ 是正值还是负值？

1-12　H、S 与 G 之间，$\Delta_r H$、$\Delta_r S$ 与 $\Delta_r G$ 之间，$\Delta_r G$ 与 $\Delta_r G^{\ominus}$ 之间存在哪些重要关系？用公式表示之。

1-13　判断反应自发进行的标准是什么？能否用反应的焓变或熵变作为衡量的标准？

1-14　判断下列反应中哪些是熵增加的过程，并说明理由。

(1) $I_2(s) \longrightarrow I_2(g)$

(2) $2CO(g) + O_2(g) \longrightarrow 2CO_2(g)$

(3) $CaCl_2(s) \xrightarrow{电解} Ca(s) + Cl_2(g)$

1-15　如何利用物质的标准热力学函数 $\Delta_f H_m^{\ominus}(298.15\ K)$、$S_m^{\ominus}(298.15\ K)$、$\Delta_f G_m^{\ominus}(298.15\ K)$ 的数据计算反应的 $\Delta_r G_m^{\ominus}(298.15\ K)$ 以及某温度 T 时反应的 $\Delta_r G_m^{\ominus}(T)$ 的近似值？

1-16　能否用 $K^{\ominus}$ 来判断反应的自发性？为什么？

1-17　如何利用物质的 $\Delta_f H_m^{\ominus}(298.15\ K)$、$S_m^{\ominus}(298.15\ K)$、$\Delta_f G_m^{\ominus}(298.15\ K)$ 的数据计算反应的 $K^{\ominus}$ 值？写出有关的计算公式。

1-18　试举出两种计算反应的 $K^{\ominus}$ 值的方法。

1-19　氨被氧气氧化的反应有

$$4NH_3(g) + 3O_2(g) \rightleftharpoons 2N_2(g) + 6H_2O(g)$$

$$4NH_3(g) + 5O_2(g) \rightleftharpoons 4NO(g) + 6H_2O(g)$$

增加氧气的分压，对上述哪一个反应的平衡移动产生更大的影响？试解释之。

1-20　能否根据化学反应方程式来确定反应的级数？为什么？

1-21　阿伦尼乌斯公式有什么重要应用？举例说明。

1-22　对于单相反应，影响反应速率的主要因素有哪些？这些因素对反应速率常数是否有影响？为什么？

1-23　总压力与浓度的改变对反应速率以及平衡移动的影响有哪些相似之处？有哪些不同之处？举例说明。

1-24　用锌与稀硫酸制取氢气，反应的 $\Delta_r H$ 为负值。在反应开始后的一段时间内反应速率加快，后来反应速率又变慢。试从浓度、温度等因素来解释此现象。

习　题

1-1　状态函数的含义及其基本特征是什么？T、p、V、ΔU、ΔH、ΔG、S、G、Q_p、Q_V、Q、W 中哪些是状态函数？哪些属于广度性质？哪些属于强度性质？

1-2　在一定温度下，4.0 mol $H_2(g)$ 与 2.0 mol $O_2(g)$ 混合，经一定时间反应后，生成了 0.6 mol $H_2O(l)$。按下列两个不同反应式计算反应进度 ξ。

(1) $2H_2(g)+O_2(g)=2H_2O(l)$

(2) $H_2(g)+\frac{1}{2}O_2(g)=H_2O(l)$

1-3　下列叙述是否正确？试解释之。

(1) $Q_p=\Delta H$，H 是状态函数，所以 Q_p 也是状态函数。

(2) 化学计量数与化学反应计量方程式中各反应物和产物前面的配平系数相等。

(3) 标准状况与标准态是同一个概念。

(4) 湿空气比干燥的空气密度小。

1-4　在容积 10.0 dm^3 的真空钢瓶内充入氯气，当温度为 298.15 K 时，测得瓶内气体的压力为 1.0×10^7 Pa，试计算钢瓶内氯气的质量。

1-5　由 0.538 mol He(g)、0.315 mol Ne(g)和 0.103 mol Ar(g)组成的混合气体在 25 ℃时体积为 7.00 dm^3，试计算：(1)各气体的分压；(2)混合气体的总压力。

1-6　某烃类气体在 27 ℃及 100 kPa 下为 10.0 dm^3，完全燃烧后将生成物分离，并恢复到 27 ℃及 100 kPa，得到 20.0 dm^3 CO_2 和 14.44 g H_2O，通过计算确定此烃类的分子式。

1-7　30 ℃时，在 10.0 dm^3 容器中，O_2、N_2 和 CO_2 混合气体的总压力为 93.3 kPa，其中 O_2 的分压为 26.7 kPa，CO_2 的质量为 5.00 g。计算 CO_2 和 N_2 的分压及 O_2 的摩尔分数。

1-8　用锌与盐酸反应制备氢气

$$Zn+2H^+\longrightarrow Zn^{2+}+H_2(g)$$

若用排水集气法在 98.6 kPa、25 ℃下(已知水的蒸气压为 3.17 kPa)，收集到 2.50×10^{-3} m^3 的气体。试计算：(1) 25 ℃时该气体中氢气的分压；(2) 收集到的氢气的质量。

1-9　下列叙述是否正确？试解释之。

(1) $H_2O(l)$的标准摩尔生成焓等于 $H_2(g)$的标准摩尔燃烧焓。

(2) 石墨和金刚石的燃烧焓相等。

(3) 单质的标准摩尔生成焓都为零。

(4) 稳定单质的 $\Delta_f H_m^\ominus$、$S_m^\ominus$、$\Delta_f G_m^\ominus$ 均为零。

(5) 当温度接近绝对零度时，所有放热反应均能自发进行。

(6) 若 $\Delta_r H_m$ 和 $\Delta_r S_m$ 都为正值，则当温度升高时反应自发进行的可能性增加。

(7) 冬天公路上撒盐以使冰融化，此时 $\Delta_r G_m$ 值的符号为负，$\Delta_r S_m$ 值的符号为正。

1-10　一系统由 A 态到 B 态，沿途径Ⅰ放热 120 J，环境对系统做功 50 J。试计算：(1)系统由 A 态沿途经Ⅱ到 B 态，吸热 40 J，其 W 值为多少？(2)系统由 A 态沿途经Ⅲ到 B 态对环境做功 80 J，其Q值为多少？

1-11　在27 ℃时，反应$CaCO_3(s) = CaO(s) + CO_2(g)$的摩尔恒压反应热$Q_p = 178.0\ kJ \cdot mol^{-1}$，则在此温度下其摩尔恒容反应热$Q_V$为多少？

1-12　已知

(1) $Cu_2O(s) + \frac{1}{2}O_2(g) \longrightarrow 2CuO(s)$　　$\Delta_r H_m^\ominus(1) = -143.7\ kJ \cdot mol^{-1}$

(2) $CuO(s) + Cu(s) \longrightarrow Cu_2O(s)$　　$\Delta_r H_m^\ominus(2) = -11.5\ kJ \cdot mol^{-1}$

试计算$\Delta_f H_m^\ominus[CuO(s)]$。

1-13　有一种甲虫名为投弹手，它能用由尾部喷射出爆炸性排泄物的方法作为防卫措施，所涉及的化学反应是氢醌被过氧化氢氧化生成醌和水

$$C_6H_4(OH)_2(aq) + H_2O_2(aq) \longrightarrow C_6H_4O_2(aq) + 2H_2O(l)$$

根据下列热化学方程式计算该反应的$\Delta_r H_m^\ominus$。

(1) $C_6H_4(OH)_2(aq) \longrightarrow C_6H_4O_2(aq) + H_2(g)$　　$\Delta_r H_m^\ominus(1) = 177.4\ kJ \cdot mol^{-1}$

(2) $H_2(g) + O_2(g) \longrightarrow H_2O_2(aq)$　　$\Delta_r H_m^\ominus(2) = -191.2\ kJ \cdot mol^{-1}$

(3) $H_2(g) + \frac{1}{2}O_2(g) \longrightarrow H_2O(g)$　　$\Delta_r H_m^\ominus(3) = -241.8\ kJ \cdot mol^{-1}$

(4) $H_2O(g) \longrightarrow H_2O(l)$　　$\Delta_r H_m^\ominus(4) = -44.0\ kJ \cdot mol^{-1}$

1-14　利用附表4中298.15 K时有关物质的标准摩尔生成焓的数据，计算下列反应在298.15 K及标准态下的恒压反应热。

(1) $Fe_3O_4(s) + CO(g) = 3FeO(s) + CO_2(g)$

(2) $4NH_3(g) + 5O_2(g) = 4NO(g) + 6H_2O(l)$

1-15　设反应物和生成物均处于标准状态，试通过计算说明298.15 K时究竟是乙炔(C_2H_2)还是乙烯(C_2H_4)完全燃烧会放出更多热量：(1) 均以$kJ \cdot mol^{-1}$表示；(2) 均以$kJ \cdot g^{-1}$表示。

1-16　利用附表5中298.15 K时的标准摩尔燃烧焓的数据，计算下列反应在298.15 K时的$\Delta_r H_m^\ominus$。

(1) $CH_3COOH(l) + CH_3CH_2OH(l) \longrightarrow CH_3COOCH_2CH_3(l) + H_2O(l)$

(2) $C_2H_4(g) + H_2(g) \longrightarrow C_2H_6(g)$

1-17　不查表，指出在一定温度下，下列反应中熵变值由大到小的顺序。

(1) $CO_2(g) \longrightarrow C(s) + O_2(g)$

(2) $2NH_3(g) \longrightarrow 3H_2(g) + N_2(g)$

(3) $2SO_3(g) \longrightarrow 2SO_2(g) + O_2(g)$

1-18　利用附表4中物质的标准热力学数据，计算反应的$\Delta_r S_m^\ominus(298.15\ K)$和$\Delta_r G_m^\ominus(298.15\ K)$。

(1) $3Fe(s) + 4H_2O(l) \longrightarrow Fe_3O_4(s) + 4H_2(g)$

(2) $Zn(s) + 2H^+(aq) \longrightarrow Zn^{2+}(aq) + H_2(g)$

(3) $CaO(s) + H_2O(l) \longrightarrow Ca^{2+}(aq) + 2OH^-(aq)$

1-19　对生命起源问题，有人提出最初植物或动物的复杂分子是由简单分子自动形成的。例如，尿素(NH_2CONH_2)的生成可用反应方程式表示：

$$CO_2(g)+2NH_3(g)\longrightarrow(NH_2)_2CO(s)+H_2O(l)$$

(1) 利用附表4数据计算298.15 K时的$\Delta_r G_m^\ominus$，并说明该反应在此温度和标准态下能否自发；

(2) 在标准态下最高温度为何值时，反应就不再自发进行了？

1-20 已知298.15 K时，$NH_4HCO_3(s)\longrightarrow NH_3(g)+CO_2(g)+H_2O(g)$的相关热力学数据如下：

	$NH_4HCO_3(s)$	$NH_3(g)$	$CO_2(g)$	$H_2O(g)$
$\Delta_f G_m^\ominus/(kJ\cdot mol^{-1})$	−670	−17	−394	−229
$\Delta_f H_m^\ominus/(kJ\cdot mol^{-1})$	−850	−40	−390	−240
$S_m^\ominus/(J\cdot K^{-1}\cdot mol^{-1})$	130	180	210	190

试计算：(1) 298.15 K、标准态下$NH_4HCO_3(s)$能否发生分解反应？

(2) 在标准态下$NH_4HCO_3(s)$分解的最低温度。

1-21 已知合成氨的反应在298.15 K、$p^\ominus$下，$\Delta_r H_m^\ominus=-92.38\ kJ\cdot mol^{-1}$，$\Delta_r G_m^\ominus=-33.26\ kJ\cdot mol^{-1}$，求500 K下的$\Delta_r G_m^\ominus$，说明升温对反应有利还是不利。

1-22 已知$\Delta_f H_m^\ominus[C_6H_6(l),298.15\ K]=49.10\ kJ\cdot mol^{-1}$，$\Delta_f H_m^\ominus[C_2H_2(g),298.15\ K]=226.73\ kJ\cdot mol^{-1}$；$S_m^\ominus[C_6H_6(l),298.15\ K]=173.40\ J\cdot mol^{-1}\cdot K^{-1}$，$S_m^\ominus[C_2H_2(g),298.15\ K]=200.94\ J\cdot mol^{-1}\cdot K^{-1}$。判断$C_6H_6(l)=\!=\!=3C_2H_2(g)$在298.15 K、标准态下正向能否自发，并估算最低反应温度。

1-23 写出下列反应的标准平衡常数表达式。

(1) $CH_4(g)+2O_2(g)=\!=\!=CO_2(g)+2H_2O(l)$

(2) $PbI_2(s)=\!=\!=Pb^{2+}(aq)+2I^-(aq)$

(3) $BaSO_4(s)+4C(s)=\!=\!=BaS(s)+4CO(g)$

(4) $Cl_2(g)+H_2O(l)=\!=\!=HCl(aq)+HClO(aq)$

(5) $ZnS(s)+2H^+(aq)=\!=\!=Zn^{2+}(aq)+H_2S(g)$

(6) $CN^-(aq)+H_2O(l)=\!=\!=HCN(aq)+OH^-(aq)$

1-24 氧化亚银遇热分解：$2Ag_2O(s)=\!=\!=4Ag(s)+O_2(g)$。已知$Ag_2O$的$\Delta_f H_m^\ominus=-31.1\ kJ\cdot mol^{-1}$，$\Delta_f G_m^\ominus=-11.2\ kJ\cdot mol^{-1}$。(1) 在298.15 K时$Ag_2O$-Ag平衡系统的$p(O_2)$为多少？(2) Ag_2O的热分解温度是多少[在分解温度$p(O_2)=100\ kPa$]？

1-25 已知反应$C(s)+CO_2(g)=\!=\!=2CO(g)$，$K_1^\ominus=4.6(1040\ K)$，$K_2^\ominus=0.50(940\ K)$。

(1) 上述反应是吸热还是放热反应？$\Delta_r H_m^\ominus$为多少？(2) 在940 K的$\Delta_r G_m^\ominus$为多少？(3) 该反应的$\Delta_r S_m^\ominus$为多少？

1-26 已知$\Delta_f G_m^\ominus(COCl_2)=-204.6\ kJ\cdot mol^{-1}$，$\Delta_f G_m^\ominus(CO)=-137.2\ kJ\cdot mol^{-1}$，试求：

(1) 下述反应在25 ℃时的平衡常数$K_1^\ominus$：$CO(g)+Cl_2(g)\rightleftharpoons COCl_2(g)$；(2) 若$\Delta_f H_m^\ominus(COCl_2)=-218.8\ kJ\cdot mol^{-1}$，$\Delta_f H_m^\ominus(CO)=-110.5\ kJ\cdot mol^{-1}$，以上反应在373 K时平衡常数是多少？(3) 由此说明温度对平衡移动的影响。

1-27 填空题

(1) 对于反应$C(s)+CO_2(g)=\!=\!=2CO(g)$，$\Delta_r H_m^\ominus(298.15\ K)=172.5\ kJ\cdot mol^{-1}$，填写下表：

	$k_正$	$k_逆$	$v_正$	$v_逆$	$K^\ominus$	平衡移动方向
增加总压力						
升高温度						
加催化剂						

(2) 一定温度下，反应 $PCl_5(g) \rightleftharpoons PCl_3(g) + Cl_2(g)$ 达到平衡后，维持温度和体积不变，向容器中加入一定量的惰性气体，反应将__________移动。

1-28　已知 $2NO(g) + Br_2(g) \rightleftharpoons 2NOBr(g)$ 是放热反应，$K^\ominus = 1.16 \times 10^4$ (298 K)。判断下列各种起始状态反应自发进行的方向。

状态	温度 T/K	起始分压 p/kPa		
		$p(NO)$	$p(Br_2)$	$p(NOBr)$
Ⅰ	298	0.01	0.01	0.045
Ⅱ	298	0.10	0.01	0.045
Ⅲ	273	0.10	0.01	0.108

1-29　某温度下，Br_2 和 Cl_2 在 CCl_4 溶剂中发生下述反应：$Br_2 + Cl_2 \rightleftharpoons 2BrCl$，平衡建立时，$c^{eq}(Br_2) = c^{eq}(Cl_2) = 0.0043\ mol \cdot dm^{-3}$，$c^{eq}(BrCl) = 0.0114\ mol \cdot dm^{-3}$，试求：

(1) 反应的平衡常数 $K^\ominus$；(2) 如果平衡建立后，再加入 $0.01\ mol \cdot dm^{-3}$ 的 Br_2 至系统中(体积变化可忽略)，计算平衡再次建立时系统中各组分的浓度；(3) 用以上结果说明浓度对化学平衡的影响。

1-30　反应 $2SO_2(g) + O_2(g) \rightleftharpoons 2SO_3(g)$ 在 427 ℃和 527 ℃时的 $K^\ominus$ 分别为 1.0×10^5 和 1.1×10^2。求在该温度范围内反应的 $\Delta_r H_m^\ominus$。

1-31　已知 1000 K 时，$CaCO_3$ 分解反应达平衡时 CO_2 的压力为 3.9 kPa，维持系统温度不变，在以上密闭容器中加入固体碳，则发生下述反应：

(1) $C(s) + CO_2(g) \rightleftharpoons 2CO(g)$　　　(2) $CaCO_3(s) + C(s) \rightleftharpoons CaO(s) + 2CO(g)$

若反应(1)的平衡常数为 1.9，求反应(2)的平衡常数以及平衡时 CO 的分压。

1-32　PCl_5 遇热按 $PCl_5(g) \rightleftharpoons PCl_3(g) + Cl_2(g)$ 分解。2.695 g PCl_5 装在 1.00 dm^3 的密闭容器中，在 523 K 达平衡时总压力为 100 kPa。(1) 求 PCl_5 的摩尔分解率及平衡常数 $K^\ominus$；(2) 当总压力 1000 kPa 时，PCl_5 的分解率是多少？(3) 要使分解率低于 10%，总压力是多少？

1-33　已知血红蛋白(Hb)的氧化反应 $Hb(aq) + O_2(g) \rightleftharpoons HbO_2(aq)$ 的 $K_1^\ominus$(292 K) = 85.5。若在 292 K 时，空气中 $p(O_2) = 20.2$ kPa，O_2 在水中溶解度为 $2.3 \times 10^{-4}\ mol \cdot dm^{-3}$。试求反应 $Hb(aq) + O_2(aq) \rightleftharpoons HbO_2(aq)$ 的 $K_2^\ominus$(292 K) 和 $\Delta_r G_m^\ominus$(292 K)。

1-34　已知：$CaCO_3(s) \rightleftharpoons CaO(s) + CO_2(g)$ 的 $K^\ominus = 62$(1500 K)，在此温度下 CO_2 又有部分分解成 CO，即 $2CO_2 \rightleftharpoons 2CO + O_2$。若将 1.0 mol $CaCO_3$ 装入 1.0 dm^3 真空容器中，加热到 1500 K 达平衡时，气体混合物中 O_2 的摩尔分数为 0.15。计算容器中的 $n(CaO)$。

1-35　已知反应 $CO(g) + H_2O(g) \rightleftharpoons H_2(g) + CO_2(g)$ 的 $\Delta_r H_m^\ominus = -41.2\ kJ \cdot mol^{-1}$，在总压

为 100 kPa、温度为 373 K 时，将等物质的量的 CO 和 H_2O 反应。待反应达平衡后，测得 CO_2 的分压为 49.84 kPa。求该反应的标准摩尔熵变。

1-36　以白云石为原料，用 Si 作还原剂冶炼 Mg，在 1450 K 下发生的主反应为

$$CaO(s)+2MgO(s)+Si(s) = CaSiO_3(s)+2Mg(g) \qquad \Delta_r G_m^\ominus=-126\ kJ\cdot mol^{-1}$$

反应器内蒸气压升高到多少，反应将不能自发进行？

1-37　在一密闭容器中反应 $N_2O_4(g) \rightleftharpoons 2NO_2(g)$ 在 348 K 达平衡时，气体化合物的压力为 100 kPa，测得此时的密度 $\rho=1.84\ g\cdot dm^{-3}$。求上述反应的平衡常数 $K^\ominus$。

1-38　某基元反应 $A+2B \xrightarrow{k} 2P$，试分别用各种物质随时间的变化率表示反应的速率方程式。

1-39　研究表明下列反应在一定温度范围内为基元反应：

$$2NO(g)+Cl_2(g) \longrightarrow 2NOCl(g)$$

(1) 写出该反应的速率方程；(2) 该反应的总级数是多少？(3) 其他条件不变，如果将容器的体积增加到原来的 2 倍，反应速率如何变化？(4) 如果容器体积不变而将 NO 的浓度增大到原来的 2 倍，反应速率如何变化？

1-40　基元反应 $2A(g)+B(g) = E(g)$，将 2 mol A 与 1 mol B 放入 1 dm^3 容器中混合并反应，那么反应物消耗一半时的反应速率与反应起始速率之间的比值是多少？

1-41　基元反应 $A \longrightarrow P$ 的半衰期为 69.3 s，要使 80%的 A 反应生成 P，所需的时间是多少？

1-42　某一级反应，在 298 K 及 308 K 时的速率常数分别为 $3.19\times10^{-4}\ s^{-1}$ 和 $9.86\times10^{-4}\ s^{-1}$。试根据阿伦尼乌斯定律计算该反应的活化能和指前因子。

1-43　反应 $CH_3CHO = CH_4+CO$，E_a 值为 190 $kJ\cdot mol^{-1}$，设加入 $I_2(g)$（催化剂）以后，活化能 E_a 降为 136 $kJ\cdot mol^{-1}$，设加入催化剂前后指前因子 A 值保持不变，则在 773 K 时，加入 $I_2(g)$ 后反应速率常数 k' 是原来 k 值的多少倍？(求 k'/k 值)

1-44　乙烯转化反应 $C_2H_4 \longrightarrow C_2H_2+H_2$ 为一级反应。在 1073 K 时，要使 50%的乙烯分解，需要 10 h。已知该反应的活化能 $E_a=250.6\ kJ\cdot mol^{-1}$。要求在 30 min 内有 75%的乙烯转化，反应温度应控制在多少？

（北京科技大学　闫红亮）

第 2 章　溶 液 化 学

中学化学中已经学习过溶液的有关概念，经常接触到的是水溶液，如海水、茶水、生理盐水等。溶液在工业生产与日常生活中扮演着重要角色，许多工业上及生命体中的化学反应都是在溶液中进行的。在溶液中经常遇到的化学平衡有酸碱解离平衡、氧化还原平衡、配位平衡、沉淀溶解平衡，这些平衡具有共同的特征，即它们都是在一定的条件下建立起来的动态平衡，当温度、浓度等条件发生变化时，会发生平衡移动。在第 1 章学习化学平衡基本原理的基础上，本章主要讨论水溶液的性质以及溶液中存在的单相离子平衡和多相离子平衡，了解水溶液中酸碱解离平衡、配位平衡和沉淀溶解平衡的有关规律。

2.1　稀溶液的依数性

溶液由溶质和溶剂组成，按分散系统的分类，溶液属于分子分散系统，即由一种物质（溶质）以分子或离子形式分散在另一种物质（溶剂）中所形成的均匀混合物。由不同的溶质和水或其他溶剂组成的溶液由于溶质的性质各不相同，溶液的性质也千差万别。例如，溶液的颜色、蒸气压、导电能力、密度等都会因溶质不同而有所不同。但是所有的溶液也具有一些共同的性质，这种性质只与溶质的数量有关，而与是什么溶质没有关系，类似理想气体状态方程所描述的理想气体性质（$pV=nRT$），这种只与数量多少有关系的性质称为稀溶液的依数性。描述溶液中溶质含量多少的溶液组成表示方法不止一种，常用的有摩尔分数、物质的量浓度、质量分数、质量摩尔浓度（指在 1 kg 溶剂中所含溶质的物质的量）、体积分数等，各种表示方法在一定条件下可以相互换算。

对于由难挥发性的溶质组成的溶液，会产生溶液的蒸气压下降、沸点上升和凝固点下降的现象，以及溶液渗透压等。这些现象是干燥剂、防冻剂、冷冻剂、相对分子质量测定、反渗透净化海水等技术的理论基础。

2.1.1　溶液的蒸气压下降

（1）蒸气压。如果在一个抽真空的密闭容器中加入一定量的液体，由于液体的挥发，容器就不能再保持真空状态，一些能量较大的液态分子会克服液体分子间的引力从液体表面逸出，成为蒸气分子，这个过程称为蒸发，又称气化。蒸发是吸热过程。与此同时，蒸发出来的蒸气分子由于分子的热运动也可能撞到液面，被液体分子吸引而重新回到液体中，这个过程称为凝聚。凝聚是放热过程。蒸发刚开始时，蒸气分子不多，凝聚的速率远小于蒸发的速率。随着蒸发的进行，蒸气浓度逐渐增大，凝聚的速率也就随之加大。当凝聚的速率和蒸发的速率达到相等时，液体与其蒸气达到了动态平衡状态。当温度不变时，蒸气的压力不再发生变化，这个压力称为该温度下液体的饱和蒸气压，简称蒸气压。

蒸气压的大小与物质的本性和温度有关，容易挥发的液体具有较大的蒸气压，温度越高，蒸气压越大。温度一定时，每种液体的饱和蒸气压是一定值，所以描述某物质的蒸气压时，一定要说明温度。以水为例，在不同温度下达到气液相平衡时，$H_2O(g)$所具有的压力 $p(H_2O)$即为对应温度下的蒸气压，50 ℃时，$p(H_2O)=12.344$ kPa；100 ℃时，$p(H_2O)=101.325$ kPa。

(2) 溶液的蒸气压下降。按照上述蒸气压形成的过程可以推知，若溶液中各组分具有挥发性，则溶液在一定温度下也具有一定的饱和蒸气压。如果往挥发性溶剂(如水)中加入任何一种难挥发的溶质，使它溶解而形成溶液，就会发现溶剂(水)的蒸气压出现下降现象。即在相同温度下，溶有难挥发溶质的溶液中，溶液的蒸气压总是低于纯溶剂的蒸气压。这种情况下，溶液的蒸气压实质是溶液中溶剂的挥发所产生的压力，若溶质难挥发，其蒸气压可以忽略不计。若溶质是易挥发性的物质，溶液的蒸气压也可能比同温度下纯溶剂的蒸气压高。

显然，溶液的蒸气压较相同温度下纯溶剂蒸气压下降是由于受到难挥发溶质的影响，关于其微观机理有研究者给出了如下解释：溶剂中溶解难挥发的溶质后，溶剂的一部分表面被溶质的微粒所占据，对溶剂的蒸发产生阻碍作用，从而使得单位时间内从溶液中蒸发出的溶剂分子数比相同温度下从纯溶剂中蒸发出的分子数要少，以致溶剂与其蒸气在较低的溶剂蒸气压力下即可达到动态平衡，因此溶有难挥发溶质的溶液中，溶剂的蒸气压力低于相同温度下纯溶剂的蒸气压力。按照这种解释，可以推知溶液的浓度越大，其蒸气压下降就越多。

溶液的蒸气压下降与溶质的浓度之间存在什么样的定量关系？实验发现，在一定温度下，难挥发的非电解质稀溶液中溶剂的蒸气压下降(Δp)与溶质的摩尔分数成正比，其数学表达式为

$$\Delta p=\frac{n_B}{n}p_A=x_Bp_A \tag{2-1}$$

式中，n_B表示溶质 B 的物质的量，$n_B/n=x_B$表示溶质 B 的摩尔分数；p_A表示纯溶剂的蒸气压。

该定律是法国物理学家拉乌尔(F. M. Raoult)于 1887 年在实验基础上提出的，它是稀溶液的基本规律之一。对于不同的溶液，该定律适用的浓度范围不同，但在溶质浓度趋近于零的条件下，任何溶液都能严格遵从式(2-1)。因为在很稀的溶液中，溶剂分子所受的作用力几乎与纯溶剂中分子的受力情况相同。利用溶液蒸气压下降

的规律，可以测量溶质的相对分子质量。

【例 2-1】 19 ℃时，CCl_4(M_r=154)的蒸气压 p^* =11401 Pa，当在 50 g CCl_4 中溶解有 0.12 g 某难挥发不解离的有机化合物时，该溶液的蒸气压为 p=11331 Pa。试计算此有机化合物的相对分子质量 M_r。

解 设该溶质的摩尔质量为 M_r g · mol^{-1}

$$\Delta p = p^* \frac{n_B}{n_A + n_B}$$

$$70\ \text{Pa} = 11401 \times \frac{0.12/M_r}{0.12/M_r + 50/154}\ \text{Pa}$$

计算得 M_r=59.8。

2.1.2 溶液的沸点上升和凝固点下降

沸点是指液体的饱和蒸气压等于外界压力时的温度。凝固点是指物质的液相与固相具有相同蒸气压、平衡共存时的温度。一切纯净的晶体物质都有一定的沸点和凝固点。若在纯溶剂中加入难挥发的溶质后，溶液的沸点和凝固点会出现什么变化呢？

以大家熟悉的水与水蒸气的动态相平衡为例，温度升高，水的饱和蒸气压增大。当水的饱和蒸气压等于外界大气压时(通常为 101.325 kPa)，水就会沸腾，达到水的沸点。其他液体与水类似，当其蒸气压等于外界压力时，温度达到该液体的沸点 T_{bp} (boiling point)。表 2-1 列出了一些不同温度下水和冰的蒸气压值，温度升高，冰与水的饱和蒸气压增大。

表 2-1 不同温度下冰和水的饱和蒸气压

温度/ ℃	−40	−30	−20	−10	−5	−4	−3	−2	−1	0
冰的蒸气压/Pa	12.88	38.11	102.1	259.9	401.6	437.2	475.6	517.2	562.1	611.3
水的蒸气压/Pa				391	422	455	490	527	568	611.3
温度/ ℃	10	20	30	40	50	60	70	80	90	100
冰的蒸气压/Pa	—	—	—	—	—	—	—	—	—	—
水的蒸气压/Pa	1228	2339	4246	7381	12344	19932	31176	47373	70117	101325

大家猜想一下，在温度低于 0 ℃时，冰能否与水蒸气建立平衡呢？在严寒的冬季里，晾在户外的衣服马上会结冰，但随着时间的推移，衣服上结的冰可以逐渐消失；用作防蛀的樟脑丸在常温下就易逐渐挥发(升华)，碘加热也容易升华。这些现象都说明固体表面的分子也能蒸发，能蒸发就能建立平衡。如果把固体放在密封的容器内，固体(固相)和它的蒸气(气相)之间最终能达到动态平衡，温度一定，固体就具有一定的蒸气压。表 2-1 中列出了 0 ℃以下不同温度时冰的蒸气压。固相的蒸气压随温度

的升高而增大。当温度升高到某一温度时，固相蒸气压与该物质液相蒸气压相等，固相就与液相建立动态相平衡，这个温度称为该物质的凝固点（熔点）T_{fp}（freezing point）。

固态时为晶体的纯物质在给定条件下都有一定的凝固点和沸点，在应用方面是检验物质纯度的一个手段。但作为溶剂形成溶液时，溶质的加入会使溶液的凝固点下降和沸点上升。溶液越浓，凝固点下降和沸点上升的幅度越大。

溶液之所以会出现凝固点下降和沸点上升的现象，根本原因在于溶液中溶剂的蒸气压下降。下面以水溶液为例来说明其原理。如图 2-1 所示，以温度为横坐标，蒸气压力为纵坐标，画出了冰的固-气平衡曲线和水的液-气平衡曲线，通常称为蒸气压曲线。在 100 ℃时，水的蒸气压等于外界压力（101.325 kPa），水沸腾。如果水中溶解了难挥发性的溶质，其蒸气压就要下降，溶液的蒸气压低于同温度下纯水的蒸气压，溶液的蒸气压曲线在纯水的蒸气压曲线下方，当温度升高到 100 ℃时，溶液的蒸气压并未达到外界压力 101.325 kPa，所以溶液不能沸腾，只有继续升高温度，使溶液的蒸气压继续增大，当溶液的蒸气压达到 101.325 kPa 时，溶液才能沸腾，即达到溶液的沸点，所以溶液的沸点较水的沸点有所升高。如图 2-1 所示，溶液的沸点比水的沸点升高了 ΔT_{bp}。

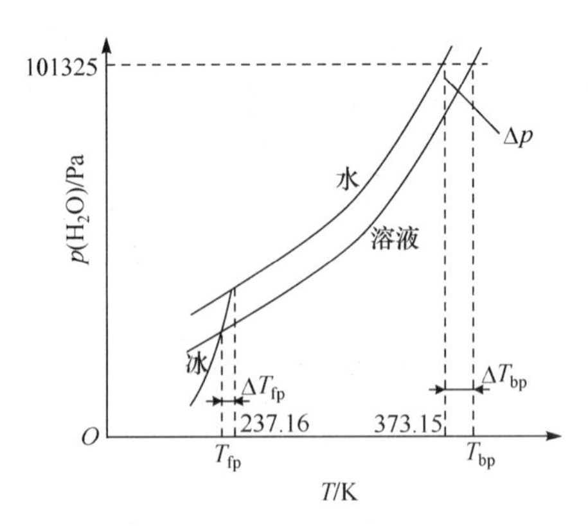

图 2-1　溶液的沸点上升和凝固点下降示意图

从图 2-1 还可以看出，随着水温度的降低，水的蒸气压下降，当水的温度降低到 0 ℃时，水的蒸气压曲线与冰的蒸气压曲线相交，此时水的蒸气压等于冰的蒸气压，水与冰建立液固平衡。在温度低于 0 ℃时，冰的蒸气压低于水的蒸气压，冰是稳定的状态，水为不稳定的过冷水。如前所述，水溶液的蒸气压曲线位于纯水蒸气压曲线的下方，当溶液的温度降低到 0 ℃时，溶液的蒸气压曲线不能与冰的蒸气压曲线相交，所以不能结冰，只有继续降低温度，直至溶液的蒸气压曲线与冰的蒸气压曲线相交时，溶液才开始结冰，达到溶液的凝固点，所以溶液的凝固点比纯水的凝固点低。如图 2-1 所示，溶液的凝固点比纯水的凝固点降低了 ΔT_{fp}。

从上面的分析可以看出，溶液中溶剂的蒸气压下降导致了溶液的沸点上升和凝固点下降，而溶液蒸气压下降的程度又与溶液浓度有关，据此可以推知，溶液沸点上升和凝固点下降的数值也必然与溶液的浓度有关。

实验表明，难挥发的非电解质稀溶液的沸点上升和凝固点下降与溶液的质量摩尔浓度成正比，其数学表达式为

$$\Delta T_{bp}=k_{bp}m \tag{2-2}$$

$$\Delta T_{fp}=k_{fp}m \tag{2-3}$$

式中，m 为溶液的质量摩尔浓度，单位为 $mol \cdot kg^{-1}$；k_{bp}与 k_{fp}分别为溶剂的摩尔沸点上升常量和摩尔凝固点下降常量，单位为 $K \cdot kg \cdot mol^{-1}$，这两个常量取决于溶剂的本性(表 2-2)。

表 2-2　几种溶剂的摩尔沸点上升常量和摩尔凝固点下降常量

溶剂	沸点/ ℃	$k_{bp}/(K \cdot kg \cdot mol^{-1})$	凝固点/ ℃	$k_{fp}/(K \cdot kg \cdot mol^{-1})$
水	100.00	0.51	0.0	1.86
乙酸	117.9	3.22	16.66	3.63
四氯化碳	76.8	5.26	−22.6	32
苯	80.100	2.53	5.533	5.12
苯酚	181.8	3.04	41	7.27
萘	217.955	5.8	80.29	6.94

如果水中没有溶解空气，由纯水、冰和水蒸气三相组成的单组分系统，达到平衡时称为三相点，水的三相点温度是 273.16 K。但在大气环境下，水中溶有空气且达到饱和，此时水的凝固点(冰点)为 273.15 K(0 ℃)。这说明水在 101.325 kPa 大气压力下被空气饱和后，凝固点降低了 0.01 K。对于凝固点下降来讲，可以不考虑溶质是否难以挥发。

溶液凝固点下降的性质在生产与生活中得到了广泛应用。例如，大家熟知的融雪剂，使雪在较低的温度下融化，有利于及时清除马路上的积雪。汽车用的防冻液通常是在水中加入乙二醇类物质降低溶液的凝固点，能够防止汽车水箱在北方寒冷季节结冰。

利用溶液的沸点上升和凝固点下降可以测量溶质的相对分子质量，请思考如何设计实验步骤。

2.1.3　渗透压

渗透现象最早由法国诺勒(J. A. Nollet，1700—1770)于 1748 年发现的。当时他把盛酒的瓶口用猪膀胱封住，浸放在水中，发现水通过膀胱膜进入酒中，使瓶口膀胱膜逐渐膨胀，最后破裂。出现这种现象的微观原因在于动物的膀胱膜、肠衣、细胞膜

等具有选择性通过的性质，这种膜上的微孔只允许溶剂的分子通过，而不允许溶质的分子通过，称为半透膜。若被半透膜隔开的两边溶液的浓度不相等，则可发生渗透现象。如图 2-2 所示的装置用半透膜把水溶液和纯水隔开，左边是溶液，右边是纯水，这时右边的水分子在单位时间内进入左边溶液内的数目，要比左边溶液内的水分子在同一时间内进入右边纯水中的数目多，宏观上表现为右边水通过半透膜向左边溶液扩散，使得左边溶液的体积逐渐增大，细管中的液面逐渐上升。若欲维持左边溶液与右边纯水的液面相平，就必须在左边溶液液面上施加一定压力，使得水分子从两个相反的方向通过半透膜的数目彼此相等，即达到渗透平衡。此时，溶液液面上所施加的压力就是这个溶液的渗透压力。图 2-2 所示的装置可用来测定溶液的渗透压，渗透压的大小可以从与溶液一侧相连接的压力表读出。人们根据天然半透膜的特点合成了人工半透膜，如硝化纤维膜、乙酸纤维膜、聚砜纤维膜等。

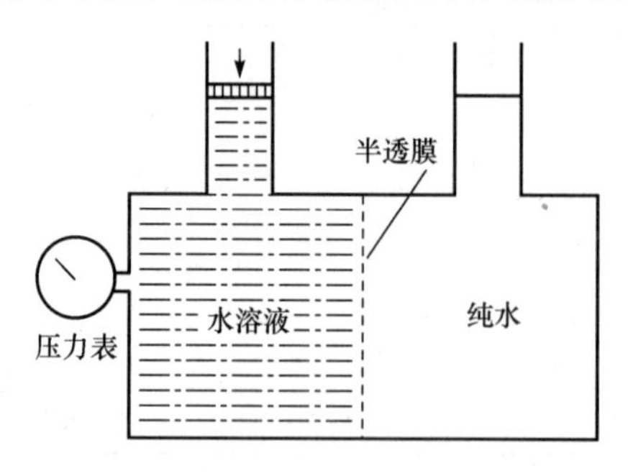

图 2-2　测定渗透压装置示意图

1885 年，荷兰化学家范特霍夫指出溶液渗透压的规律，渗透压的大小与溶液的浓度和温度有关，难挥发的非电解质稀溶液的渗透压与溶液的浓度及热力学温度成正比

$$\Pi = cRT = nRT/V$$

或

$$\Pi V = nRT \tag{2-4}$$

式中，Π 表示渗透压；c 表示浓度；T 表示热力学温度；n 表示溶质的物质的量；V 表示溶液的体积。这一方程的形式与理想气体方程非常相似，R 的数值也完全一样。但气体的压力和溶液的渗透压产生的原因不同，气体产生的压力是由它的分子运动碰撞容器壁而产生的，而溶液的渗透压是溶剂分子渗透的结果。

渗透现象在生物界非常重要，因为大多数有机体的细胞膜具有半透性。植物细胞是靠细胞液的渗透压将根部的水分输送到茎部和叶片。人体血浆的平均渗透压约为 780 kPa，因此对人体注射或静脉输液时，应使用渗透压与人体血浆渗透压基本相等的溶液，在生物学和医学上这种溶液称为等渗溶液，临床上常用的是质量分数 5.0％（0.28 $mol \cdot dm^{-3}$）的葡萄糖溶液或含 0.9％ NaCl 的生理盐水，如果输入液体与人体内的渗透压差别太大，就可能产生严重后果。如果把血红细胞放入渗透压比正常血液的渗透压大的溶液中，血红细胞中的水就会通过细胞膜渗透出来，甚至能引起血红细胞收缩并从悬浮状态中沉降下来；反之，如果把血红细胞放入渗透压较小的低渗溶液中，溶液中的水就会通过血红细胞膜渗入细胞中，使细胞膨胀，甚至能使细胞膜破裂。当然，渗透压略高的高渗溶液只要注射量较少、注射速度较慢，也可被人体内液体稀释为等渗溶液，不会有危险。

任何事物都是双方面的，前面提到的融雪剂多数情况下为无机盐，它们使用后会随着冰雪的融化渗入道路两旁的土壤中，如果含量太大，就能产生较高的渗透压。一般植物细胞的渗透压约可达 2000 kPa，水分可以从植物的根部运送到数十米高的顶端，如果土壤的渗透压大于植物细胞的渗透压，植物就不能从土壤中吸收水分，便会枯萎甚至死亡。因此，如何开发对道路两旁植物影响较小的融雪剂是值得研究的课题。

另外，如果施加在溶液上的压力超过了溶液的渗透压，则反而会使溶液中的溶剂向纯溶剂方向流动，这个过程称为反渗透。反渗透技术可用于海水淡化、工业废水或污水处理及溶液的浓缩等方面。

渗透压法可用来测定溶质的相对分子质量，但在实际应用中，很难制出真正的半透膜，因而渗透压法一般用于测定高分子的相对分子质量。

综上所述，难挥发非电解质的稀溶液具有蒸气压降低、沸点上升、凝固点下降并产生渗透压的特性，这些变化只与溶质的浓度成正比，而与溶质的本性无关。

2.1.4　电解质溶液的依数性

前面讨论了难挥发非电解质溶液的依数性定律，大家自然要问，电解质溶液是否也具有类似的规律呢？事实上，溶液依数性规律的本质是这些性质只与溶液中溶质粒子数的多少有关系。电解质在溶液中解离生成离子，增加了粒子数，例如，1 mol 强电解质 NaCl 溶解在水中，产生 1 mol 钠离子和 1 mol 氯离子，相当于 2 mol 非电解质溶质粒子，因此，就具有相当于 2 mol 非电解质溶液所能具有的溶液蒸气压下降、沸点上升、凝固点下降和渗透压等性质。对于不能完全解离的弱电解质而言，其依数性质介于同等浓度的非电解质溶液和强电解质溶液之间。瑞典化学家阿伦尼乌斯正是依据电解质依数性和导电性的关系，于 1887 年提出了电解质的电离学说。

当溶液的浓度较大时，由于溶质微粒之间的相互作用不能忽略，溶质微粒与溶剂分子之间的相互影响显著，前面所述的定量关系公式便不再严格遵守，但是浓溶液仍然具有蒸气压下降、沸点上升、凝固点下降和渗透压等性质，且溶质粒子数越多，溶液性质变化越大。

表 2-3 列出了几种不同类型电解质水溶液的凝固点下降数值与同浓度(m)非电

解质溶液的凝固点下降数值的比值 i。可以看出，强电解质如 NaCl、HCl(AB 型)的 i 接近于 2，K_2SO_4(A_2B 型)的 i 为 2～3；弱电解质如 CH_3COOH 的 i 略大于 1。因此，对同浓度的溶液来说，其沸点高低或渗透压大小的顺序为

A_2B 或 AB_2 型强电解质溶液＞AB 型强电解质溶液＞弱电解质溶液＞非电解质溶液

而蒸气压或凝固点的顺序则相反。

表 2-3　几种质量摩尔浓度为 0.100 mol · kg⁻¹的电解质在水溶液中的 i 值

电解质	观察到的 $\Delta T'_{fp}$/K	按式(2-3)计算的 ΔT_{fp}/K	$i=\Delta T'_{fp}/\Delta T_{fp}$
NaCl	0.348	0.186	1.87
HCl	0.355	0.186	1.91
K_2SO_4	0.458	0.186	2.46
CH_3COOH	0.188	0.186	1.01

【例 2-2】 下列溶液的浓度均为 1 mol · kg^{-1}，请按凝固点由高到低的顺序排列：

$C_6H_{12}O_6$，$CaCl_2$，NaCl，HAc

解　溶液凝固点下降的程度取决于单位体积内溶质的微粒数，而单位体积内溶质微粒数与溶液的浓度和溶质解离情况有关。微粒数越多，凝固点下降值越大，所以凝固点由高到低的顺序为

1 mol · kg^{-1} $C_6H_{12}O_6$＞1 mol · kg^{-1} HAc＞1 mol · kg^{-1} NaCl＞1 mol · kg^{-1} $CaCl_2$

电解质溶液的依数性规律在生产和生活中应用非常广泛。大家熟知的海水不易结冰，其凝固点低于 0 ℃，沸点高于 100 ℃。工业上或实验室中常用易潮解的固态物质作为干燥剂，如氯化钙、五氧化二磷等，其基本原理就是利用这些物质表面形成的溶液的蒸气压力显著下降，当它低于空气中水蒸气的分压时，空气中的水蒸气就会不断凝聚而进入溶液，这些物质就能不断地吸收水蒸气。若把氯化钙、五氧化二磷等置于密闭容器内，直到空气中水蒸气的分压等于这些干燥剂物质的饱和溶液的蒸气压为止，达到干燥的目的。

利用溶液凝固点下降这一性质，还可以利用盐和冰的混合物制作冷冻剂。冰的表面上有少量水，当盐与冰混合时，盐溶解在这些水中成为溶液，溶液的蒸气压力低于冰的蒸气压力，冰即融化，因盐的浓度很大，凝固点下降显著，冰融化时所要吸收的融化热使周围物质的温度降低，起到冷冻作用。氯化钠和冰的混合物，温度可以降低到－22 ℃；氯化钙和冰的混合物，温度可以降低到－55 ℃。在金属热处理工艺中可利用凝固点下降的性质，防止钢铁工件在空气中加热到高温时发生氧化和脱碳现象，在盐浴中进行加热，盐浴往往用几种盐的混合物(熔融盐)，使熔点下降并可调节所需温度范围。例如，$BaCl_2$ 的熔点为 963 ℃，NaCl 的熔点为 801 ℃，含 77.5% $BaCl_2$ 和 22.5% NaCl 的混合盐熔点可下降到 630 ℃左右。

利用溶液沸点上升的原理，可以使金属工件在高于 100 ℃的水溶液中进行处理。例如，使用含 NaOH 和 $NaNO_2$ 的水溶液能将工件加热到 140 ℃以上。

2.2 酸碱质子理论与酸碱平衡

2.2.1 酸碱质子理论

人们对于酸碱的认识经历了一个由浅入深、由感性到理性的过程。最初从直接的感觉开始，认为有酸味的就是酸，英文单词 acid 从拉丁文 acere 而来，原意就是有酸味，而有涩味、滑腻感的就是碱。随着生产和科学的发展，世界各国的研究者提出了一系列的酸碱理论，如阿伦尼乌斯的电离理论（1887 年）、布朗斯特（J. N. Brönsted）和劳莱（T. M. Lowry）的质子理论（1923 年）、路易斯（G. N. Lewis）的电子理论（1923 年）、皮尔逊（R. G. Pearson）的软硬酸理论（1963 年）等。

阿伦尼乌斯的电离理论认为：解离时所生成的正离子全部都是 H^+ 的化合物称为酸，所生成的负离子全部都是 OH^- 的化合物称为碱。电离理论对化学发展起了很大的作用，但有其局限性，如 Na_2CO_3 不生成 OH^- 但其水溶液也显碱性，把酸、碱的定义局限在以水为溶剂的系统，并把碱限制为氢氧化物，这样就连氨水这个人们熟知的碱也不能解释（因为氨水不是氢氧化物），更不能解释气态氨也是碱（它能与 HCl 气体发生中和反应，生成 NH_4Cl）。又如，金属钠溶解于乙醇中显示很强的碱性，但钠并不是氢氧化物。

针对酸碱电离理论的局限性，丹麦化学家布朗斯特和英国化学家劳莱于 1923 年分别独立提出了酸碱质子理论，该理论认为：凡能给出质子的物质都是酸，凡能与质子结合的物质都是碱。简单地说，酸是质子的给体，碱是质子的受体。酸碱质子理论对酸碱的区分只以质子 H^+ 的给出与接受为判据。

例如，在水溶液中

$$HAc(aq) \rightleftharpoons Ac^-(aq) + H^+(aq)$$

$$NH_4^+(aq) \rightleftharpoons NH_3(aq) + H^+(aq)$$

$$H_2PO_4^-(aq) \rightleftharpoons HPO_4^{2-}(aq) + H^+(aq)$$

$$H_2O \rightleftharpoons H^+ + OH^-$$

其中，HAc、NH_4^+、$H_2PO_4^-$、H_2O 都能给出质子，所以它们都是酸。

给出质子的过程一般是可逆的，酸给出质子后，余下的部分 Ac^-、NH_3、HPO_4^{2-} 都能接受质子，它们都是碱，所以这里定义的酸和碱并不局限于分子，可以是分子，也可以是离子。酸给出质子后就能得到对应的碱，碱得到质子后就变成了对应的酸，酸与碱的对应关系表示为

$$酸 \rightleftharpoons 质子 + 碱$$

酸与碱这种相互依存、相互转化的关系称为共轭关系。例如，Ac^- 是 HAc 的共轭碱，NH_4^+ 是 NH_3 的共轭酸。酸与它的共轭碱（或碱与它的共轭酸）一起称为共轭

酸碱对。需要注意的是,共轭酸碱对的半反应不能单独进行,只有同时存在一个能接受质子的碱时,酸才能给出质子,变成它的共轭碱,同样,碱也必须从另外一种酸接受质子后才能变成它的共轭酸。因而,酸碱反应的实质是质子的传递,是两对共轭酸碱对相互作用的结果。酸碱质子理论不再局限于水溶液,它还适用于含质子的非水系统,许多反应可归结为酸碱反应,因此,酸碱质子理论比电离理论具有更广的适用范围和更强的概括能力。表 2-4 中列出了一些常见的共轭酸碱对。

表 2-4　常见的共轭酸碱对

	酸══质子+碱	
酸性增强 ↑	$HCl = H^+ + Cl^-$	碱性增强 ↓
	$H_3O^+ = H^+ + H_2O$	
	$HSO_4^- = H^+ + SO_4^{2-}$	
	$H_3PO_4 = H^+ + H_2PO_4^-$	
	$HAc = H^+ + Ac^-$	
	$[Al_2(H_2O)_6]^{3+} = H^+ + [Al_2(H_2O)_5(OH)]^{2+}$	
	$H_2CO_3 = H^+ + HCO_3^-$	
	$H_2S = H^+ + HS^-$	
	$H_2PO_4^- = H^+ + HPO_4^{2-}$	
	$NH_4^+ = H^+ + NH_3$	
	$HCO_3^- = H^+ + CO_3^{2-}$	

与电离理论相比,酸碱质子理论扩大了酸碱概念,但酸碱反应也只能是包含质子转移的反应,因此也有其局限性。1923 年,路易斯提出了酸碱电子理论,他是以电子对的授受来判断物质的酸碱属性,即凡接受电子对的物质称为酸,凡给出电子对的物质称为碱,该理论摆脱了物质必须含有质子的限制,适用的范围更为广泛。

2.2.2　弱酸弱碱的解离平衡及 pH 的计算

除了少数的强酸、强碱外,大多数酸和碱在溶液中不能完全解离,在外界条件一定时建立起解离平衡,对应的化学平衡常数 $K^\ominus$ 称为解离常数,为便于区分,用 $K_a^\ominus$ 和 $K_b^\ominus$ 分别表示酸和碱的解离常数,其值可由实验测定,也可用热力学数据进行理论计算。一些常见物质的 $K_a^\ominus$、$K_b^\ominus$ 数据可查附表 6。

1. 一元弱酸弱碱解离平衡的有关计算

一元弱酸解离平衡的有关计算以乙酸 HAc 为例来说明:

$$HAc(aq) + H_2O(l) \rightleftharpoons H_3O^+(aq) + Ac^-(aq)$$

或简写为

$$HAc(aq) \rightleftharpoons H^+(aq) + Ac^-(aq)$$

平衡常数为

$$K_a^\ominus(\mathrm{HAc})=\frac{[c^{eq}(\mathrm{H^+})/c^\ominus][c^{eq}(\mathrm{Ac^-})/c^\ominus]}{c^{eq}(\mathrm{HAc})/c^\ominus}$$

由于 $c^\ominus=1\ \mathrm{mol\cdot dm^{-3}}$，一般在不考虑单位时，上式简化为

$$K_a^\ominus(\mathrm{HAc})=\frac{c^{eq}(\mathrm{H^+})\cdot c^{eq}(\mathrm{Ac^-})}{c^{eq}(\mathrm{HAc})} \tag{2-5}$$

但应注意浓度 c 是有量纲的，在表达 c 的具体数值时应当注明其单位 $\mathrm{mol\cdot dm^{-3}}$。

假设一元弱酸的起始浓度为 c，解离度为 α

$$\mathrm{HAc(aq)\rightleftharpoons H^+(aq)+Ac^-(aq)}$$

起始浓度/($\mathrm{mol\cdot dm^{-3}}$)	c	0	0
平衡浓度/($\mathrm{mol\cdot dm^{-3}}$)	$c(1-\alpha)$	$c\alpha$	$c\alpha$

则

$$K_a^\ominus=\frac{c\alpha\cdot c\alpha}{c(1-\alpha)}=\frac{c\alpha^2}{1-\alpha}$$

当 α 很小时，$1-\alpha\approx1$，则

$$K_a^\ominus\approx c\alpha^2$$

$$\alpha=\sqrt{K_a^\ominus/c} \tag{2-6}$$

$$c^{eq}(\mathrm{H^+})=c\alpha\approx\sqrt{K_a^\ominus c} \tag{2-7}$$

式(2-6)表明，溶液的解离度近似与其浓度的平方根呈反比，即浓度越稀，解离度越大。在进行弱酸解离平衡计算时，当弱酸的解离度≤5%（$c/K_a^\ominus\geqslant400$）时，相对于 c，解离出来的离子浓度很小，为了简化计算，可以认为 $1-\alpha\approx1$。

α 和 $K_a^\ominus$ 都可用来表示酸的强弱，但 α 随 c 而变；在一定温度时，$K_a^\ominus$ 不随 c 而变，是一个常数。

【例 2-3】 计算 0.1 $\mathrm{mol\cdot dm^{-3}}$ HAc 溶液中的 $\mathrm{H^+}$ 浓度及其 pH。

解　从附表 6 查得 HAc 的 $K_a^\ominus=1.76\times10^{-5}$。

方法一：设 0.1 $\mathrm{mol\cdot dm^{-3}}$ HAc 溶液中 $\mathrm{H^+}$ 的平衡浓度为 x $\mathrm{mol\cdot dm^{-3}}$，则

$$\mathrm{HAc(aq)\rightleftharpoons H^+(aq)+Ac^-(aq)}$$

平衡时浓度/($\mathrm{mol\cdot dm^{-3}}$)	$0.1-x$	x	x

$$K_a^\ominus=\frac{c^{eq}(\mathrm{H^+})\cdot c^{eq}(\mathrm{Ac^-})}{c^{eq}(\mathrm{HAc})}=\frac{x\cdot x}{0.1-x}=1.76\times10^{-5}$$

由于 $K_a^\ominus$ 很小，所以 $0.1-x\approx0.1$

$$\frac{x^2}{0.1}=1.76\times10^{-5}$$

$$x=1.33\times10^{-3}$$

即 $c^{eq}(\mathrm{H^+})\approx1.33\times10^{-3}\ \mathrm{mol\cdot dm^{-3}}$。

方法二：直接代入式(2-7)（注意，上面的 x 即等于 $c\alpha$）

$$c^{eq}(\mathrm{H^+})=c\alpha\approx\sqrt{K_a^\ominus c}=\sqrt{1.76\times10^{-5}\times0.1}$$

$$\approx1.33\times10^{-3}(\mathrm{mol\cdot dm^{-3}})$$

从而可得 $\mathrm{pH}\approx-\lg(1.33\times10^{-3})=2.88$。

其他一元弱酸的解离可以用类似方法计算，如计算 0.1 mol · dm^{-3} NH_4Cl 溶液中 H^+ 的浓度及 pH。NH_4Cl 在溶液中完全解离，以 NH_4^+(aq) 和 Cl^-(aq) 存在，Cl^-(aq) 在溶液中可视为中性，因而只需考虑弱酸 NH_4^+(aq) 的解离平衡：

$$NH_4^+(aq) + H_2O(l) \rightleftharpoons NH_3(aq) + H_3O^+(aq)$$

简写为

$$NH_4^+(aq) \rightleftharpoons NH_3(aq) + H^+(aq)$$

查附表 6 得，NH_4^+(aq) 的 $K_a^\ominus = 5.56\times10^{-10}$，所以

$$c^{eq}(H^+) = \sqrt{K_a^\ominus c} = \sqrt{5.56\times10^{-10}\times0.100}$$
$$= 7.5\times10^{-6}(mol \cdot dm^{-3})$$
$$pH \approx -lg(7.5\times10^{-6}) = 5.12$$

一元弱碱的解离平衡及 pH 计算与一元弱酸类似，以弱碱 NH_3 为例说明：

$$NH_3(aq) + H_2O(aq) \rightleftharpoons NH_4^+(aq) + OH^-(l)$$

$$K^\ominus = K_b^\ominus = \frac{c^{eq}(NH_4^+) \cdot c^{eq}(OH^-)}{c^{eq}(NH_3)} \tag{2-8}$$

若解离度为 α，则

$$K_b^\ominus = c\alpha^2/(1-\alpha)$$

当 α 很小时，可以认为 $1-\alpha\approx1$

$$K_b^\ominus \approx c\alpha^2$$

$$\alpha \approx \sqrt{K_b^\ominus/c} \tag{2-9}$$

$$c^{eq}(OH^-) = c\alpha \approx \sqrt{K_b^\ominus c} \tag{2-10}$$

从而可得

$$c^{eq}(H^+) = K_w^\ominus / c^{eq}(OH^-)$$

通过比较可以发现，式(2-10)与式(2-7)在形式上是一致的，只是前者用 $K_b^\ominus$ 代替后者的 $K_a^\ominus$，用 $c(OH^-)$ 代替 $c(H^+)$。

由上述公式可以看出，只要测出一定浓度的弱酸或弱碱的 pH，就能计算得到它们的解离常数。一般实验教材中都设有乙酸解离常数的测定实验，利用酸度计测已知浓度乙酸溶液的 pH，计算 HAc 的解离常数。此外，利用热力学数据也能计算解离常数，以计算氨水的 $K_b^\ominus$ 为例。首先写出氨水中的解离平衡，并从附表 4 中查得各物质 $\Delta_f G_m^\ominus$(298.15 K) 的数值。

$$NH_3(aq) + H_2O(l) \rightleftharpoons NH_4^+(aq) + OH^-(aq)$$

$$\Delta_f G_m^\ominus(298.15\ K)/(kJ \cdot mol^{-1}) \quad -26.50 \quad -237.129 \quad -79.31 \quad -157.244$$

$$\begin{aligned}\Delta_r G_m^\ominus(298.15\ K) &= [\Delta_f G_m^\ominus(NH_4^+, aq, 298.15\ K) + \Delta_f G_m^\ominus(OH^-, aq, 298.15\ K)] - \\ &\quad [\Delta_f G_m^\ominus(NH_3, aq, 298.15\ K) + \Delta_f G_m^\ominus(H_2O, l, 298.15\ K)] \\ &= [(-79.31) + (-157.244) - (-26.50) - (-237.129)]kJ \cdot mol^{-1} \\ &= 27.08\ kJ \cdot mol^{-1}\end{aligned}$$

$$\ln K_b^\ominus = -\Delta_r G_m^\ominus/RT = \frac{-27.08\times1000\ J \cdot mol^{-1}}{8.314\ J \cdot mol^{-1} \cdot K^{-1}\times298.15\ K} = -10.92$$

$$K_b^{\ominus}=1.81\times10^{-5}$$

在查阅酸碱的平衡常数时，一般化学手册中常不列出离子型酸、离子型碱的解离常数，可以根据已知的分子型酸的 $K_a^{\ominus}$ 计算得到其共轭离子碱的 $K_b^{\ominus}$，根据已知的分子型碱的 $K_b^{\ominus}$ 计算得到其共轭离子酸的 $K_a^{\ominus}$。下面以离子碱 Ac^- 为例说明

$$Ac^-(aq)+H_2O(l)\rightleftharpoons HAc(aq)+OH^-(aq)$$

$$K_b^{\ominus}=\frac{c^{eq}(HAc)\cdot c^{eq}(OH^-)}{c^{eq}(Ac^-)}$$

Ac^- 的共轭酸是 HAc：

$$HAc(aq)\rightleftharpoons H^+(aq)+Ac^-(aq)$$

$$K_a^{\ominus}=\frac{c^{eq}(H^+)\cdot c^{eq}(Ac^-)}{c^{eq}(HAc)}$$

$$K_a^{\ominus}\cdot K_b^{\ominus}=\frac{c^{eq}(HAc)\cdot c^{eq}(OH^-)}{c^{eq}(Ac^-)}\cdot\frac{c^{eq}(H^+)\cdot c^{eq}(Ac^-)}{c^{eq}(HAc)}$$

$$=c^{eq}(H^+)\cdot c^{eq}(OH^-)$$

$H^+(aq)$ 和 $OH^-(aq)$ 浓度的乘积是一常数，即水的离子积，用 $K_w^{\ominus}$ 表示，在常温(22 ℃)时，$K_w^{\ominus}=1.0\times10^{-14}$。因此，共轭酸碱的解离常数之积为一常数

$$K_a^{\ominus}\cdot K_b^{\ominus}=K_w^{\ominus} \tag{2-11}$$

式(2-11)描述了一对共轭酸碱对 $K_a^{\ominus}$ 与 $K_b^{\ominus}$ 的关系，它表明 $K_a^{\ominus}$ 与 $K_b^{\ominus}$ 互为倒数，酸越强，其共轭碱就越弱；反之，酸越弱，其共轭碱就越强。强酸(如 HCl、HNO_3)的共轭碱(Cl^-、NO_3^-)碱性极弱，一般可认为是中性的。

由式(2-11)可知，只要知道共轭酸碱中分子型酸的解离常数 $K_a^{\ominus}$，便可算得其共轭碱的解离常数 $K_b^{\ominus}$，或已知分子型碱的解离常数 $K_b^{\ominus}$，便可算得共轭酸的解离常数 $K_a^{\ominus}$。例如，已知 HAc 的 $K_a^{\ominus}=1.76\times10^{-5}$，则其共轭碱 Ac^- 的 $K_b^{\ominus}=\frac{K_w^{\ominus}}{K_a^{\ominus}}=\frac{1.00\times10^{-14}}{1.76\times10^{-5}}=5.68\times10^{-10}$。

2. 多元弱酸弱碱的解离平衡

多元弱酸弱碱在水溶液中的解离是分级进行的，达到平衡时，每一级都有一个解离常数。以二元弱酸氢硫酸为例，其解离过程按如下两步进行，一级解离为

$$H_2S(aq)\rightleftharpoons H^+(aq)+HS^-(aq)$$

$$K_{a_1}^{\ominus}=\frac{c^{eq}(H^+)\cdot c^{eq}(HS^-)}{c^{eq}(H_2S)}=1.3\times10^{-7}$$

二级解离为

$$HS^-(aq)\rightleftharpoons H^+(aq)+S^{2-}(aq)$$

$$K_{a_2}^{\ominus}=\frac{c^{eq}(H^+)\cdot c^{eq}(S^{2-})}{c^{eq}(HS^-)}=7.1\times10^{-15}$$

式中，$K_{a_1}^\ominus$和$K_{a_2}^\ominus$分别表示H_2S的一级解离常数和二级解离常数。一般情况下，二元酸的$K_{a_2}^\ominus \ll K_{a_1}^\ominus$，如$H_2S$的二级解离比一级解离要困难得多，由$HS^-$进一步解离给出的$H^+$数量很少，因此在计算多元酸的$H^+$浓度时，可忽略由二级解离产生的$H^+$，与计算一元酸$H^+$浓度的方法相同，即应用式(2-9)作近似计算，只不过是把式中的$K_a^\ominus$换为$K_{a_1}^\ominus$。需要注意的是，当达到解离平衡后，平衡常数表达式中各种离子浓度是溶液中的平衡浓度，即$K_{a_1}^\ominus$和$K_{a_2}^\ominus$表达式中H^+的浓度是溶液中实际存在的平衡浓度。

【例 2-4】 已知H_2S的$K_{a_1}^\ominus=1.3\times10^{-7}$，$K_{a_2}^\ominus=7.1\times10^{-15}$。计算在0.10 mol·dm^{-3} H_2S溶液中H^+的浓度和pH。

解 根据式(2-7)：

$$c^{eq}(H^+) \approx \sqrt{K_{a_1}^\ominus c} = \sqrt{1.3\times10^{-7}\times0.10}\ \text{mol}\cdot\text{dm}^{-3}$$
$$=1.1\times10^{-4}\ \text{mol}\cdot\text{dm}^{-3}$$
$$\text{pH} \approx -\lg 1.1\times10^{-4} = 3.94$$

对于H_2CO_3和H_3PO_4等多元酸，可用类似的方法计算其H^+的浓度和溶液的pH。

H_3PO_4是中强酸，$K_{a_1}^\ominus$较大($K_{a_1}^\ominus=6.7\times10^{-3}$)。在按一级解离平衡计算$H^+$浓度时，不能应用式(2-7)进行简化计算(不能认为$c-x\approx c$)。需要按例2-3中的方法一写出平衡常数表达式，通过解一元二次方程得到$c^{eq}(H^+)$。

2.2.3 酸碱的平衡移动与缓冲溶液

酸碱平衡与其他化学平衡一样，当溶液的浓度、温度等条件发生改变时，酸碱的解离平衡便发生移动，直至建立新的平衡。改变浓度可采用稀释方法，也可以在弱酸、弱碱溶液中加入具有相同离子的强电解质，从而改变弱酸弱碱解离平衡中某一离子的浓度，引起平衡的移动。例如，往HAc溶液中加入NaAc，由于Ac^-浓度增大，平衡向生成HAc的方向移动，最终结果降低了HAc的解离度，使溶液的酸性降低。再如，往NH_3溶液中加入NH_4Cl，由于NH_4^+浓度的增加，也会降低NH_3在水中的解离度。因此，在弱酸弱碱溶液中加入与它们解离产物相同的离子，因平衡发生移动，使弱酸弱碱的解离度降低，这种现象称为**同离子效应**。

利用酸碱解离平衡的移动，可以调节或控制溶液的pH。若在弱酸溶液中加入该酸的共轭碱，或在弱碱溶液中加入该碱的共轭酸，溶液的pH能在一定范围内不因稀释或外加的少量酸或碱而发生显著变化，即溶液对外加的酸和碱具有缓冲的能力。例如，在HAc和NaAc的混合溶液中，HAc是弱电解质，解离度较小，H^+浓度很小，而NaAc是强电解质，完全解离，由于同离子效应，抑制了HAc的解离，溶液中H^+浓度变得更小，相比较而言，溶液中HAc和Ac^-的浓度都较大。

$$HAc(aq) \rightleftharpoons H^+(aq) + Ac^-(aq)$$

当往该溶液中加入少量强酸时，H^+与Ac^-结合形成HAc分子，则平衡向左移动，使溶液中Ac^-浓度略有减少，HAc浓度略有增加，但溶液中H^+浓度不会有显著变化。反之，如果往该溶液中加入少量强碱，强碱则与 H^+ 结合，平衡向右移动，使 HAc 浓度略有减少，Ac^- 浓度略有增加，H^+ 浓度仍然不会有显著变化，平衡移动的结果是该溶液对酸和碱表现出缓冲作用，由此被称为缓冲溶液。组成缓冲溶液的共轭酸碱也称缓冲对，足量浓度的共轭酸碱对是溶液具有缓冲作用的基础。常见的缓冲对如 $HAc\text{-}Ac^-$、$NH_4^+\text{-}NH_3$、$H_2PO_4^-\text{-}HPO_4^{2-}$ 等。

缓冲溶液虽然可以抵抗外来的酸、碱及稀释作用，但这种缓冲能力不是无限度的。若加入强酸或强碱的量过大，溶液中的弱酸及其共轭碱或弱碱及其共轭酸中的一种消耗殆尽时，就会失去缓冲能力。

缓冲溶液 pH 的计算与弱酸弱碱解离平衡的计算相同，当缓冲溶液达到平衡后，就可以根据弱酸弱碱的解离平衡计算溶液的 pH。

$$K_a^\ominus = \frac{c^{eq}(H^+) \cdot c^{eq}(\text{共轭碱})}{c(\text{弱酸})}$$

$$c^{eq}(H^+) = K_a^\ominus \frac{c^{eq}(\text{弱酸})}{c^{eq}(\text{共轭碱})} \tag{2-12}$$

$$pH = pK_a^\ominus - \lg \frac{c^{eq}(\text{弱酸})}{c^{eq}(\text{共轭碱})} \tag{2-13}$$

式(2-12)中 $K_a^\ominus$ 为共轭酸的解离常数，式(2-13)中 $pK_a^\ominus$ 为 $K_a^\ominus$ 的负对数，即 $pK_a^\ominus = -\lg K_a^\ominus$。

【例 2-5】 计算含有 $0.100\ mol \cdot dm^{-3}$ HAc 与 $0.100\ mol \cdot dm^{-3}$ NaAc 的缓冲溶液中 H^+ 浓度、pH 和 HAc 的解离度。

解 设溶液中 H^+ 浓度为 x，根据式(2-12)

$$c^{eq}(H^+) = K_a^\ominus \frac{c^{eq}(HAc)}{c(Ac^-)}$$

由于 $K_a^\ominus = 1.76 \times 10^{-5}$

$$c^{eq}(HAc) = c(HAc) - x \approx c(HAc) = 0.100\ mol \cdot dm^{-3}$$

$$c^{eq}(Ac^-) = c^{eq}(Ac^-) + x \approx c(HAc) = 0.100\ mol \cdot dm^{-3}$$

所以

$$c^{eq}(H^+) = x \approx 1.76 \times 10^{-5} \times \frac{0.100}{0.100} = 1.76 \times 10^{-5} (mol \cdot dm^{-3})$$

根据式(2-13)

$$pH = pK_a^\ominus - \lg \frac{c^{eq}(HAc)}{c(Ac^-)} \approx 4.75 - \lg \frac{0.100}{0.100} = 4.75$$

HAc 的解离度

$$\alpha \approx \frac{1.76 \times 10^{-5}\ mol \cdot dm^{-3}}{0.100\ mol \cdot dm^{-3}} \times 100\% = 0.0176\%$$

与例 2-3 的计算结果进行比较，计算的 $0.100\ mol \cdot dm^{-3}$ HAc 溶液中 HAc 的解离度 $\alpha \approx 1.33\%$，可见，HAc-NaAc 缓冲溶液中 HAc 的解离度大大降低。

在日常生活和生产实践中的许多化学反应，往往都需要在一基本不变的 pH 范围内才能有效进行，如人体的血液需要依赖各种缓冲对才能保持 pH 在 7.35～7.45 的狭小范围内，因为这一 pH 范围最适于细胞新陈代谢及整个肌体的生存。

当血液的 pH 低于 7.3 或高于 7.5 时，就会出现酸中毒或碱中毒的现象，严重时甚至危及生命。血液中存在的缓冲对主要有 H_2CO_3-HCO_3^-、$H_2PO_4^-$-HPO_4^{2-}、血浆蛋白-血浆蛋白共轭碱、血红蛋白-血红蛋白共轭碱等，其中以 H_2CO_3-HCO_3^- 在血液中浓度最高、缓冲能力最大，对维持血液正常的 pH 起主要作用。当人体新陈代谢过程中产生的酸类物质进入血液时，缓冲对中的抗酸组分 HCO_3^- 便立即与代谢酸中的 H^+ 结合，生成 H_2CO_3 分子。H_2CO_3 被血液带到肺部并以 CO_2 形式排出体外。人们食用蔬菜和果类物质，其中含有的柠檬酸的钠盐和钾盐、磷酸氢二钠和碳酸氢钠等碱性物质进入血液时，缓冲对中的抗碱成分 H_2CO_3 解离出来的 H^+ 就与之结合，消耗的 H^+ 可由 H_2CO_3 的解离来补充，维持血液中 H^+ 浓度的稳定。再如，在金属器件进行电镀时，也常用缓冲溶液控制电镀液的 pH，否则，随着电镀反应的进行，pH 如果有较大的变动，则会严重影响镀速、镀层的性能，甚至得不到镀层。此外，在实验室反应、化学分析及制革、染料等工业中常需要应用缓冲溶液。

接下来的问题是在实际应用中如何选择适当的缓冲溶液呢？从式(2-13)可以看出：缓冲溶液的 pH 取决于缓冲对即共轭酸碱对中的 $K_a^\ominus$ 值以及缓冲对的两种物质浓度的比值。缓冲对中任一种物质的浓度过小都会使溶液丧失缓冲能力。因此在配制缓冲溶液时，缓冲对浓度的比值最好接近 1，如果比值等于 1，由式(2-12)可知

$$c^{eq}(H^+)=K_a^\ominus$$
$$pH=pK_a^\ominus$$

基于以上讨论，在选择具有一定 pH 的缓冲溶液时，应当选用 $pK_a^\ominus$ 接近或等于该 pH 的弱酸与其共轭碱的混合溶液。例如，如果需要 pH＝5 左右的缓冲溶液，宜选用 HAc-Ac^-(HAc-NaAc)的混合溶液，因为 HAc 的 $pK_a^\ominus$ 等于 4.75，与所需的 pH 接近。同样道理，如果需要 pH＝9、pH＝7 左右的缓冲溶液，宜分别选用 NH_3-NH_4^+(NH_3-NH_4Cl)、$H_2PO_4^-$-HPO_4^{2-}(KH_2PO_4-Na_2HPO_4)的混合溶液。

2.3 配位平衡

2.3.1 配合物的基本概念

1. 配合物的组成

在中学化学中已经接触过配位键，它是由一方提供孤对电子，另一方提供空轨道而形成的共价键，NH_4^+ 就是由氨分子中氮原子的孤对电子与氢离子通过配位键形成的。氯化银沉淀能溶于氨水中是因为生成了银氨配离子。下面结合实验说明配合物的有关概念。

向硫酸铜溶液中滴加适量的氨水溶液，首先可以观察到浅蓝色沉淀生成，是因为发生了如下反应：

$$2Cu^{2+}+SO_4^{2-}+2NH_3+2H_2O \longrightarrow Cu_2(OH)_2SO_4\downarrow+2NH_4^+$$

当氨水进一步过量时，沉淀消失，溶液变成深蓝色透明溶液，是因为发生了如下反应：

$$Cu_2(OH)_2SO_4 + 2NH_4^+ + 6NH_3 \longrightarrow 2[Cu(NH_3)_4]^{2+} + SO_4^{2-} + 2H_2O$$

生成了配合物$[Cu(NH_3)_4]SO_4$。下面以$[Cu(NH_3)_4]SO_4$为例说明配合物的构成，如图 2-3 所示。

1）内界与外界

配合物由内界（方括号内的部分）与外界（方括号外的部分）两部分组成，整个配合物呈现电中性。内界可以为正离子（如$[Cu(NH_3)_4]^{2+}$），对应的外界就会是负离子（如SO_4^{2-}、Cl^-）；内界也可以是负离子（如$[Fe(CN)_6]^{3-}$），对应的外界则是正离子（如Na^+、K^+）；内界本身也可以为电中性的，如$[Ni(CO)_4]$、$[Co(NH_3)_3Cl_3]$，这种情况就没有外界。配合物的内界统称为一个配位个体，当它带有电荷时常简称配离子。

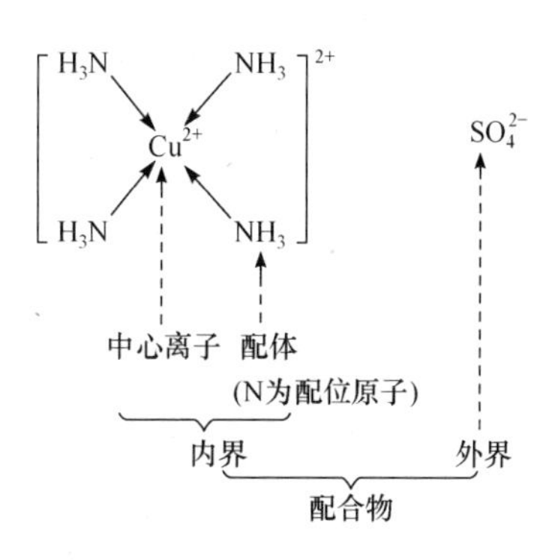

图 2-3 铜氨配合物的组成与结构

2）中心离子（或中心原子）

中心离子（或中心原子）位于配合物内界的中心，多数情况下为金属正离子，也有中性金属原子（如$[Ni(CO)_4]$中的 Ni 原子）。不同金属元素形成配合物的能力差别很大。一般来说，过渡元素形成配合物的能力较强。

3）配体与配位原子

配体是指内界中与中心离子（或原子）以配位键结合的分子或阴离子，排布在中心离子（或原子）的周围。配体中与中心离子（或原子）直接结合的原子称为配位原子。例如，在$[Cu(NH_3)_4]^{2+}$中，NH_3分子是配体，N 原子是配位原子。H_2O分子也可以作为配体，它的 O 原子是配位原子。

在一个配体中，若只有一个配位原子与中心离子结合，这样的配体称为单齿配体（表 2-5）。在一个配体中，若有两个或两个以上的配位原子同时与一个中心离子结合，这样的配体称为多齿配位，多齿配体按配位原子数的多少可分为二齿配体、三齿配体等（表 2-6）。

表 2-5 常见的单齿配体

配位原子	常见单齿配体
C	CO（羰基）、CN^-（氰）
N	NH_3（氨）、NH_2^-（氨基）、NO（亚硝酰基）、NO_2^-（硝基）、NCS^-（异硫氰酸根）
S	SCN^-（硫氰酸根）、$S_2O_3^{2-}$（硫代硫酸根）
O	H_2O（水）、OH^-（羟基）、ONO^-（亚硝酸根）
X	F^-（氟）、Cl^-（氯）、Br^-（溴）、I^-（碘）

表 2-6　常见的多齿配体

分子式	中文名称(缩写)
$^{-}O-C(=O)-C(=O)-O^{-}$	草酸根(ox)
$H_2N-CH_2-CH_2-NH_2$	乙二胺(en)
N　N	邻二氮菲(*o*-phen)
$(:\bar{O}-C(=O)-CH_2)_2\ddot{N}-CH_2-CH_2-\ddot{N}(CH_2-C(=O)-\bar{O}:)_2$	乙二胺四乙酸根($edta^{4-}$)

4）配位数

配位数是指中心离子(或中心原子)所结合的配位原子的总数。当配体数不止一个时,计算配位数时要包括所有配体中的所有配位原子,因此配位数与配体数有区别。最常见的配位数是 4 和 6,少数是 2 和 8,更高配位数的情况不多见。配位数受到多种因素的影响,主要包括几何因素(中心离子半径、配体的大小及几何构型)、静电因素(中心离子与配体的电性)、中心离子的价电子层结构以及浓度、温度等条件的影响。

2. 配合物的分类

配合物范围很广,主要可分为三大类。

1）简单配合物

由中心离子(或中心原子)与单齿配体形成的配合物称为简单配合物,如$[Cu(NH_3)_4]SO_4$、$K[Ag(CN)_2]$、$K_2[PtCl_4]$、$K_3[Fe(CN)_6]$等。大多数金属离子在水溶液中实际上是以水合配离子的形式存在的,它们的配位数多为 6,如$[Fe(H_2O)_6]^{2+}$、$[Mn(H_2O)_6]^{2+}$、$[Cr(H_2O)_6]^{3+}$等。许多带结晶水的盐都含有水合配离子,如 $FeCl_3 \cdot 6H_2O$ 为$[Fe(H_2O)_6]Cl_3$,$CuSO_4 \cdot 5H_2O$ 为$[Cu(H_2O)_4]SO_4 \cdot H_2O$。

2）螯合物

中心离子和多齿配体结合而成的具有环状结构的配合物称为螯合物(旧称内络盐)。与简单配合物相比,螯合物具有更高的稳定性。例如,Cu^{2+} 与两个乙二胺分子($NH_2-CH_2-CH_2-NH_2$)形成两个五原子环的螯合离子$[Cu(en)_2]^{2+}$(以 en 表示乙二胺分子)[图 2-4(a)]。又如,将氨基乙酸 NH_2-CH_2-COOH 与铜盐配合,生成二氨基乙酸合铜(Ⅱ)离子[图 2-4(b)]。乙二胺含有两个相同的配位原子 N,氨基乙酸含有两个不同的配位原子 N、O,均能和 Cu^{2+} 形成两个五原子环的配合物。

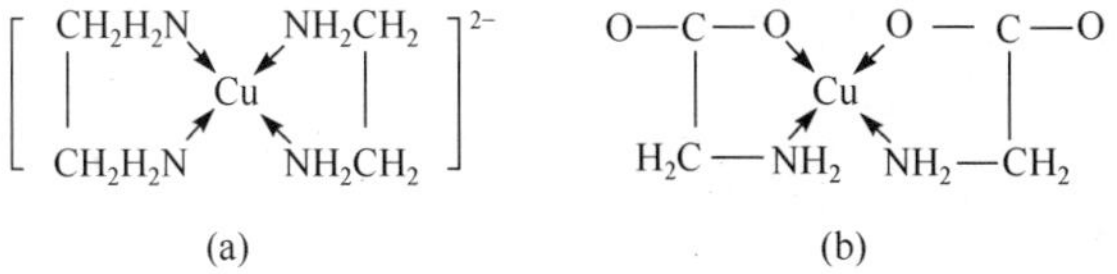

CH_2H_2N
NH_2CH_2
Cu
CH_2H_2N
NH_2CH_2
2−
(a)
O—C—O
O — C—O
Cu
H_2C — NH_2
NH_2—CH_2
(b)

图 2-4　螯合物的结构

3）特殊配合物

随着科技的快速发展,各种各样的特殊配合物发展很快,在基础科学与材料应用方面取得进展。

(1) 羰合物。以一氧化碳为配体的配合物称为羰基配合物(简称羰合物)。一氧化碳几乎可以和全部过渡金属形成稳定的配合物,如 $Fe(CO)_5$、$Ni(CO)_4$、$Co_2(CO)_8$ 等。羰合物无论在结构、性质上都是比较特殊的一类配合物。羰合物的熔沸点一般不高,较易挥发,有毒,不溶于水,一般易溶于有机溶剂,广泛用于提纯金属。羰基化合物与其他过渡金属有机化合物在配位催化领域应用广泛。

(2) 夹心配合物。第一个夹心配合物为双环戊二烯基合铁(Ⅱ),简称二茂铁。在二茂铁中,金属原子 Fe 被夹在两个平行的碳环之间,为夹心配合物(图 2-5)。实际上许多过渡金属如 Co、Ni、Ti、V、Zr、Cr、Mn 等也都能形成这类化合物。

(3) 原子簇状化合物。原子簇状化合物是指具有两个或两个以上金属原子以金属-金属键(M—M)直接结合而形成的化合物,简称簇合物。同理,簇状配合物(簇合物)是含有至少两个金属并含有金属-金属键的配合物,如 $Co_4(C_5H_5)_4H_4$ 和 $(W_6Cl_{12})Cl_6$ 等。过渡金属簇合物的种类很多,按金属原子数(如 2、3、4)分类,则有二核簇、三核簇、四核簇(余类推)等;按配体分子种类,则有羰基簇、卤基簇等。图 2-6 为双核簇合物 $[Re_2Cl_8]^{2-}$(最简单的双核簇合物)的结构。其他还有大环配合物等,有兴趣的同学,可以查阅相关书籍。

C_5H_5
Fe
C_5H_5

图 2-5　$Fe(C_5H_5)_2$ 的结构

Cl
Cl
Re
Cl
Cl
229 pm
332 pm
224 pm
103.7°
Cl
Re
Cl
87°
Cl
Cl
335 pm

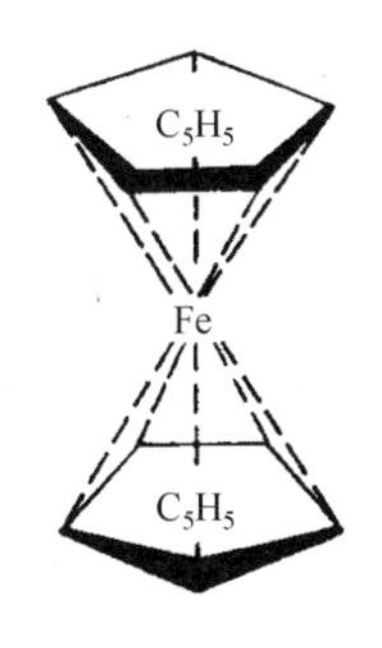

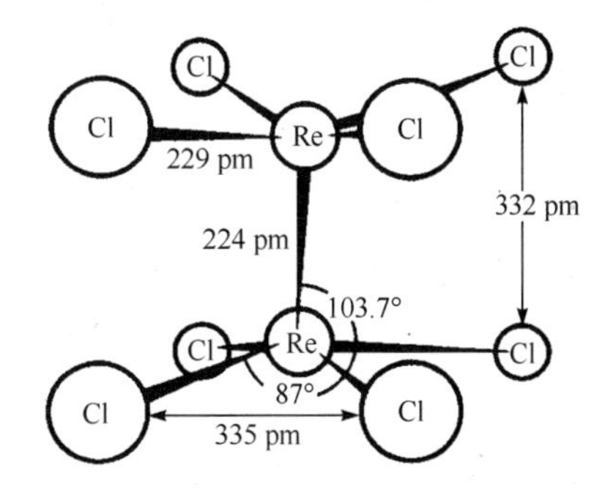

图 2-6　$[Re_2Cl_8]^{2-}$ 的结构

化学家史话

维　尔　纳

维尔纳(A. Werner,1866—1919)出生在法国阿尔萨斯的一个铁匠家庭,1871年普鲁士入侵法国,他的家乡成了德占区,但他家仍坚持说法语。他从小倔强,有反抗精神。进入苏黎世大学后,虽然他的数学和几何总是不及格,但他的几何空间概念强,并且想象力丰富,使得他在学习化学时有很大优势。维尔纳是苏黎世大学教授,最先提出“配位数”概念,建立了络合物的配位理论。

1893年,他发表了“论无机化合物的结构”一文,大胆提出了划时代的配位理论,这是无机化学和配位化学结构理论的开端。

1894年他结婚并加入瑞士籍,后来担任苏黎世化学研究所所长。他开始从事有机化学,后转向无机化学,最后全神贯注于配位化学。他的主要著作有《立体化学手册》、《论无机化合物的结构》、《无机化学领域的新观点》等。由于对配位理论的贡献,1913年获诺贝尔化学奖。

3. 配位化合物的命名

配位化合物的命名方法服从一般无机化合物的命名原则。当配离子为正离子时,如果与其结合的负离子是简单酸根如 Cl^-、S^{2-} 或 OH^-,则配合物称为“某化某”;如果与其结合的负离子是复杂酸根如 SO_4^{2-}、Ac^- 等,则配合物称为“某酸某”。当配离子为负离子时,在配离子后面加“酸”字,称为“某酸某”,即把配离子看成一个复杂酸根离子。首先看一下下面几个配合物的名字,然后再总结命名法则。

$[Ag(NH_3)_2]Cl$　　氯化二氨合银(Ⅰ)

$[Cu(en)_2]SO_4$　　硫酸二(乙二胺)合铜(Ⅱ)

$H[AuCl_4]$　　四氯合金(Ⅲ)酸

$K_3[Fe(CN)_6]$　　六氰合铁(Ⅲ)酸钾 (俗称铁氰化钾或赤血盐)

$K_4[Fe(CN)_6]$　　六氰合铁(Ⅱ)酸钾 (俗称亚铁氰化钾或黄血盐)

$Na_3[Ag(S_2O_3)_2]$　　二(硫代硫酸根)合银(Ⅰ)酸钠

配离子命名时,配体名称列在中心离子(或中心原子)之前,用“合”字将二者连在一起。在配体前用二、三、四等数字表示配位体的数目,对于较复杂的配体,如硫代硫酸根,则将配体写在括号中,以避免混肴。在中心离子之后用带括号的罗马数字(Ⅰ)、(Ⅱ)等表示中心离子的化合价。

一个配离子也可与多个配体同时配位,若配体不止一种,不同配体名称之间以中圆点“·”分开。配体列出的先后顺序为:当无机配体与有机配体同时存在时,无机配体排在前，有机配体排在后；当同是无机配体或同是有机配体时，负离子排在前面，而后是中性分子；同类配体的名称，按配位原子元素符号的英文字母顺序排列。例如

$K[PtCl_3(C_2H_4)]$	三氯·(乙烯)合铂(Ⅱ)酸钾
$[CoCl(NH_3)_3(H_2O)_2]Cl_2$	二氯化一氯·三氨·二水合钴(Ⅲ)
$CO_2(CO)_8$	八羰合二钴(0)

2.3.2 配离子的解离平衡

配离子的中心离子(分子)通过配位键与配体结合在一起，具有较高的稳定性，可以看作一个整体。以$[Ag(NH_3)_2]Cl$为例，配离子$[Ag(NH_3)_2]^+$几乎已经失去了简单离子Ag^+的原有性质，相当于一个新的正离子，负离子Cl^-性质不变。$[Ag(NH_3)_2]Cl$在水中能够充分解离，类似于强电解质

$$[Ag(NH_3)_2]Cl = [Ag(NH_3)_2]^+ + Cl^-$$

任何事情都不是绝对的，虽然$[Ag(NH_3)_2]^+$是难于解离的物质，但它在水溶液中还是能够少量解离，存在着如下解离平衡：

$$[Ag(NH_3)_2]^+ = Ag^+ + 2NH_3$$

按照化学平衡的普遍规律，其总的解离常数表达式为

$$K_i^\ominus = \frac{[c^{eq}(Ag^+)/c^\ominus]\cdot[c^{eq}(NH_3)/c^\ominus]^2}{c^{eq}([Ag(NH_3)_2]^+)/c^\ominus}$$

当不考虑$K_i^\ominus$的单位时，上式简化为

$$K_i^\ominus = \frac{[c^{eq}(Ag^+)]\cdot[c^{eq}(NH_3)]^2}{c^{eq}([Ag(NH_3)_2]^+)} \tag{2-14}$$

$K_i^\ominus$越大，表示配离子越易解离，即配离子越不稳定。所以配离子的解离平衡常数$K_i^\ominus$又称**不稳定常数**。

上述解离过程的逆过程，则是由中心离子与配体生成配离子的过程

$$Ag^+ + 2NH_3 = [Ag(NH_3)_2]^+$$

对应的平衡常数称为配离子的**稳定常数**，用$K_f^\ominus$来表示

$$K_f^\ominus = \frac{c^{eq}([Ag(NH_3)_2]^+)}{[c^{eq}(Ag^+)]\cdot[c^{eq}(NH_3)]^2}$$

显然，$K_f^\ominus$与$K_i^\ominus$互成倒数关系

$$K_f^\ominus = \frac{1}{K_i^\ominus}$$

对于同种类型的配离子来说，可以用$K_f^\ominus$或$K_i^\ominus$的大小比较其稳定性。$K_f^\ominus$越大，$K_i^\ominus$越小，配离子越稳定；反之，则越不稳定。

2.3.3 配离子平衡浓度的计算和平衡移动

同其他化学平衡一样，利用配离子的稳定常数，可以计算配离子平衡中各组分的

平衡浓度。由于配离子的生成是由连续的多步配位反应组成的，如果配体不足量，体系中将同时存在多级配离子，计算各组分的平衡浓度就比较繁琐。实际应用中，总是使用过量的配体，使中心离子绝大部分处在最高配位数状态，其他低配位数的各级离子可以忽略不计。

【例 2-6】 25 ℃时，在 0.005 $mol \cdot dm^{-3}$ 的 $AgNO_3$ 溶液中通入氨气，使平衡溶液中氨的浓度为 1 $mol \cdot dm^{-3}$。求溶液中 Ag^+ 的浓度。

解 已知 $K_f^{\ominus}([Ag(NH_3)_2]^+) = 1.6\times10^7$，氨气通入溶液后，会和 $AgNO_3$ 反应生成 $[Ag(NH_3)_2]^+$ 配离子，因为氨过量，且 $[Ag(NH_3)_2]^+$ 较稳定，所以达到平衡时未配位的 Ag^+ 浓度很小。

设平衡时 $c(Ag^+) = x$ $mol \cdot dm^{-3}$

$$Ag^+ + 2NH_3 \rightleftharpoons [Ag(NH_3)_2]^+$$

平衡浓度/($mol \cdot dm^{-3}$)　　x　　1　　　$0.005-x$

$$K_f^{\ominus}([Ag(NH_3)_2]^+) = \frac{c([Ag(NH_3)_2]^+)}{c(Ag^+) \cdot [c(NH_3)]^2}$$

所以

$$\frac{0.005-x}{x\times1^2} = 1.6\times10^7$$

由于 $K_f^{\ominus}([Ag(NH_3)_2]^+)$ 较大，x 很小，$0.005-x\approx0.005$，所以 $x=3.1\times10^{-10}$，即平衡时 $c(Ag^+) = 3.1\times10^{-10}$ $mol \cdot dm^{-3}$。

对于已经建立起来的配离子平衡，如果直接或间接改变参与平衡的各组分的浓度，平衡将发生移动。例如，向深蓝色的 $[Cu(NH_3)_4]^{2+}$ 溶液中加入少量稀 H_2SO_4，溶液会由深蓝色转变为浅蓝色，即由铜配离子转变成铜离子，原因在于加入的 H^+(aq)与 NH_3(aq)结合，生成了 NH_4^+(aq)，降低了 NH_3 的浓度，促使 $[Cu(NH_3)_4]^{2+}$ 向解离方向移动

$$NH_3 + H^+ \rightleftharpoons NH_4^+$$

$$[Cu(NH_3)_4]^{2+} \rightleftharpoons Cu^{2+} + 4NH_3$$

总的方程式为

$$[Cu(NH_3)_4]^{2+} + 4H^+ \rightleftharpoons Cu^{2+} + 4NH_4^+$$

利用配离子的平衡移动，可以使一种配离子转化为另外一种更稳定的配离子，即平衡朝着生成更难解离的配离子的方向移动。对于相同类型的配离子，可根据配离子的 $K_i^{\ominus}$(或 $K_f^{\ominus}$)来判断反应进行的方向。例如

$$[HgCl_4]^{2-} + 4I^- \rightleftharpoons [HgI_4]^{2-} + 4Cl^-$$

已知 $K_i^{\ominus}([HgCl_4]^{2-}) = 8.55\times10^{-16}$，$K_i^{\ominus}([HgI_4]^{2-}) = 1.48\times10^{-30}$，由于 $K_i^{\ominus}([HgCl_4]^{2-}) \gg K_i^{\ominus}([HgI_4]^{2-})$，即 $[HgI_4]^{2-}$ 更稳定。因此若往含有 $[HgCl_4]^{2-}$ 的溶液中加入适量的 I^-，则 $[HgCl_4]^{2-}$ 可转化生成更稳定的 $[HgI_4]^{2-}$。

转化反应的平衡常数

$$K^{\ominus}=\frac{c([HgI_4]^{2-})\cdot[c(Cl^-)]^4}{c([HgCl_4]^{2-})\cdot[c(I^-)]^4}=\frac{c([HgI_4]^{2-})\cdot c(Hg^{2+})\cdot[c(Cl^-)]^4}{c(Hg^{2+})\cdot[c(I^-)]^4\cdot c([HgCl_4]^{2-})}$$

$$=\frac{K_i^{\ominus}([HgCl_4]^{2-})}{K_i^{\ominus}([HgI_4]^{2-})}=5.78\times10^{14}$$

当溶液中存在两种及两种以上能与同一种金属离子配位的配体，或者存在两种及两种以上能与同一种配体配位的金属离子时，各个反应间存在竞争及平衡转化，可以通过计算转化反应的平衡常数确定反应的方向及平衡后各组分的浓度。

2.4 沉淀溶解平衡

按照电解质在水中溶解度的大小，一般可分为易溶电解质和难溶电解质两大类。难溶电解质其实也不是在水中绝对不溶解，总是或多或少地溶解于水中，习惯上把溶解度小于 0.01 g·(100 g 水)$^{-1}$的物质称为难溶物。溶解的电解质在水中以离子形态存在，直至达到溶解饱和状态；反之，若溶液中对应离子的浓度过大，则会发生电解质析出的沉淀反应。在科学研究和生产实践中，沉淀反应常用来制备材料、分离杂质、处理污水以及鉴定离子等。因此，面临如何判断沉淀能否生成，怎样使沉淀生成更为完全的问题。在除垢过程中又遇到如何使沉淀有效溶解的问题。解决这些问题，就需要研究难溶电解质水溶液中固相与溶液中离子之间的平衡转化规律。

2.4.1 多相离子平衡和溶度积

下面以 AgCl 为例说明多相离子平衡的建立过程。AgCl 在水中的溶解度虽然很小，但还是会有一定数量的 Ag^+ 和 Cl^- 离开晶体表面而溶入水中，同时，已经溶解的 Ag^+ 和 Cl^- 又会不断地从溶液中回到晶体的表面而析出。在一定条件下，当溶解与结晶的速率相等时，便建立了固相和液相中离子之间的动态平衡，称为多相离子平衡，又称**溶解平衡**。例如

$$AgCl(s)\underset{结晶}{\overset{溶解}{\rightleftharpoons}}Ag^+(aq)+Cl^-(aq)$$

按照标准平衡常数的定义，其平衡常数表达式为

$$K^{\ominus}=K_{sp}^{\ominus}(AgCl)=[c^{eq}(Ag^+)/c^{\ominus}]\cdot[c^{eq}(Cl^-)/c^{\ominus}]$$

为了计算方便，上式可简化为

$$K_{sp}^{\ominus}(AgCl)=c^{eq}(Ag^+)\cdot c^{eq}(Cl^-)$$

用 $K_{sp}^{\ominus}$表示难溶电解质的平衡常数，并把难溶电解质的化学式注在后面，只是为了说明标准平衡 $K^{\ominus}$在沉淀溶解平衡中的应用，$K^{\ominus}$的性质仍然适用于 $K_{sp}^{\ominus}$。从上式可以看出，在难溶电解质的饱和溶液中，当温度一定时，其离子浓度的乘积为一常数，因此平衡常数 $K_{sp}^{\ominus}$又称**溶度积常数**，简称**溶度积**。1889 年，德国化学家能斯特从热力学角度引入溶度积这个重要概念，用来解释沉淀反应。附表 8 中列出了一些常见难溶电解质的溶度积。

对于一般的难溶电解质 A_nB_m，在溶液中达到溶解平衡后，用下式表示

$$A_nB_m(s) = nA^{m+}(aq) + mB^{n-}(aq)$$

则其溶度积的表达式为

$$K_{sp}^{\ominus}(A_nB_m) = [c^{eq}(A^{m+})/c^{\ominus}]^n \cdot [c^{eq}(B^{n-})/c^{\ominus}]^m$$

简写为

$$K_{sp}^{\ominus}(A_nB_m) = [c^{eq}(A^{m+})]^n \cdot [c^{eq}(B^{n-})]^m \tag{2-15}$$

$K_{sp}^{\ominus}$的数值既可由实验测得(考虑实验测量时需要注意的问题)，也可以通过热力学理论计算得到。溶度积的大小与难溶电解质的本性和温度有关，与沉淀的量及离子浓度的变化无关。离子浓度发生变化时，只能使平衡移动，不能改变溶度积的数值。溶度积反映了难溶强电解质在溶液中溶解趋势的大小，同时也反映了生成该难溶电解质沉淀的难易。

2.4.2 溶度积与溶解度的关系

溶度积和溶解度的数值都可以用来表示物质的溶解能力，它们之间可以相互换算。在一定温度下，是否难溶电解质的溶度积越大，其溶解度也越大呢？可以通过下面的例题给以说明。

【例 2-7】 已知在 25 ℃时，氯化银的溶度积为 1.77×10^{-10}，铬酸银的溶度积为 1.12×10^{-12}。试求氯化银和铬酸银的溶解度(以 $mol \cdot dm^{-3}$ 表示)。

解 (1) 设 AgCl 的溶解度为 s_1(以 $mol \cdot dm^{-3}$ 为单位)，则根据

$$AgCl(s) \rightleftharpoons Ag^+(aq) + Cl^-(aq)$$

可得

$$c^{eq}(Ag^+) = c^{eq}(Cl^-) = s_1$$

$$K_{sp}^{\ominus} = c^{eq}(Ag^+) \cdot c^{eq}(Cl^-) = s_1 \cdot s_1 = s_1^2$$

$$s_1 = \sqrt{K_{sp}^{\ominus}} = \sqrt{1.77\times10^{-10}}\ mol \cdot dm^{-3} = 1.33\times10^{-5}\ mol \cdot dm^{-3}$$

(2) 依据同样的方法，设 Ag_2CrO_4 的溶解度为 s_2(以 $mol \cdot dm^{-3}$ 为单位)，则根据

$$Ag_2CrO_4(s) \rightleftharpoons 2Ag^+(aq) + CrO_4^{2-}(aq)$$

可得

$$c^{eq}(CrO_4^{2-}) = s_2, \quad c^{eq}(Ag^+) = 2s_2$$

$$K_{sp}^{\ominus} = [c^{eq}(Ag^+)]^2 \cdot c^{eq}(CrO_4^{2-}) = (2s_2)^2 \cdot s_2 = 4s_2^3$$

$$s_2 = \sqrt[3]{\frac{K_{sp}^{\ominus}}{4}} = \sqrt[3]{\frac{1.12\times10^{-12}}{4}}\ mol \cdot dm^{-3} = 6.54\times10^{-5}\ mol \cdot dm^{-3}$$

从计算结果可以看出，虽然 AgCl 的浓度积 $K_{sp}^{\ominus}$ 比 Ag_2CrO_4 的 $K_{sp}^{\ominus}$ 要大，但 AgCl 的溶解度($1.33\times10^{-5}\ mol \cdot dm^{-3}$)比 Ag_2CrO_4 的溶解度($6.54\times10^{-5}\ mol \cdot dm^{-3}$)小。主要原因在于二者是不同类型的电解质，AgCl 是 AB 型难溶电解质，Ag_2CrO_4 是 A_2B 型难溶电解质，两者的类型不同且两者的溶度积数值相差不大。因此，对于同种类型的难溶电解质，可以通过溶度积的大小来比较它们溶解度的大小。例如，均属 AB 型的难溶电解质 AgCl、AgBr、AgI、$BaSO_4$ 和 $CaCO_3$ 等，在相同温度下，溶度积越

大，溶解度也越大；反之亦然。但对于不同类型的难溶电解质，则不能认为溶度积小的，其溶解度也一定小，需要根据溶度积与溶解度的相互换算关系计算后才能比较。

需要指出的是，上述溶度积与溶解度的换算是一种近似的计算，实际溶液中各种离子间及离子与水分子间的作用是非常复杂的，受温度及浓度等因素的影响，在简化计算时，没有考虑离子间及离子与水分子间的相互作用。

2.4.3　溶度积规则与沉淀的生成

应用溶度积不仅可以计算难溶电解质的溶解度，而且可以结合平衡移动的原理判断溶液中沉淀的生成、溶解及转化。例如，当两种电解质的溶液混合时，若相关的两种离子浓度（以溶解平衡中该离子的化学计量数为指数）的乘积（反应商 J）大于该难溶电解质的溶度积（$K_{sp}^{\ominus}$），就会生成该物质的沉淀；若溶液中相关离子浓度的乘积小于溶度积，则溶液处于不饱和状态，不能产生沉淀；对于已经建立的沉淀溶解平衡，相关离子浓度的乘积等于溶度积，此时如果加入某种物质而使其中某一离子的浓度减小，相关离子浓度的乘积小于溶度积，沉淀就会溶解。

对于一般的难溶电解质 A_nB_m，相关离子浓度乘积的表达式为

$$J=[c(A^{m+})/c^{\ominus}]^n \cdot [c(B^{n-})/c^{\ominus}]^m$$

简写为

$$J=[c(A^{m+})]^n \cdot [c(B^{n-})]^m$$

把 J 值与 $K_{sp}^{\ominus}$ 比较，可以判断沉淀的生成或溶解，称为溶度积规则，用公式表示为

$J=[c(A^{m+})]^n \cdot [c(B^{n-})]^m>K_{sp}^{\ominus}$　溶液处于过饱和状态，有沉淀析出直至饱和状态

$J=[c(A^{m+})]^n \cdot [c(B^{n-})]^m=K_{sp}^{\ominus}$　溶液达到饱和状态，离子与沉淀处于平衡状态

$J=[c(A^{m+})]^n \cdot [c(B^{n-})]^m<K_{sp}^{\ominus}$　溶液处于不饱和状态，无沉淀存在或沉淀继续溶解

根据溶度积规则，只要控制 $J>K_{sp}^{\ominus}$，就会在溶液中得到沉淀。如果使溶液中一种离子的浓度过量，就能使与之能产生沉淀的相关离子的浓度更低。例如，在$CaCO_3$(s)溶解平衡的系统中加入 Na_2CO_3 溶液，由于CO_3^{2-} 浓度增大，$c(Ca^{2+}) \cdot c(CO_3^{2-})>K_{sp}^{\ominus}(CaCO_3)$，平衡向生成 $CaCO_3$ 沉淀的方向移动，直到溶液中离子浓度乘积等于溶度积为止。当达到新的平衡状态时，溶液中 Ca^{2+} 浓度减小，其结果是降低了 $CaCO_3$ 的溶解度。这种因加入含有共同离子的强电解质，使难溶电解质溶解度降低的现象称为同离子效应。

【例 2-8】　求在 25 ℃时，AgCl 在 0.01 mol · dm^{-3} NaCl 溶液中的溶解度。

解　设 AgCl 在 0.01 mol · dm^{-3} NaCl 溶液中的溶解度为 x mol · dm^{-3}，则在 1.00 dm^3溶液

中所溶解的 AgCl 的物质的量等于 Ag^+ 在溶液中的物质的量，即 $c(Ag^+)=x\ mol\cdot dm^{-3}$。而 Cl^- 的浓度则与 NaCl 的浓度及 AgCl 的溶解度有关，$c(Cl^-)=(0.01+x)\ mol\cdot dm^{-3}$。

$$AgCl(s) \rightleftharpoons Ag^+(aq)+Cl^-(aq)$$

平衡时的浓度/$(mol\cdot dm^{-3})$ $\quad x \quad 0.01+x$

将上述浓度代入溶度积常数表达式中，得

$$c^{eq}(Ag^+)\cdot c^{eq}(Cl^-)=K_{sp}^{\ominus}$$

$$x(0.01+x)=1.77\times10^{-10}$$

由于 AgCl 溶解度很小，$0.01+x\approx0.01$，所以 $x\times0.01=1.77\times10^{-10}$，$x=1.77\times10^{-8}$，即 AgCl 的溶解度为 $1.77\times10^{-8}\ mol\cdot dm^{-3}$。

从计算结果可以看出，AgCl 在 NaCl 溶液中的溶解度比 AgCl 在纯水中的溶解度降低很多。在实际工作中常利用同离子效应，加入过量的沉淀剂，使溶液中的离子充分沉淀。从平衡的角度看，不论沉淀剂如何过量，溶液中总会残余极少量的待沉淀离子，通常只要溶液中被沉淀离子的残余浓度小于 $1\times10^{-5}\ mol\cdot dm^{-3}$ 时，即可认为该离子已经沉淀完全。

实际沉淀过程中，由于溶液中常同时含有多种离子，而在缓慢加入某种沉淀剂时，究竟是多种离子一起沉淀，还是分步沉淀？如果是分步沉淀，哪种离子优先沉淀？如何利用沉淀的方法进行离子的分离？这些问题都可以依据溶度积规则给予回答。下面结合例题说明。

【例 2-9】 一种混合液中含有 $2.0\times10^{-2}\ mol\cdot dm^{-3}$ Zn^{2+} 和 $2.0\times10^{-2}\ mol\cdot dm^{-3}$ Cr^{3+}，若向其中逐滴加入 NaOH 溶液（忽略溶液体积的变化），Zn^{2+} 和 Cr^{3+} 均有可能形成沉淀。哪种离子先沉淀？

解 已知 $K_{sp}^{\ominus}[Zn(OH)_2]=3\times10^{-17}$，$K_{sp}^{\ominus}[Cr(OH)_3]=6.0\times10^{-31}$。

根据溶度积规则，分别计算出生成 $Zn(OH)_2$、$Cr(OH)_3$ 沉淀所需 OH^- 的最低浓度。

对于 $Zn(OH)_2$：

$$Zn(OH)_2(s) \rightleftharpoons Zn^{2+}(aq)+2OH^-(aq)$$

$$c(OH^-)=\sqrt{\frac{K_{sp}^{\ominus}[Zn(OH)_2]}{c(Zn^{2+})}}=\sqrt{\frac{3\times10^{-17}}{2.0\times10^{-2}}}=3.9\times10^{-8}(mol\cdot dm^{-3})$$

对于 $Cr(OH)_3$：

$$Cr(OH)_3(s) \rightleftharpoons Cr^{3+}(aq)+3OH^-(aq)$$

$$c(OH^-)=\sqrt[3]{\frac{K_{sp}^{\ominus}[Cr(OH)_3]}{c(Cr^{3+})}}=\sqrt[3]{\frac{6.0\times10^{-31}}{2.0\times10^{-2}}}=3.1\times10^{-10}(mol\cdot dm^{-3})$$

由此计算可以看出，$Cr(OH)_3$ 沉淀所需的 $c(OH^-)$ 小于 $Zn(OH)_2$ 沉淀所需的 $c(OH^-)$，所以 $Cr(OH)_3$ 沉淀先析出。此外，各种金属硫化物的溶解度相差比较大，故常用硫离子作为沉淀剂通过分步沉淀进行金属离子的分离。硫离子可以由饱和硫化氢溶液提供，只要控制溶液的 pH，就可以控制溶液中硫离子的浓度，从而达到分离金属离子的目的。

2.4.4　沉淀的溶解

在日常生活中，我们可以看到用自来水烧开水的水壶会结垢，工厂用来输送溶液的各种管线也遇到结垢问题，出于节能安全的考虑，实际工作中经常会遇到防垢除垢问题，也就是难溶电解质的沉淀与溶解问题。根据溶度积规则，只要设法降低难溶电解质饱和溶液中有关离子的浓度，使离子浓度乘积小于它的溶度积，就能使难溶电解质的溶解平衡向解离方向移动。常用的方法有三种。

1. 利用酸碱反应

从中学化学就知道，如果向含有 $CaCO_3$ 的饱和溶液中加入稀盐酸，能使 $CaCO_3$ 溶解，同时生成 CO_2 气体。这一反应的实质是利用酸碱反应使 CO_3^{2-}（碱）的浓度不断降低，难溶电解质 $CaCO_3$ 的多相离子平衡发生移动，因而使沉淀溶解。

$$CaCO_3(s)+2H^+(aq) = Ca^{2+}(aq)+CO_2(g)+H_2O(l)$$

在难溶金属氢氧化物中加入酸后，由于酸碱中和反应生成极弱的电解质 H_2O，OH^- 浓度大为降低，金属氢氧化物的多相离子平衡发生移动，沉淀溶解。例如，用15% HAc 溶液洗去织物上铁锈渍的反应可表示为

$$Fe(OH)_3(s)+3HAc(aq) = Fe^{3+}(aq)+3H_2O(l)+3Ac^-(aq)$$

部分不太活泼金属的硫化物如 FeS、ZnS 等，也可用稀酸溶解

$$FeS(s)+2H^+(aq) = Fe^{2+}(aq)+H_2S(g)$$

2. 利用配位反应

如果难溶电解质的金属离子能与某些配位剂形成更稳定的配离子，则能促使沉淀溶解。这里需要说明，配离子是与金属离子不同的新物种，配离子与金属离子之间建立了平衡，即金属离子同时参与两个反应，如果与配离子平衡所需的金属离子的浓度低于与沉淀平衡所需的金属离子的浓度，沉淀就会溶解。例如，照相底片上未曝光的 AgBr，可用 $Na_2S_2O_3$ 溶液（$Na_2S_2O_3 \cdot 5H_2O$，俗称海波）溶解，生成了 $[Ag(S_2O_3)_2]^{3-}$，反应式为

$$AgBr(s)+2S_2O_3^{2-} = [Ag(S_2O_3)_2]^{3-}+Br^-$$

反之，如果与配离子平衡所需的金属离子的浓度高于与沉淀平衡所需的金属离子的浓度，沉淀就难以溶解。例如，Ag^+ 虽然与氨水也能生成配离子，但 AgBr 却难以溶于氨水溶液中。$[Ag(S_2O_3)_2]^{3-}$ 的 $K_i^{\ominus}(3.46\times10^{-14})$ 比 $[Ag(NH_3)_2]^+$ 的 $K_i^{\ominus}(8.93\times10^{-8})$ 小得多，即 $[Ag(S_2O_3)_2]^{3-}$ 是更难解离的物质。

在实际应用中，也会遇到防止由于发生配位反应而沉淀溶解的问题。制造氧化铝的工艺通常是由 Al^{3+} 与 OH^- 反应生成 $Al(OH)_3$，再由 $Al(OH)_3$ 焙烧而得 Al_2O_3。在制取 $Al(OH)_3$ 的过程中，需要控制 OH^- 的浓度，加入适当过量的沉淀剂

$Ca(OH)_2$，可使溶液中 Al^{3+} 更加完全地沉淀为 $Al(OH)_3$，不能加入过量强碱如 NaOH，否则两性的 $Al(OH)_3$ 将会溶解在过量强碱中，形成诸如$[Al(OH)_4]^-$的配离子

$$Al(OH)_3 + OH^-(\text{过量}) = [Al(OH)_4]^-$$

或

$$Al^{3+} + 4OH^- = [Al(OH)_4]^-$$

3. 利用氧化还原反应

对于一些难溶于酸的硫化物如 Ag_2S、CuS、PbS 等，它们的溶度积太小，不能像 FeS 那样溶解于非氧化性酸，这时可以利用氧化性酸氧化硫离子，以降低其浓度，使难溶硫化物的沉淀溶解平衡移动。例如，以 HNO_3 作为氧化剂，使 CuS 发生下列反应而溶解：

$$3CuS(s) + 8HNO_3(\text{稀}) = 3Cu(NO_3)_2 + 3S(s) + 2NO(g) + 4H_2O(l)$$

在这个反应中，HNO_3 能将 S^{2-} 氧化为 S，显著降低 S^{2-} 的浓度，使 $c(Cu^{2+}) \cdot c(S^{2-}) < K_{sp}^{\ominus}(CuS)$，从而使 CuS 溶解。

2.4.5 沉淀的转化

对于某些沉淀，如锅炉中的锅垢 $CaSO_4$，利用上述三种方法都很难使其溶解，但如果将其转化为可利用上述三种方法溶解的沉淀，如 $CaCO_3$，就可以将锅炉中的锅垢清洗掉。除垢是工业清洗的重要环节，因为锅垢的导热能力很小(导热系数只有钢铁的 1/50～1/30)，阻碍传热，浪费燃料，还可能因为局部过热引起锅炉或蒸气管的爆裂，造成灾难事故。把 $CaSO_4$ 转化为疏松而可溶于酸的 $CaCO_3$ 是基于如下的沉淀转化反应：

$$\begin{array}{c} CaSO_4(s) \rightleftharpoons Ca^{2+}(aq) + SO_4^{2-}(aq) \\ + \\ Na_2CO_3(s) \longrightarrow CO_3^{2-}(aq) + 2Na^+(aq) \\ \Downarrow \\ CaCO_3(s) \end{array}$$

由于 $CaSO_4$ 的溶度积($K_{sp}^{\ominus} = 7.10 \times 10^{-5}$)大于 $CaCO_3$ 的溶度积($K_{sp}^{\ominus} = 2.8 \times 10^{-9}$)，在溶液中与 $CaSO_4$ 平衡的 Ca^{2+} 与加入的 CO_3^{2-} 结合生成溶度积更小的 $CaCO_3$ 沉淀。从而降低了溶液中 Ca^{2+} 浓度，破坏了 $CaSO_4$ 的溶解平衡，使 $CaSO_4$ 不断溶解转化。

沉淀转化的程度可以用以下总反应的平衡常数来衡量：

$$CaSO_4(s) + CO_3^{2-}(aq) \rightleftharpoons CaCO_3(s) + SO_4^{2-}(aq)$$

$$K^{\ominus}=c^{eq}(SO_4^{2-})/c^{eq}(CO_3^{2-})=c^{eq}(SO_4^{2-})\cdot c^{eq}(Ca^{2+})/c^{eq}(CO_3^{2-})\cdot c^{eq}(Ca^{2+})$$
$$=K_{sp}^{\ominus}(CaSO_4)/K_{sp}^{\ominus}(CaCO_3)=7.10\times10^{-5}/2.8\times10^{-9}=2.5\times10^4$$

此转化反应的平衡常数较大，表明沉淀转化的程度较大。

对于某些锅炉用水来说，虽经 Na_2CO_3 处理，已使 $CaSO_4$ 锅垢转化为易除去的 $CaCO_3$。但 $CaCO_3$ 在水中仍有一定的溶解度，当锅炉中水不断蒸发时，溶解的少量 $CaCO_3$ 又会不断地沉淀析出。如果要进一步降低已经 Na_2CO_3 处理的锅炉水中的 Ca^{2+} 浓度，还可以再用磷酸三钠 Na_3PO_4 补充处理，使生成磷酸钙 $Ca_3(PO_4)_2$ 沉淀除去：

$$3CaCO_3(s)+2PO_4^{3-}(aq)\rightleftharpoons Ca_3(PO_4)_2(s)+3CO_3^{2-}(aq)$$

这是因为 $Ca_3(PO_4)_2$ 的溶解度为 $7.2\times10^{-7}\ mol\cdot dm^{-3}$，比 $CaCO_3$ 的溶解度 $5.3\times10^{-5}\ mol\cdot dm^{-3}$ 更小，所以反应能向着生成更难溶解的 $Ca_3(PO_4)_2$ 的方向进行。

由一种难溶的电解质转化为更难溶的电解质的过程较易实现，而反过来，由一种很难溶的电解质转化为不太难溶的电解质就比较困难。沉淀反应转化的完全程度取决于两种难溶电解质溶度积的差别，相差的倍数越大，溶度积大的电解质就越容易转化为溶度积小的电解质。对于两种溶度积相差不大的难溶物质间的转化，受到相关离子浓度的影响，需要根据转化反应的平衡常数进行具体计算，才能明确反应进行的方向。

在处理离子平衡问题时，常遇到多个平衡同时存在的多重平衡问题。例如，酸碱平衡中多元酸的分步解离平衡、配离子的多级解离平衡以及沉淀溶解平衡中的沉淀转化反应等，都是多重平衡问题，可利用多重平衡规则对它们处理。要注意已经达到平衡的体系中，任何一种物质的浓度必须同时满足其所参与的所有化学反应的标准平衡常数关系式。

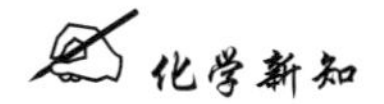

表面活性剂

分子有极性分子与非极性分子之分，溶剂有极性溶剂与非极性溶剂之分，根据“相似相溶”原理，极性分子易溶解在极性溶剂中，非极性分子易溶解在非极性溶剂中，所以水与油接触共存时即分为两相，肉眼能观察到相界面的存在。

表面活性剂具有不对称的分子结构。如图 2-7 所示，整个分子可分为两部分，一部分是亲油的非极性基团，称为疏水基或亲油基；另一部分是亲水的极性基团，称为亲水基。因此，表面活性剂分子具有两亲性质，又称两亲分子。这种分子结构特点决定了表面活性剂加入很少量时即能在表(界)面上吸附富集。如果是在油-水界面上，表面活性剂的亲水基朝向水相，亲油基朝向油相，改变体系的表(界)面组成与结构，显著降低溶液的表(界)面张力。当表面活性剂溶液增加到一定的浓度时，溶液中发生胶束化作用，此浓度是表面活性剂的特性，称为临界胶束浓度(CMC)。基于表面活性剂在溶液表(界)面上吸附和在溶液中形成胶束这两种基本物理化学作用，派生出各种各样的应用。表面活性剂具有润湿、分散、乳化、增溶、起泡、消泡、保湿、润滑、洗涤、渗透、杀菌、防腐等功能，广泛应用于洗涤、医药、石油、食品、农业等各个领域。其用量少，收效大，被喻为“工业味精”。

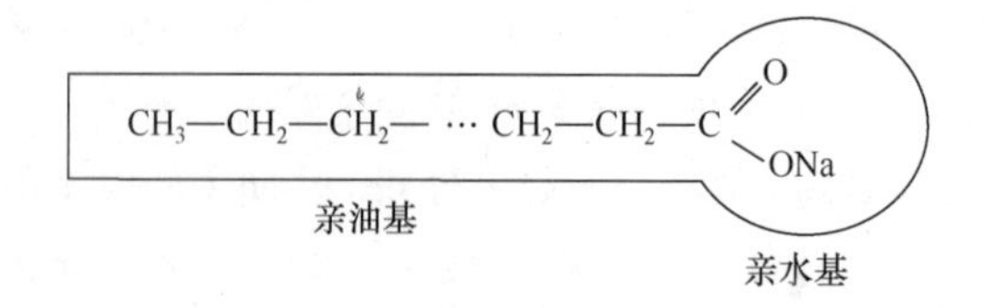

图 2-7 表面活性剂分子结构示意图

表面活性剂的定义最早是由 Freundlich 在 1930 年提出的，当时对表面活性剂的研究是从能降低表面张力这一特性入手的。把能显著降低溶剂表面张力或液-液界面张力的物质称为表面活性剂，相应地把这种性质称为表面活性。表面活性剂的分类方法很多，一般按照其化学结构区分。当表面活性剂溶于水后，按亲水基团带电情况可以将表面活性剂分为离子型和非离子型两大类。离子型表面活性剂在水中电离生成离子，根据所带电荷的正负性，又可以将其分成阴离子型表面活性剂、阳离子型表面活性剂和两性表面活性剂。

表面活性剂
- 非离子型表面活性剂
- 离子型表面活性剂
  - 阴离子型表面活性剂
  - 阳离子型表面活性剂
  - 两性表面活性剂

阴离子型表面活性剂主要有烷基磺酸盐、硫酸盐、羧酸盐、磷酸盐等；阳离子型表面活性剂主要有含氮和非氮阳离子表面活性剂两类，前者包括胺盐、季铵盐等，后者包括季𬭸盐等；两性表面活性剂主要有甜菜碱类、氨基酸类、咪唑啉类；非离子表面活性剂有脂肪醇聚氧乙烯醚型、烷基酚聚氧乙烯醚型、聚氧乙烯聚氧丙烯嵌段共聚物等。

表面活性剂分子溶于水中，其亲油基具有逃离水的趋势，出现了在表面上富集和在水中形成胶束的现象。如图 2-8 所示，根据表面活性剂的浓度和分子结构特点，在水中可以形成球状、棒状、层状等各种各样的胶束形状，亲水基朝外，亲油基聚集在一起形成疏水的内核。如果溶剂为非极性溶剂，表面活性剂则形成亲油基朝外的反胶束。

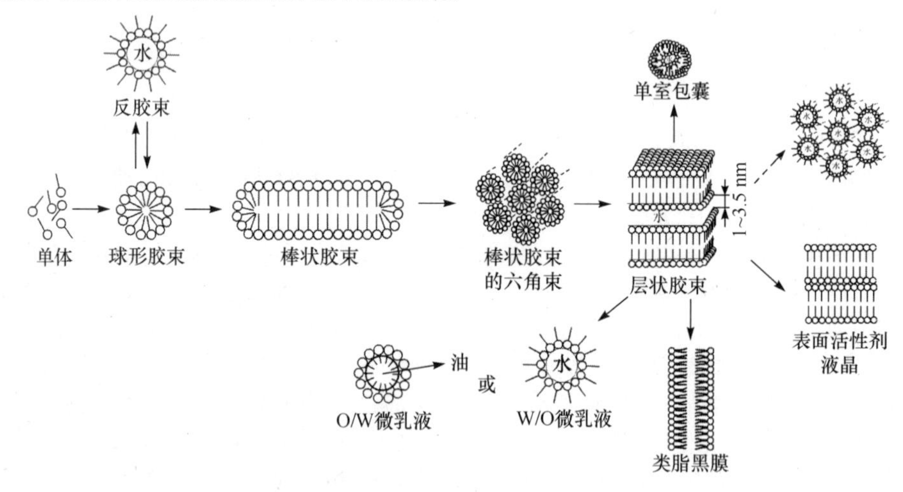

图 2-8 表面活性剂的各种胶束形貌示意图

表面活性剂的各种应用都是基于其表(界)面吸附和胶束化这两个基本特性。大家最熟悉的是表面活性剂的洗涤作用,常用的肥皂是包含17个碳原子的硬脂酸钠盐,洗衣粉的主要成分是十二烷基苯磺酸钠。在洗涤过程中,表面活性剂能够吸附到物品和污垢表面,降低水和物品表面以及水和污垢表面的界面张力,使介质能够渗透到物品和污垢表面之间,并渗透到物品内部。这样可以降低污垢表面与物体表面的吸引作用,以及污垢微粒间的吸引作用。借助适当外力,可以使污垢破碎成细小粒子并分散在水中,达到洗涤的目的。

表面活性剂具有增溶作用,增溶作用是指表面活性剂水溶液能使不溶或微溶于水的有机化合物的溶解度显著增加。从微观上分析,表面活性剂在溶液中形成的胶束内核,提供了非极性的微环境,难溶于水的物质可以进入胶束的内核,表观上增加了在水中的溶解度。因此,增溶作用可增加难溶性物质的溶解度,改善液体制剂的澄明度,同时提高制剂的稳定性。

表面活性剂具有乳化作用,乳化作用是指在油-水混合体系中加入表面活性剂,在强烈搅拌下油被分散在水中,形成乳状液的过程。乳化作用利用了表面活性剂能降低油-水界面张力的特性,使乳浊液易形成,同时表面活性剂在分散相液滴周围吸附形成保护膜,防止液滴相互碰撞时聚集,提高乳浊液的稳定性。

表面活性剂具有润湿作用,主要是基于其降低了固-液界面张力,使固体被润湿。膏霜乳液类化妆品涂擦在皮肤上时,利用表面活性剂的润湿作用,改变液滴与皮肤间的润湿角,降低界面张力,促进液滴向四周扩散,使产品能够迅速地在皮肤表面扩散开来,形成均匀的油膜、水膜,防止或延缓液滴的聚结或聚凝,以保护皮肤。表面活性剂的起泡作用是基于其在气-液界面的吸附形成了稳固的液膜,应用在泡沫灭火器、泡沫塑料、泡沫浮选等方面。

近年来,表面活性剂的品种越来越多,应用面越来越广,理论研究越来越深,已经发展成为一门独立的学科——表面活性剂科学。改进表面活性剂应用性能的途径主要有两种:一种途径是合成新型表面活性剂,另一种途径是复配。

通过研究表面活性剂的结构与性能之间的关系,找出结构对性能的影响规律,从而可以根据使用性能的要求,合成出与其具有相匹配结构的新型表面活性剂;或者相反,根据表面活性剂产品的结构而确定其使用性能,为产品的使用与开发提供理论依据。随着科学技术的发展和人们环境意识的不断提高,表面活性剂在生产和使用过程中都注意到了环境友好的问题,绿色表面活性剂应运而生。绿色表面活性剂是指由天然再生资源加工,对人体刺激小、易生物降的表面活性剂。

随着表面活性剂科学的快速发展,各种文献和书籍迅速增加,感兴趣的同学可以查阅相关资料。

本章小结

本章重点介绍了酸碱平衡、配离子平衡及沉淀溶解平衡,它们是化学平衡原理的具体应用,如同离子效应本质上就是化学平衡的移动,所以学习本章内容时一定要抓住问题的本质。

本章的主要基本概念有:渗透与反渗透,酸解离常数 $K_a^\ominus$ 与碱解离常数 $K_b^\ominus$,共轭酸碱对,同离子效应与缓冲溶液,配离子的不稳定常数 $K_i^\ominus$ 与稳定常数 $K_f^\ominus$,溶度积 $K_{sp}^\ominus$ 与溶度积规则。

(1) 难挥发性非电解质的稀溶液的蒸气压下降、沸点上升、凝固点下降和渗透压与一定量溶剂中溶质的物质的量成正比。难挥发性的电解质溶液也具有溶液蒸气压下降、沸点上升、凝固点下降和渗透压等现象，但稀溶液定律所表明的这些依数性与溶液浓度的定量关系会发生偏差。

(2) 酸碱质子理论认为，凡能给出质子的物质都是酸，凡能与质子结合的物质都是碱。酸和碱的共轭关系为

$$酸 \rightleftharpoons 质子+碱 \qquad K_a^\ominus \cdot K_b^\ominus = K_w^\ominus$$

(3) pH 计算。一元弱酸弱碱：$\alpha \approx \sqrt{K_a^\ominus / c}$；$c^{eq}(H^+) = c\alpha \approx \sqrt{K_a^\ominus \cdot c}$；$c^{eq}(OH^-) = c\alpha \approx \sqrt{K_b^\ominus \cdot c}$。

多元弱酸弱碱分级解离：H^+ 浓度可按一级解离近似计算。

同离子效应可使弱酸或弱碱的解离度降低。

缓冲溶液：$c^{eq}(H^+) = K_a^\ominus \dfrac{c(HA)}{c(A^-)}$，$pH = pK_a^\ominus - \lg \dfrac{c(HA)}{c(A^-)}$。

在配制一定 pH 的缓冲溶液时，应当选用 $pK_a^\ominus$ 接近或等于该 pH 的共轭酸碱对的混合溶液。

(4) 配合物的基本概念：中心原子、配体、配位原子、配位数，配合物的命名。

(5) 配离子在溶液中存在着解离平衡。配离子的解离常数 $K_i^\ominus$ 和稳定常数 $K_f^\ominus$。在配离子解离平衡中，改变平衡的条件，可引起平衡向生成更难解离或更难溶解的物质方向移动。

(6) 难溶电解质溶解平衡：$K_{sp}^\ominus$；$K_{sp}^\ominus$ 与 s 的换算；溶度积规则。

This chapter focuses on the acid-base equilibrium, complex ion equilibrium and precipitation-dissolution equilibrium. Because they are the specific applications of chemical equilibrium principles, such as the essence of common ion effect, which is just the shift of chemical equilibrium, so we should grasp the essence of the problem when we learn this chapter.

The main basic concepts in this chapter: osmosis and reverse osmosis, acid dissociation constant $K_a^\ominus$ and base dissociation constant $K_b^\ominus$, conjugate acid-base pairs; common ion effect and buffer solution, complex ion dissociation inconstant $K_i^\ominus$ and stability constant $K_f^\ominus$, solubility product constant $K_{sp}^\ominus$ and solubility product rule.

(1) Four physical properties of solutions are the same for all nonvolatile-electrolyte dilute solutes: vapor pressure lowering, boiling point elevation, freezing point depression, and osmotic pressure. These four properties are referred as colligative properties. They depend only on the number of solute particles. Nonvolatile electrolyte solutes also have these four properties, but there exists a deviation between these colligative properties which dilute solutes law indicates and the quantitative relationship of the solution concentration (so i is introduced).

(2) According to the Brönsted-Lowry definitions, an acid is any species that can donate a proton, while a base is any species that can accept a proton. The conjugacy relation between acid and base is

$$\text{Acid} \rightleftharpoons \text{Proton} + \text{Base} \qquad K_a^\ominus \cdot K_b^\ominus = K_w^\ominus$$

(3) Thecalculation of pH : monoprotic weak acids and bases: $\alpha \approx \sqrt{K_a^\ominus / c}$; $c^{eq}(H^+) = c\alpha \approx \sqrt{K_a^\ominus \cdot c}$; $c^{eq}(OH^-) = c\alpha \approx \sqrt{K_b^\ominus \cdot c}$.

Polyprotic acids dissociate in a stepwise manner. The concentration of hydrogen ion can be calculated approximately as easily as the concentration of hydrogen ion in a solution of a monoprotic acid.

The common ion effect can make the dissociation degree of acid or base decrease.

Buffer solution: $c^{eq}(H^+)=K_a^\ominus \dfrac{c(HA)}{c(A^-)}$, $pH=pK_a^\ominus-\lg \dfrac{c(HA)}{c(A^-)}$.

When making a buffer solution of a desired pH, we should choose the mixed solution of buffer solution or conjugate acid-base pairs whose $pK_a^\ominus$ is close to or equal to the pH of the buffer solution.

(4) The basic concepts of complexes: central atom, the ligand, ligand atom, coordination number, naming complexes.

(5) There exists dissociation equilibrium when the complex ion is in the solution. Complex ion dissociation constant is symbolized $K_i^\ominus$ and its stability constant is $K_f^\ominus$. In the complex ion dissociation, changing equilibrium conditions will make the equilibrium shift to form substances that are difficult to ionize or dissolve.

(6) The solubility equilibrium of the insoluble electrolyte: $K_{sp}^\ominus$; the conversion of $K_{sp}^\ominus$ and s; solubility product rule.

复习思考题

2-1　什么是物质的蒸气压？其大小与什么因素有关？

2-2　如果将一杯糖水和一杯等量的纯水同时放置，过一段时间会发现，纯水比糖水蒸发得快，说明原因。

2-3　在实验测定难挥发溶质溶液的沸点上升数值时，若溶剂挥发量过大，发现溶液的沸点继续升高，解释原因。在实验测定凝固点下降数值时，若溶剂凝固过多，会出现什么现象？

2-4　为什么水中加入乙二醇可以防冻？在内燃机水箱中使用乙二醇而不使用乙醇，原因为何？(提示：查阅溶质的沸点，乙二醇的沸点为 470 K)

2-5　溶液的渗透现象是如何产生的？什么是反渗透现象？反渗透现象有什么作用？盐碱土地上栽种植物难以生长，试以渗透现象解释之。理想的融雪剂有什么特点？

2-6　对于具有相同质量摩尔浓度的非电解质溶液、AB 型及 $A_2B(AB_2)$ 型强电解质溶液来说，凝固点下降的数值并不相同，其本质原因是什么？

2-7　说明氯化钙和五氧化二磷可作为干燥剂，食盐和冰的混合物可以作为冷却剂的理论依据。

2-8　酸碱电离理论、质子理论、电子论如何定义酸和碱？

2-9　按照酸碱质子理论，某酸越强，则其共轭碱越弱，或某酸越弱，其共轭碱越强，共轭酸碱对的 $K_a^\ominus$ 与 $K_b^\ominus$ 之间有什么定量关系？

2-10　对于一元弱酸的解离，可得到简化关系式 $K_a^\ominus \approx c\alpha^2$，能否据此说明弱酸的浓度越小，则解离度越大，因此酸性越强(pH 越小)？

2-11　对于多元弱酸多元弱碱溶液 pH 的计算，可近似地只考虑一级解离平衡，为什么？

2-12　往氨水中加少量下列物质时，NH_3 的解离度和溶液的 pH 将发生怎样的变化？

(1) $NH_4Cl(s)$　　(2) NaOH(s)　　(3) HCl(aq)　　(4) $H_2O(l)$

2-13 任何缓冲溶液的缓冲能力都是有限度的，当向缓冲溶液中加入大量的酸或碱，或者用很大量的水稀释时，缓冲能力丧失。从理论上说明其原因。

2-14 欲配置 pH 为 3 的缓冲溶液，已知下列各物质的 K_a 数值，选择哪一种弱酸及其共轭碱配制缓冲溶液比较合适？

(1) HCOOH $K_a^\ominus = 1.77 \times 10^{-4}$

(2) HAc $K_a^\ominus = 1.76 \times 10^{-5}$

(3) NH_4^+ $K_a^\ominus = 5.65 \times 10^{-10}$

2-15 在$[Cu(NH_3)_4]SO_4$和$K_4[Fe(CN)_6]$晶体的水溶液中含有哪些离子或分子？

2-16 什么是“沉淀完全”？沉淀完全时溶液中被沉淀离子的浓度是否等于零？怎样才算达到沉淀完全的标准？

2-17 若要比较一些难溶电解质溶解度大小，是否可以根据各难溶电解质的溶度积大小直接比较？即溶度积较大的，溶解度就较大，溶度积较小的，溶解度也就较小。为什么？

2-18 为什么 $CaCO_3$ 能溶于稀盐酸中而 $BaSO_4$ 不溶？ZnS 能溶于盐酸和稀硫酸中，为什么 CuS 不溶于盐酸和稀硫酸中，却能溶于硝酸中？

2-19 往草酸($H_2C_2O_4$)溶液中加入 $CaCl_2$ 溶液，得到 CaC_2O_4 沉淀。将沉淀过滤后，往滤液中加入氨水，又有 CaC_2O_4 沉淀产生。试从离子平衡观点予以说明。

2-20 试从难溶物质的溶度积的大小及配离子的不稳定常数或稳定常数的大小定性地解释下列现象。

(1) 在氨水中 AgCl 能溶解，AgBr 仅稍溶解，而在 $Na_2S_2O_3$ 溶液中 AgCl 和 AgBr 均能溶解。

(2) KI 能自$[Ag(NH_3)_2]NO_3$溶液中将 Ag^+ 沉淀为 AgI，但不能从 $K[Ag(CN)_2]$ 溶液中将 Ag^+ 以 AgI 沉淀形式析出。

2-21 要使沉淀溶解，一般采用哪些措施？其化学本质是什么？

习　题

2-1 是非题(对的在括号内填“√”，错的填“×”)

(1) 溶液的蒸气压一定低于同温度下纯溶剂的蒸气压。 (　)

(2) 难挥发非电解质稀溶液的依数性不仅与溶质种类有关，而且与溶液的浓度成正比。 (　)

(3) 若两种弱酸 HX 和 HY 的溶液具有同样的 pH，则可以推断这两种酸的浓度相同。 (　)

(4) 难挥发非电解质溶液的蒸气压实际上是溶液中溶剂的蒸气压。 (　)

(5) 0.10 $mol \cdot dm^{-3}$ NaCN 溶液的 pH 比相同浓度的 NaF 溶液的 pH 要大，这表明 HCN 的 $K_a^\ominus$ 值比 HF 的 $K_a^\ominus$ 值要大。 (　)

(6) 由 HAc-Ac^- 组成的缓冲溶液，若溶液中 $c(HAc) = c(Ac^-)$，则该缓冲溶液抵抗外来酸的能力与抵抗外来碱的能力相当。 (　)

(7) PbI_2 和 $CaCO_3$ 的溶度积均近似相等，约为 10^{-9}，从而可知在它们的饱和溶液中，前者的 Pb^{2+} 浓度与后者的 Ca^{2+} 浓度近似相等。 (　)

(8) 用水稀释含过量 AgCl 的饱和溶液后，AgCl 的溶度积和溶解度都不变。（　）

(9) 已知 $MgCO_3$ 的溶度积 $K_{sp}^{\ominus}=6.82\times10^{-6}$，这意味着所有含有固体 $MgCO_3$ 的溶液中，不论 $c(Mg^{2+})$ 是否与 $c(CO_3^{2-})$ 相等，总能满足 $c(Mg^{2+})\cdot c(CO_3^{2-})=6.82\times10^{-6}$。（　）

(10) 将氨水的浓度稀释一倍，溶液中 OH^- 的浓度就减少到原来的 1/2。（　）

2-2　选择题(将正确答案的标号填入括号内)

(1) 稀溶液依数性的核心性质是（　）

A. 溶液的沸点上升　B. 溶液的凝固点下降

C. 溶液具有渗透压　D. 溶液的蒸气压下降

(2) 糖水的凝固点（　）

A. 0 ℃　B. 高于 0 ℃

C. 低于 0 ℃　D. 无法判断

(3) 有一稀水溶液浓度为 m，沸点升高值为 ΔT_b，凝固点降低为 ΔT_f，则（　）

A. $\Delta T_b>\Delta T_f$　B. $\Delta T_b<\Delta T_f$

C. $\Delta T_b=\Delta T_f$　D. 无法判断

(4) 一封闭钟罩中放一杯纯水 A 和一杯糖水 B，静止足够长时间后发现（　）

A. A 杯水减少，B 杯水满后不再变化　B. A 杯变为空杯，B 杯水满后溢出

C. B 杯水减少，A 杯水满后不再变化　D. B 杯变为空杯，A 杯水满后溢出

(5) 向 1 dm^3　0.10 $mol\cdot dm^{-3}$ HAc 溶液中加入一些 NaAc 晶体并使之溶解，下列描述正确的是（　）

A. HAc 的解离度增大　B. HAc 的解离度减小

C. 溶液的 pH 不变　D. 溶液的 pH 减小

(6) 设乙酸的浓度为 c，若用蒸馏水将其稀释一倍，则溶液中 $c(H^+)$ 为（　）

A. $\frac{1}{2}c$　B. $\frac{1}{2}\sqrt{K_a^{\ominus}\cdot c}$　C. $\sqrt{K_a^{\ominus}\cdot c/2}$　D. $2c$

(7) 下列各种物质的溶液浓度均为 0.01 $mol\cdot dm^{-3}$，按它们的沸点递增顺序排列正确的是（　）

A. $HAc<NaCl<C_6H_{12}O_6<CaCl_2$　B. $C_6H_{12}O_6<HAc<NaCl<CaCl_2$

C. $CaCl_2<NaCl<HAc<C_6H_{12}O_6$　D. $CaCl_2<HAc<C_6H_{12}O_6<NaCl$

(8) AgCl 在下列溶液中溶解度最小的是（　）

A. 纯水　B. 0.01 $mol\cdot dm^{-3}$ $CaCl_2$ 溶液

C. 0.01 $mol\cdot dm^{-3}$ NaCl 溶液　D. 0.05 $mol\cdot dm^{-3}$ $AgNO_3$ 溶液

(9) 下列固体物质在同浓度 $Na_2S_2O_3$ 溶液中溶解度(以 1 dm^3 $Na_2S_2O_3$ 溶液中能溶解该物质的物质的量计)最大的是（　）

A. Ag_2S　B. AgBr　C. AgCl　D. AgI

(10) 反应 $Zn^{2+}+H_2S=\!=\!=ZnS+2H^+$ 的标准平衡常数与 H_2S 的标准解离常数及 ZnS 的标准溶度积的关系式，正确的是（　）

A. $K^{\ominus}=1/K_{sp}^{\ominus}(ZnS)$　B. $K^{\ominus}=K_{sp}^{\ominus}(ZnS)$

C. $K^{\ominus}=K_{a_1}^{\ominus}(H_2S)\cdot K_{a_2}^{\ominus}(H_2S)$　D. $K^{\ominus}=K_{a_1}^{\ominus}(H_2S)\cdot K_{a_2}^{\ominus}(H_2S)/K_{sp}^{\ominus}(ZnS)$

2-3　填空题

(1) 稀溶液通性有____。

(2) 相同质量的葡萄糖($C_6H_{12}O_6$)和蔗糖($C_{12}H_{22}O_{12}$)分别溶于一定量水中,则蒸气压的大小为________。

(3) 根据酸碱质子理论,NH_3是________的共轭碱,HAc是________的共轭酸。

(4) 农田中施肥太浓时,植物会被烧死,盐碱地的农作物长势不良,甚至枯萎死亡,原因在于________。

(5) 多元弱酸解离的特点是________。

(6) 配制$FeCl_3$水溶液,要在水中加入一些浓盐酸,其目的是________。

(7) 由ZnS转化为CuS的平衡常数表达式为________________________。

(8) 在10.0 cm^3带有$PbCl_2$沉淀的饱和溶液中加入1.00 g NH_4Cl固体并使其溶解,则$PbCl_2$的溶解度________。

(9) 根据溶度积规则,当________时,沉淀将溶解。

(10) 某难溶电解质AB_2(相对分子质量为80),常温下在水中的溶解度为每100 cm^3溶液含2.4×10^{-4} g AB_2,AB_2的溶度积为________。

2-4　对相同浓度的稀溶液来讲,$MgSO_4$的导电能力几乎是NaCl导电能力的两倍,但二者的蒸气压、沸点、凝固点、渗透压却大致相同,这说明什么?

2-5　海水中盐的总浓度约为0.60 mol·dm^{-3}(以质量分数计约为3.5%)。若均以主要组分NaCl计,试估算海水开始结冰的温度和沸腾的温度,以及在25 ℃时用反渗透法提取纯水所需的最低压力(设海水中盐的总浓度若以质量摩尔浓度表示时也近似0.60 mol·kg^{-1})。

2-6　(1) 写出下列各物质的共轭酸

(a) HCO_3^-　(b) S^{2-}　(c) H_2O　(d) $H_2PO_4^-$　(e) CN^-

(2) 写出下列各物质的共轭碱

(a) H_2CO_3　(b) HS^-　(c) HNO_2　(d) HClO　(e) $H_2PO_4^-$

2-7　经实验测定某化合物含碳40%,含氢6.6%,含氧53.4%,如果9 g该化合物溶于500 g水中,此溶液沸点上升0.051 K。试求该化合物的摩尔质量并推算该化合物的分子式。已知水的沸点上升常量为0.51 K·kg·mol^{-1}。

2-8　将1 kg乙二醇与2 kg水相混合,可制得汽车用的防冻液。试计算该防冻液25 ℃时的蒸气压,计算该防冻液的沸点和凝固点。

2-9　将一未知一元酸溶于未知量水中,用浓度为0.1000 mol·dm^{-3}的某一元强碱滴定。已知当用去10.00 cm^3强碱时,溶液的pH=4.5;当用去24.60 cm^3强碱时,滴定至终点。求该弱酸的解离常数。

2-10　298 K时,某一元弱酸(HA)的0.01 mol·dm^{-3}水溶液的pH为4。求该弱酸的解离常数及解离度。

2-11　在某温度下0.10 mol·dm^{-3}氢氰酸(HCN)溶液的解离度为0.007%,试求在该温度时HCN的解离常数。

2-12　在浓度为0.20 mol·dm^{-3}的氨水溶液中,加入NH_4Cl晶体,使其溶解后NH_4Cl的浓度为0.20 mol·dm^{-3}。计算所得溶液的OH^-的浓度、pH和氨的解离度。

2-13 H_3PO_4是中强酸，试计算25 ℃时0.10 mol·dm^{-3} H_3PO_4溶液的pH。

2-14 在烧杯中盛放20.00 cm^3 0.100 mol·dm^{-3}氨的水溶液，逐渐加入0.100 mol·dm^{-3} HCl溶液，当加入HCl的体积分别为10.00 cm^3、20.00 cm^3、30.00 cm^{3}时，计算混合液的pH。

2-15 现有125 cm^3 1.0 mol·dm^{-3} NaAc溶液，欲配制250 cm^3 pH为5.0的缓冲溶液，需加入6.0 mol·dm^{-3} HAc溶液多少立方厘米？

2-16 指出下列配合物的中心离子的氧化数、配位数以及配离子的电荷数。

(1) $[Cu(NH_3)_4]Cl_2$　(2) $K_2[PtCl_6]$　(3) $Na_3[Ag(S_2O_3)_2]$　(4) $K_3[Fe(CN)_6]$

2-17 对下列配合物命名，并指出中心离子及其氧化数。

(1) $[Co(NH_3)_6]Cl_2$　(2) $K_4[Co(SCN)_6]$　(3) $Na_2[SiF_6]$　(4) $K_2[Zn(OH)_6]$

(5) $[CoCl(NH_3)_5]Cl$　(6) $[PtCl_2(NH_3)_2]$

2-18 计算下列反应的平衡常数。

(1) $[Cu(NH_3)_4]^{2+} + Zn^{2+} = [Zn(NH_3)_4]^{2+} + Cu^{2+}$

(2) $PbCrO_4(s) + S^{2-} = PbS(s) + CrO_4^{2-}$

2-19 根据PbI_2的溶度积，计算25 ℃时PbI_2在0.010 mol·dm^{-3} KI的饱和溶液中Pb^{2+}的浓度。

2-20 若加入F^-来净化水，使F^-在水中的质量分数为1.0×10^{-4}%。问向含Ca^{2+}浓度为2.0×10^{-4} mol·dm^{-3}的水中按上述情况加入F^-时，是否会产生沉淀。

2-21 工业废水的排放标准规定Cd^{2+}降到0.10 mg·dm^{-3}以下即可排放。若使用消石灰作为沉淀剂，使Cd^{2+}生成$Cd(OH)_2$除去，按理论上计算，调节废水溶液的pH至少应为多少？

2-22 用$(NH_4)_2S$溶液处理AgI沉淀，计算说明沉淀能否转化。[已知$K_{sp}^{\ominus}(Ag_2S)=6.7\times10^{-50}$，$K_{sp}^{\ominus}(AgI)=8.5\times10^{-17}$]

（北京科技大学　李新学）

第3章 电 化 学

化学反应可以分为两大类：一类是非氧化还原反应，如酸碱反应和沉淀反应；另一类是广泛存在的氧化还原反应。氧化还原反应与电化学有密切联系。本章首先讨论原电池中的电化学反应及热力学，然后以原电池及其电动势作为实验基础，重点讨论电极电势及其影响因素，最后讨论电化学的实际应用。

3.1 氧化还原反应相关的基本概念

在氧化还原反应中，电子从一种物质转移到另一种物质，相应某些元素的氧化数发生了改变。这是一类非常重要的反应。地球上植物的光合作用也是氧化还原过程，食物、天然纤维（如棉花）和矿物燃料等均来自于光合作用，光合作用还产生了人和动物呼吸以及燃料燃烧所需要的氧气。在现代社会中，金属冶炼、高能燃料和众多化工产品的合成都涉及氧化还原反应。电池中自发的氧化还原反应将化学能转变为电能。相反，在电解池中，电能将迫使非自发的氧化还原反应进行，并将电能转化为化学能。电能和化学能间的相互转化是电化学研究的重要内容，是物理化学科学的分支学科之一。

人们对氧化还原反应的认识经历了一个过程。最初把一种物质与氧化合的反应称为氧化；把含氧的物质失去氧的反应称为还原。随着对化学反应的深入研究，人们认识到还原反应的实质是得到电子的过程，氧化反应是失去电子的过程，氧化和还原必然是同时发生的。总之，这样一类有电子转移或得失的反应，被称为**氧化还原反应**。

在氧化还原反应中，电子转移引起某些原子的价电子层结构发生变化，从而改变了这些原子的带电状态。为了描述原子带电状态的改变，表明元素被氧化的程度，提出了**氧化数**的概念。元素的氧化态是用一定的数值来表示的。表示元素氧化态的代数值称为元素的**氧化值**，又称氧化数。对于简单的单原子离子来说，如 Cu^{2+}、Na^+、Cl^- 和 S^{2-}，它们的电荷数分别为＋2、＋1、－1 和－2，则这些元素的氧化值依次为＋2、＋1、－1 和－2。这就是说，在这种情况下，元素的氧化值与离子所带的电荷数是一致的。但是，对于以共价键结合的多原子分子或离子来说，原子间成键时没有电子的得失，只有电子对的共用。通常，原子间共用电子对靠近电负性大的原子，而偏离电负性小的原子。可以认为，电子对靠近的原子带负电荷，电子对偏离的原子带正电荷。这样，原子所带电荷实际上是人为指定的形式电荷。原子所带形式电荷数就是其氧化值，如 CO_2，C 的氧化值为＋4，O 的氧化值为－2。1970 年，国际纯粹与应用化学联合会(IUPAC)定义了氧化值的概念:氧化值是指某元素的一个原子的电荷数。该电荷数是假定把每一化学键的电子指定给电负性更大的原子而求得的。确定氧化值的规则如下:

(1) 在单质中,元素的氧化值为0。

(2) 在单原子离子中,元素的氧化值等于离子所带的电荷数。

(3) 在大多数化合物中,氢的氧化值为+1;只有在金属氢化物中(如 NaH 和 CaH_2)中,氢的氧化值为-1。

(4) 通常,在化合物中氧的氧化值为-2,但是在 H_2O_2、Na_2O_2、BaO_2 等过氧化物中,氧的氧化值为-1;在氧的氟化物中,如 OF_2 和 O_2F_2 中,氧的氧化值分别为+2和+1。

(5) 在所有的氟化物中,氟的氧化值为-1。

(6) 碱金属和碱土金属在化合物中的氧化值分别为+1和+2。

(7) 在中性分子中,各元素氧化值的代数和为0。在多原子离子中,各元素氧化值的代数和等于离子所带电荷数。

根据这些规则,我们可以计算分子中任一元素的氧化数。例如,Fe_3O_4 中 Fe 的氧化值为+8/3,$KMnO_4$ 中 Mn 的氧化值为+7。由此可见,氧化值是为了说明物质的氧化状态而引入的一个概念,可以是正数、负数或分数。中学时所说的化合价其实质就是氧化值。通常意义上的化合价的概念则表示元素原子结合成分子时,原子数目的比例关系;从分子结构来看,化合价也就是离子键和共价键化合物的电价数和共价数。虽然化合价比氧化值更能反映分子内部的基本属性,但氧化值在分子式的书写和方程式的配平中很有实用价值。

元素的氧化值的改变与反应中得失电子相关联。如果反应中某元素的原子失去电子,该元素的氧化值升高;相反,某元素的原子得到电子,其氧化值降低。在氧化还原反应中,失去电子的物质使另一物质得到电子被还原,则失去电子的物质是还原剂,还原剂是电子的给予体,它失去电子后本身被氧化。得到电子的物质是氧化剂,氧化剂是电子的接受体,它得到电子后本身被还原。

3.2 电化学电池

3.2.1 原电池中的化学反应

1. 原电池的组成

原电池(primary cell)是一种利用氧化还原反应对环境输出电功的装置。

将银白色的金属锌片放入蓝色的 $CuSO_4$ 溶液中,将会观察到:在锌片表面有红棕色的金属 Cu 单质形成,溶液的蓝色逐渐消失,溶液温度升高。这说明发生了如下自发的氧化还原反应:

$$Zn(s)+Cu^{2+}(aq)=Zn^{2+}(aq)+Cu(s)$$

T=298.15 K 时，该反应的标准摩尔焓变和标准摩尔吉布斯自由能变分别是 $\Delta_r H_m^\ominus=-217.2\ kJ\cdot mol^{-1}$，$\Delta_r G_m^\ominus=-212.69\ kJ\cdot mol^{-1}$，很显然，这是一个自发反应($\Delta_r H_m^\ominus<0$，$\Delta_r G_m^\ominus<0$)，系统没有对环境做功，但有热量放出，表明化学能转变为热能。

由于锌片直接与 Cu^{2+} 溶液接触，电子便由 Zn 直接给了 Cu^{2+}，电子的流动是无序的，因此氧化还原反应中释放出的化学能转变成热能。若利用一种装置，使锌片上的电子不是直接传递给 Cu^{2+}，而是通过导线来传递，使电子沿导线定向流动而产生电流，这样就使反应过程中释放出的化学能转变成电能。这种利用自发氧化还原反应产生电流，而使化学能转变成为电能的装置称为原电池。

1836 年，英国化学家丹尼尔(J. F. Daniel)构造了一个铜锌原电池，如图 3-1 所示。将锌片插入盛有 $Zn(NO_3)_2$ 溶液中组成 Zn 电极(或称 Zn 半电池)，铜片插入盛有$Cu(NO_3)_2$溶液中组成 Cu 电极(或称 Cu 半电池)，锌片与铜片用导线连接，其中串联一个伏特计以观察电流的产生和方向。两个半电池用盐桥(一个装满饱和 KNO_3 溶液，并添加琼脂使之成为胶冻状黏稠体的倒置 U 形管)沟通，这样就组成了铜锌原电池。

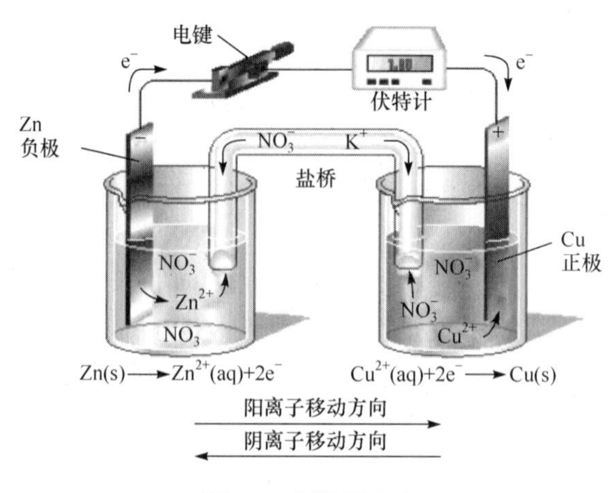

图 3-1　铜锌原电池

实验过程中可以看到伏特计的指针发生偏转，原电池就对外做了电功。该原电池对外做电功的过程可以这样理解：左边锌片上 Zn 原子失去电子，氧化成为 Zn^{2+} 进入溶液，右边溶液中 Cu^{2+} 从铜片上得到电子，还原成为 Cu 沉积在铜片上；锌片上的电子经过导线和伏特计流向铜片；右边溶液中的负离子通过盐桥向左边溶液移动，同时左边溶液中的正离子通过盐桥向右边溶液移动。盐桥的存在使得正、负离子能够在左右溶液之间移动，又能防止两边溶液迅速混合。盐桥中的 K^+ 和 NO_3^- 分别向 $Cu(NO_3)_2$ 和 $Zn(NO_3)_2$ 移动，参与溶液中的导电。

2. 原电池的电极、电极反应和电池符号

上面的原电池中，从电流计指针偏转的方向可以推测：电流是由Cu电极流向Zn电极，即电子是由锌片经导线流向铜片，说明Zn电极为负极(anode)，Cu电极为正极(cathode)。两个电极上的反应为

$$Zn\text{电极(负极)}: Zn - 2e^- \longrightarrow Zn^{2+} \quad \text{氧化(阳极)}$$

$$Cu\text{电极(正极)}: Cu^{2+} + 2e^- \longrightarrow Cu \quad \text{还原(阴极)}$$

人们也把发生氧化反应的电极称为阳极，把发生还原反应的电极称为阴极。因此Zn电极为阳极，Cu电极为阴极。电极上发生的氧化反应或还原反应都称为**电极反应(electrode reaction)**。

合并两个电极反应，就得到原电池中发生的氧化还原反应，称为**电池反应**。

$$Zn(s) + Cu^{2+}(aq) = Zn^{2+}(aq) + Cu(s)$$

在原电池中，由氧化态的物质和对应的还原态物质构成电极(又称半电池)，对于自发进行的电池反应，都可以把它分成两个部分(相应于两个电极的反应)，一个表示氧化剂的(被)还原，一个表示还原剂的(被)氧化。对于其中的任一部分称为原电池的**半反应式**。这里的氧化态物质和对应的还原态物质被称为**氧化还原电对(redox couple)**，用符号“氧化态/还原态”表示。最常见的电对如铜锌原电池中的氧化还原电对分别是Zn^{2+}/Zn、Cu^{2+}/Cu，是由金属与其正离子组成的电对。

从反应式可以看出，每一个电极反应中都有两类物质：一类是可作还原剂的物质，称为还原态物质，如上面所写的半反应中的Zn、Cu、Ag等；另一类是可作氧化剂的物质，称为氧化态物质，如Zn^{2+}、Cu^{2+}、Ag^+等。

任何电极既可以发生氧化反应，也可以发生还原反应，用下面的式子来代表**电极反应的通式**：

$$Ox(\text{氧化态}) + ne^- = Red(\text{还原态})$$

其中n为所写电极反应中电子的化学计量数，为单位物质的量的氧化态物质在还原过程中获得的电子的物质的量，也就是在这一还原过程中金属导线内通过的电子的物质的量。

原电池是由两个电极浸在相应的电解质溶液中，再用盐桥连接两溶液而构成的装置。原电池的装置可以用**电池图示**表示。例如上面的铜锌原电池可以表示为

$$(-)\ Zn(s)|Zn(NO_3)_2(c_1)\ \|\ Cu(NO_3)_2(c_2)|Cu(s)(+)$$

图示中，“|”表示相界面，“‖”表示盐桥。此外原电池图示还规定：

(1) 写在图示左边的电极是负极，发生氧化反应；写在图示右边的电极是正极，发生还原反应。

(2) 电池电动势$E = E_{正} - E_{负}$($E = E_{右} - E_{左}$)，式中$E_{正}$($E_{右}$)和$E_{负}$($E_{左}$)分别代

表原电池图示中右边和左边两端上的开路电极电势。原电池电动势的 SI 单位为伏特(V),可以通过实验测定。

(3) c 表示溶液中的离子浓度,气体用分压(p)表示。

任何一个原电池都是由两个电极构成的。构成原电池的电极有四类,见表 3-1。

表 3-1 电极类型

电极类型	电对示例	电极符号	电极反应
金属电极(金属-金属离子)	Zn^{2+}/Zn Cu^{2+}/Cu	$Zn^{2+}\|Zn$ $Cu\|Cu^{2+}$	$Zn^{2+}+2e^- \longrightarrow Zn$ $Cu^{2+}+2e^- \longrightarrow Cu$
气体电极(非金属-非金属离子)	Cl_2/Cl^- O_2/OH^-	$Cl^-\|Cl_2\|Pt$ $Pt\|O_2\|OH^-$	$Cl_2+2e^- \longrightarrow 2Cl^-$ $O_2+2H_2O+4e^- \longrightarrow 4OH^-$
氧化还原电极	Fe^{3+}/Fe^{2+} Sn^{4+}/Sn^{2+}	$Fe^{3+},Fe^{2+}\|Pt$ $Pt\|Sn^{4+},Sn^{2+}$	$Fe^{3+}+e^- \longrightarrow Fe^{2+}$ $Sn^{4+}+2e^- \longrightarrow Sn^{2+}$
难溶盐电极(金属-金属难溶盐)	$AgCl/Ag$ Hg_2Cl_2/Hg	$Ag\|AgCl\|Cl^-$ $Hg\|Hg_2Cl_2(s)\|Cl^-$	$AgCl+e^- \longrightarrow Ag+Cl^-$ $Hg_2Cl_2(s)+2e^- \longrightarrow 2Hg+2Cl^-$

注意:上述金属-金属离子电极是以金属本身作为电极的导体,而其他类型的电极则常用铂或石墨等辅助电极作为电极导体。它们仅起吸附气体和传递电子的作用,不参加电极反应,所以又称惰性电极。

3.2.2 原电池的热力学

原电池在本身发生化学反应的同时,对环境做电功。显然,原电池内部所进行的化学反应以及对环境所做的电功,都要服从热力学的基本原理。如果一个原电池的电动势 E 大于零,表明此电池可对外输出电功,则此电池反应能够自发进行。也就是说,电池电动势可作为电池反应自发性的判据。那么,电池电动势和化学反应自发性判据 $\Delta_r G_m$ 之间必然存在联系。

考虑一个电动势为 E 的原电池,其中进行的电池反应为

$$aA(aq)+bB(aq) \longrightarrow gG(aq)+dD(aq)$$

如果在反应进度为 1 mol 的反应过程中有 n mol 的电子通过该电路,忽略原电池内阻的影响,则对外所做的最大电功(其他功)为

$$W'_{max}=QE=nFE \tag{3-1}$$

最大其他功在数值上等于反应的吉布斯自由能变 $\Delta_r G$,这是吉布斯自由能变的物理意义。则电池反应的摩尔吉布斯自由能变 $\Delta_r G_m$ 与电动势 E 之间存在以下关系:

$$\Delta_r G_m=W'_{max}=-nFE \tag{3-2}$$

由于 1 个电子所带电量为 1.6022×10^{-19} C(库仑),所以单位物质的量的电子所

带电量 Q 为 $Q=N_A e=6.022\times10^{23}\ \text{mol}^{-1}\times1.6022\times10^{-19}\ \text{C}=96485\ \text{C}\cdot\text{mol}^{-1}$。

通常把单位物质的量的电子所带的电量称为 1 Faraday，简写为 1 F，即

$$1\ \text{F}=96485\ \text{C}\cdot\text{mol}^{-1}$$

如果原电池在标准状态下工作，则

$$\Delta_r G_m^{\ominus}=-nFE^{\ominus} \tag{3-3}$$

式中，$E^{\ominus}$ 是原电池在标准状态下的电动势，简称标准电动势（standard electromotive force）。

根据 $\Delta_r G_m=-nFE$，正反应能够自发进行时，$\Delta_r G_m<0$，相应地 $E>0$，则用于判断反应自发进行方向的判据 $\Delta_r G_m$ 可以被电池电动势 E 代替，即只需要考察一个电池的电动势是否大于 0，是否能够对外做有用功（其他功，在此为电功）就可以了。能够输出电功，则电池反应能够自发进行，否则不能自发。而电池由正极和负极组成，如果每个电极有一个类似于热力学中的生成焓的电势，那么电池反应方向的判断会是很简单的事，只需解决正极和负极两个电势，即可得到电池电动势，从而判断反应方向。这就是电极电势的概念。

化学家史话

法 拉 第

法拉第（M. Faraday，1791—1867），世界著名的自学成才的科学家，英国物理学家、化学家，发明家即发电机和电动机的发明者。1791 年 9 月 22 日出生于萨里郡纽因顿一个贫苦铁匠家庭。13 岁时便在一家书店里当学徒。在送报、装订等工作之余，自学化学和电学，利用业余时间参加市哲学学会的学习活动，听自然哲学讲演，因而受到了自然科学的基础教育。1813 年 3 月由戴维举荐到皇家研究所任实验室助手。这是法拉第一生的转折点，从此他踏上了献身科学研究的道路。1824 年1 月当选英国皇家学会会员，1825 年 2 月任皇家研究所实验室主任，1833~1862 年任皇家研究所化学教授。1846 年荣获伦福德奖章和皇家勋章。1867 年 8 月 25 日逝世。

经过多次精心试验，法拉第总结了两个电解定律，这两个定律均以他的名字命名，构成了电化学的基础。他将化学中的许多重要术语给予了通俗的名称，如阳极、阴极、电极、离子等。1821 年法拉第完成了第一项重大的电发明——电动机。1831 年法拉第发现电磁感应——发电机（法拉第盘）。法拉第把磁力线和电力线的重要概念引入物理学，通过强调不是磁铁本身而是它们之间的“场”。法拉第还发现如果有偏振光通过磁场，其偏振作用就会发生变化。

法拉第的一生是伟大的又是平凡的，他非常热心科学普及工作，发起举行星期五晚间讨论会和圣诞节少年科学讲座。他在 100 多次星期五晚间讨论会上作过讲演，在圣诞节少年科学讲座上讲演达十九年之久。法拉第还热心公众事业，长期为英国许多公、私机构服务。他为人质朴、不善交际、不图名利、喜欢帮助亲友。为了专心从事科学研究，他放弃了一切有丰厚报酬的

商业性工作。他在1857年谢绝了英国皇家学会拟选他为会长的提名，他甘愿以平民的身份实现献身科学的诺言，在皇家研究所实验室工作一辈子，当一个平凡的法拉第。

3.3 电极电势

电池反应涉及的物质种类可能很多，但都是由正极和负极两个电极组成的，如果每个电极存在一个类似于热力学中定义的生成焓、生成吉布斯自由能的量就可以大大简化电池反应的计算，这就是电极电势的概念。

原电池装置的外电路中有电流通过，说明两个电极的电势是不相等的，即正、负极之间有电势差存在，这个电势差就是原电池的电动势，即

$$E = E_{正} - E_{负}$$

可以用仪器测量原电池的电动势 E，即两电极电势的差值，但是到目前为止，我们还不能从实验上测定或从理论上计算单个电极的电极电势的绝对值，而只能测定由两个电极所组成的电池的电动势。

因而在实际应用中，采用相对标准的比较方法，得出单个电极的(相对)电极电势，也称电极电势(electrode potential)，以符号 E 来表示某电对的电极电势，写作 E(电对)。

具体做法是：选择一个合适的电极作为标准电极，并以标准电极作为负极，对于给定电极，使其与标准电极组合成原电池，给定电极作正极，即

标准电极‖给定电极

则此电池的电动势就作为给定电极的电极电势，并由 E 来表示某电对的电极电势。当给定电极中各组分均处于标准态时，其电极电势称为标准电极电势，用 $E^{\ominus}$ 表示。由于给定电极为电池的正极，进行的是还原反应，故 E 称为还原电极电势，$E^{\ominus}$ 称为标准还原电极电势。

3.3.1 标准氢电极和甘汞电极

原则上讲，任意一个电极均可以作为标准电极。按照1953年IUPAC的建议，采用标准氢电极作为标准电极，这个建议已被接受和承认，并作为正式的规定。规定标准氢电极的电极电势为0，表示为 $E^{\ominus}(H^+/H_2) = 0$ V，其他电极电势的数值都是通过与标准氢电极比较而得到具体数值。

标准氢电极是指处于标准状态下的氢电极，用电池图示表示为

$$(-)Pt|H_2(p=100\ kPa)|H^+(c=1\ mol \cdot dm^{-3})$$

标准氢电极的结构是：把镀铂黑的铂片(用电镀法在铂片的表面上镀一层铂黑)插入含有氢离子($c=1\ mol \cdot dm^{-3}$)的溶液中，并不断用纯氢气流(压力为 $p=100$ kPa)冲打到铂片上，如图3-2所示。氢电极上进行的反应为

$$2H^+(aq) + 2e^- \longrightarrow H_2(g)$$

由于标准氢电极要求氢气纯度高、压力和温度恒定，并且铂在溶液中易于吸附其他组分而失去活性，因此实际上常用易于制备、使用方便且电极电势稳定的甘汞电极或氯化银电极等作为电极电势的对比参考，称为参比电极。图 3-3 为甘汞电极的构造示意图。甘汞电极的反应为

$$Hg_2Cl_2(s) + 2e^- \longrightarrow 2Hg(l) + 2Cl^-(aq)$$

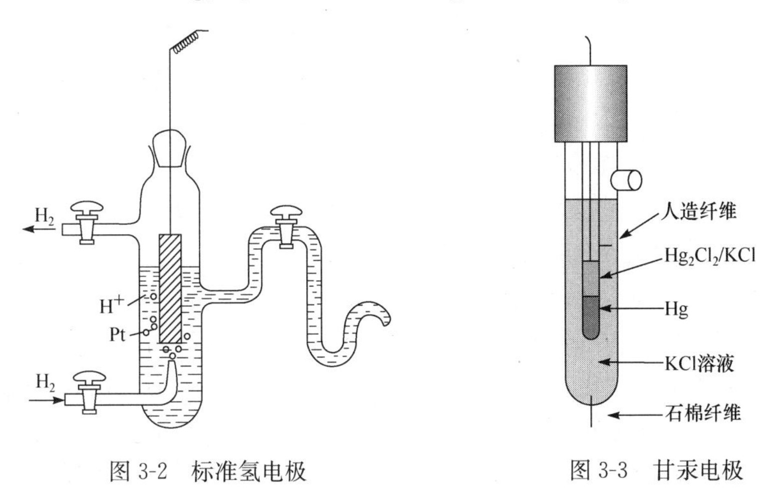

图 3-2　标准氢电极　　　　图 3-3　甘汞电极

由于甘汞电极的电极电势与 KCl 溶液的浓度有关，因此有几种不同的配方，其电极电势 E 值和对应的电极名称见表 3-2。

表 3-2　甘汞电极电势

KCl 溶液的浓度/$(mol \cdot dm^{-3})$	电极名称	298.15 K 时的 E/V
饱和	饱和甘汞电极	0.2412
1.0	标准甘汞电极	0.2681
0.1	—	0.3337

3.3.2　标准电极电势

电极电势的大小主要取决于物质的本性，同时与系统的温度、浓度等外界条件有关。在实际应用上为了便于比较，提出标准电极电势的概念。如果待测电极处于标准状态，即物质均为纯净物，组成电对的有关物质的浓度为 $c^\ominus(1\ mol \cdot dm^{-3})$，若涉及气体，则气体的分压为 $p^\ominus(=100\ kPa)$时，所测得的电极的电极电势称为该电极的标准电极电势 $E^\ominus$，通常测定温度为 298.15 K。

例如，欲测定铜电极的标准电极电势，则应组成如下原电池：

$$(-)Pt|H_2(100\ kPa)|H^+(1\ mol \cdot dm^{-3}) \| Cu^{2+}(1\ mol \cdot dm^{-3})|Cu(+)$$

此原电池的电动势就等于铜电极的标准电极电势，298.15 K 时测定值为 0.34 V。

在该电池中，铜电极为正极，铜电极实际上进行的是还原反应，所以 $E^{\ominus}(Cu^{2+}/Cu)=0.34\ V$。

对于 1 $mol \cdot dm^{-3}$ 的 Zn 电极与标准氢电极组成的电池，电动势的测定值为 0.7618 V。但实际上进行的是氧化反应，因此 Zn 电极的标准电极电势 $E^{\ominus}(Zn^{2+}/Zn)=-0.7618\ V$。

用类似的方法可以测得一系列金属或任何电对的标准电极电势。如附表 9 中列出了 298.15 K 时一些氧化还原电对的标准电极电势数据(其中某些数值是根据热力学数据计算得到的)。

为了正确使用标准电极电势表，对其进一步说明如下：

(1) 电极反应中各物质均为标准态，温度一般为 298.15 K。

(2) 表中电极反应是按还原反应书写的：

$$\text{氧化态}+ne^{-}=\!=\!=\text{还原态}$$

称为还原电势，可以统一用于比较电对获得电子的能力。表中电极电势数值自上而下增大，表明各电对的氧化态物质得电子能力依次增强，相应的还原态物质失电子能力依次减弱。换言之，电对在表中的位置越靠前，$E^{\ominus}$代数值越小，其还原态越易失去电子，还原性越强；电对在表中的位置越靠后，$E^{\ominus}$代数值越大，其氧化态越易得到电子，氧化性越强。由此可表示金属和非金属单质的活泼性。

(3) 本书中采用的都是还原电极电势，尽管实际发生的可能是氧化反应，计算过程中也应该查找还原电极电势的数据，所以下述两式的标准电极电势的数值是一样的，即

$$Zn^{2+}+2e^{-}\longrightarrow Zn \qquad E^{\ominus}(Zn^{2+}/Zn)=-0.7618\ V$$

$$Zn-2e^{-}\longrightarrow Zn^{2+} \qquad E^{\ominus}(Zn^{2+}/Zn)=-0.7618\ V$$

(4) 电极电势 E 具有强度性质，没有加和性。不论半反应如何写，$E^{\ominus}$值不变，例如

$$Zn^{2+}+2e^{-}\longrightarrow Zn \qquad E^{\ominus}(Zn^{2+}/Zn)=-0.7618\ V$$

$$2Zn^{2+}+4e^{-}\longrightarrow 2Zn \qquad E^{\ominus}(Zn^{2+}/Zn)=-0.7618\ V$$

$$1/2Zn^{2+}+e^{-}\longrightarrow 1/2Zn \qquad E^{\ominus}(Zn^{2+}/Zn)=-0.7618\ V$$

这是因为 $E^{\ominus}$值反映了物质得失电子的能力，是由物质本性决定的，与物质的量无关。

(5) 查阅标准电极电势数据时，要注意电对的具体存在形式、状态和介质条件等都必须完全符合。例如

$$Fe^{2+}(aq)+2e^{-}=\!=\!=Fe(s) \qquad E^{\ominus}(Fe^{2+}/Fe)=-0.447\ V$$

$$Fe^{3+}(aq)+e^{-}=\!=\!=Fe^{2+}(aq) \qquad E^{\ominus}(Fe^{3+}/Fe^{2+})=0.771\ V$$

$$H_2O_2(aq)+2H^{+}(aq)+2e^{-}=\!=\!=2H_2O \qquad E^{\ominus}(H_2O_2/H_2O)=1.776\ V$$

$$O_2(g)+2H^{+}(aq)+2e^{-}=\!=\!=H_2O_2(aq) \qquad E^{\ominus}(O_2/H_2O_2)=0.695\ V$$

(6) 本书中应用到的电极电势仅适用于水溶液。

3.3.3 电极电势的能斯特方程

标准电极电势的代数值是在标准态下测得的。当电极处于非标准态时，其电极电势将随外界的浓度、压力、温度等因素而变化。

考虑一个电动势为 E 的原电池，其中进行的电池反应为

$$a\mathrm{Ox}_1 + b\mathrm{Red}_2 \longrightarrow g\mathrm{Red}_1 + d\mathrm{Ox}_2$$

反应的摩尔吉布斯自由能变 $\Delta_r G_m$ 可以按热力学等温方程式求得

$$\Delta_r G_m = \Delta_r G_m^\ominus + RT\ln J$$

其中 J 为参与电池反应所有物种的相应的反应商。

结合电池反应的摩尔吉布斯自由能变 $\Delta_r G_m$与电动势 E 之间存在以下关系：

$$\Delta_r G_m = -nFE$$

由此可以得

$$E = E^\ominus - \frac{RT}{nF}\ln J \tag{3-4}$$

式(3-4)称为电池电动势的能斯特方程，表示组成原电池的各种物种的浓度或气体的分压、原电池的温度与原电池电动势的关系。

在原电池对外做电功的过程中，随着电池反应的进行，作为原料的化学物质氧化剂 1(Ox_1)与还原剂 2 (Red_2)的浓度逐渐减少，而反应产物还原剂 1(Red_1)与氧化剂 2(Ox_2)的浓度逐渐增加，从能斯特方程可以看出，原电池的电动势将逐渐减小。

当 T=298.15 K 时，将式(3-4)中的自然对数换成常用对数，可得

$$E = E^\ominus - \frac{0.05917\ \mathrm{V}}{n}\lg J \tag{3-5}$$

应该注意，原电池电动势数值与电池反应计量式的写法无关。例如，上述电池的化学计量数同时扩大 2 倍，则电池反应式为

$$2a\mathrm{Ox}_1 + 2b\mathrm{Red}_2 \longrightarrow 2g\mathrm{Red}_1 + 2d\mathrm{Ox}_2$$

与此同时，1 mol 的反应过程中所通过的电子的物质的量也扩大为 2 倍，即 $2n$。反应商的幂指数也变为原来的 2 倍。因此 E 仍维持不变。

由此可见，电动势的数值并不因化学计量数改变而变化。换言之，电动势是强度性质，其值与反应中化学计量数的选配无关。

上述电池反应可分解为两个半反应(还原电势)：

$$\text{正极}: a\mathrm{Ox}_1 + n\mathrm{e}^- \longrightarrow g\mathrm{Red}_1$$

$$\text{负极}: d\mathrm{Ox}_2 + n\mathrm{e}^- \longrightarrow b\mathrm{Red}_2$$

$$\begin{aligned} E &= E^\ominus - \frac{0.05917\ \mathrm{V}}{n}\lg J = E^\ominus_{\text{正}} - E^\ominus_{\text{负}} - \frac{0.05917\ \mathrm{V}}{n}\lg\frac{J_{\text{正}}}{J_{\text{负}}} \\ &= \left(E^\ominus_{\text{正}} - \frac{0.05917\ \mathrm{V}}{n}\lg J_{\text{正}}\right) - \left(E^\ominus_{\text{负}} - \frac{0.05917\ \mathrm{V}}{n}\lg J_{\text{负}}\right) \end{aligned}$$

可见，对于电极同样有

$$E=E^{\ominus}-\frac{0.05917\ \text{V}}{n}\lg J \tag{3-6}$$

式(3-6)称为电极电势的能斯特方程，其中 J 为电极反应的反应商。

对于任意给定的电极，电极反应的通式为

$$\text{氧化态}+n\text{e}^-=\!=\!=\text{还原态}$$

则

$$E=E^{\ominus}-\frac{0.05917\ \text{V}}{n}\lg\frac{c(\text{还原态})}{c(\text{氧化态})}$$

这种表示法没有包含化学计量数和电极其他物质的影响，故本书采用式(3-6)的写法，并且这与电池电动势的能斯特方程的形式是一致的。

化学家史话

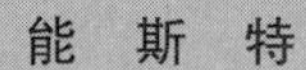

能　斯　特

德国物理化学家能斯特(W. H. Nernst，1864—1941)，1864 年 6 月 25 日生于西普鲁士的布利森。进入莱比锡大学后，在奥斯特瓦尔德指导下学习和工作，1887 年获博士学位。1891 年任哥丁根大学物理化学教授，1905 年任柏林大学教授，1925 年起担任柏林大学原子物理研究院院长。1932 年被选为伦敦皇家学会会员。1933 年退职，在农村度过了他的晚年。1941 年 11 月 18 日在柏林逝世。

能斯特的研究主要在热力学方面。1889 年，他提出溶解压假说，从热力学导出了电极电势与溶液浓度的关系式，即电化学中著名的能斯特方程。同年，还引入溶度积这个重要概念，用来解释沉淀反应。

他用量子理论的观点研究低温现象，得出了光化学的“原子链式反应”理论。1906 年，根据对低温现象的研究，得出了热力学第三定律，人们称之为“能斯特热定理”，这个定理有效地解决了计算平衡常数问题和许多工业生产难题。他因此获得了 1920 年诺贝尔化学奖。能斯特促进了现代物理化学的确立，对电化学、热力学、固态化学及光化学有所贡献，主要著作有《新热定律的理论与实验基础》等。

应用能斯特方程式时对于反应组分浓度的表达与反应商一致，应注意以下事项：

在原电池反应或电极反应中，某物质若是纯的固体或纯的液体，则能斯特方程中该物质的浓度作为 1，因此不出现在式中。

(1) 原电池反应或电极反应中某物质若是气体，则能斯特方程中用相对压力 $p/p^{\ominus}$ 表示；如果是液态物质中的离子浓度，用相对浓度 $c/c^{\ominus}$ 表示。

(2) 如果在电极反应中，除氧化态和还原态物质外，还有参加电极反应的其他物质，如有 H^+、OH^- 存在，则应把这些物质的浓度也表示在能斯特方程式中。

(3) n 为**电极反应**或**电池反应**中得失的电子数。

例如，对于氢电极，电极反应为 $2H^+(aq)+2e^- \longrightarrow H_2(g)$，能斯特方程中，氢离子浓度用 $c(H^+)/c^\ominus$ 表示，氢气用 $p(H_2)/p^\ominus$ 表示，即

$$E(H^+/H_2)=E^\ominus(H^+/H_2)-\frac{0.05917\ V}{2}\lg\frac{p(H_2)/p^\ominus}{[c(H^+)/c^\ominus]^2}$$

对于氧电极，电极反应为 $O_2+2H_2O+4e^- \longrightarrow 4OH^-$，能斯特方程的表达式为

$$E(O_2/OH^-)=E^\ominus(O_2/OH^-)-\frac{0.05917\ V}{4}\lg\frac{[c(OH^-)/c^\ominus]^4}{p(O_2)/p^\ominus}$$

哪些因素会改变电极电势的大小呢？从能斯特方程来看，只要能够影响电极反应的反应商的大小，就会改变电极反应的电极电势值的大小。以下从几个方面来探讨。

1. 电极物质自身浓度的改变

【例 3-1】 当 $c(Zn^{2+})=0.001\ mol\cdot dm^{-3}$ 时，Zn 电极的电极电势是多少？

解 从附表 9 中查到 $E^\ominus(Zn^{2+}/Zn)=-0.7618\ V$，其电极反应为

$$Zn^{2+}(aq)+2e^- \longrightarrow Zn(s)$$

根据能斯特方程，当 $c(Zn^{2+})=0.001\ mol\cdot dm^{-3}$ 时

$$\begin{aligned}E(Zn^{2+}/Zn)&=E^\ominus(Zn^{2+}/Zn)-\frac{0.05917\ V}{2}\lg\frac{1}{c(Zn^{2+})/c^\ominus}\\&=-0.7618\ V-(0.05917\ V/2)\lg(1/0.001)\\&=-0.8506\ V\end{aligned}$$

从本例中可以看出，氧化态或还原态物质离子浓度的改变对电极电势有影响，但在通常情况下影响不大。与标准状态 $c(Zn^{2+})=1\ mol\cdot dm^{-3}$ 时的电极电势（$-0.7618\ V$）相比，当 Zn^{2+} 浓度减小到 1/1000 时，其电对的电极电势将减小。上面的计算结果表明，电极电势的改变不到 0.1 V。

2. 介质的影响

【例 3-2】 计算 pH=7 时，电对 O_2/OH^- 的 $E(O_2/OH^-)$。设温度为 298.15 K，且 O_2 的分压为 $p^\ominus=100\ kPa$。

解 此电对的电极反应是

$$O_2+2H_2O+4e^- \longrightarrow 4OH^-$$

当 pH=7，$c(H^+)=10^{-7}\ mol\cdot dm^{-3}$ 时，其能斯特方程为

$$E(O_2/OH^-)=E^\ominus(O_2/OH^-)-\frac{0.05917\ V}{4}\lg\frac{[c(OH^-)/c^\ominus]^4}{p(O_2)/p^\ominus}$$

$$E(O_2/OH^-)=0.401\ V-\frac{0.05917\ V}{4}\lg(10^{-7})^4=0.8154\ V$$

从本例中可以看出，还原态物质离子浓度（OH^-）的改变对电极电势有影响，当还原态物质浓度减少时，其电极电势的代数值变大，这表明此电对 O_2/OH^- 的氧化

态(O_2)的氧化性将增强。

【例 3-3】 在酸性介质中用高锰酸钾($KMnO_4$)作氧化剂,其电极反应为

$$MnO_4^-(aq)+8H^+(aq)+5e^- \longrightarrow Mn^{2+}(aq)+4H_2O(l)$$

当 MnO_4^- 和 Mn^{2+} 浓度均为 1 mol·dm^{-3},pH=5 时,$E(MnO_4^-/Mn^{2+})$为多少?

解 根据能斯特方程

$$E(MnO_4^-/Mn^{2+})=E^{\ominus}(MnO_4^-/Mn^{2+})-\frac{0.05917\ V}{5}\lg\frac{c(Mn^{2+})/c^{\ominus}}{[c(MnO_4^-)/c^{\ominus}][c(H^+)/c^{\ominus}]^8}$$

$$E(MnO_4^-/Mn^{2+})=1.507\ V-\frac{0.05917\ V}{5}\lg\frac{1}{1\times(1\times10^{-5})^8}=1.034\ V$$

从上例可以看出,介质的酸碱性对氧化还原电对的电极电势影响较大。当氢离子浓度从 1 mol·dm^{-3}降到 1×10^{-5} mol·dm^{-3}(pH=5)时,E 从 1.507 V 降到了 1.034 V,使得 $KMnO_4$的氧化能力减弱。可见,$KMnO_4$氧化能力在酸性介质中较强。

【例 3-4】 已知电极反应:$Cr_2O_7^{2-}+14H^++6e^- = 2Cr^{3+}+7H_2O$,$E^{\ominus}=1.33$ V,若 $Cr_2O_7^{2-}$ 和 Cr^{3+}浓度均为 1.0 mol·dm^{-3},改变 H^+ 浓度,对电极电位有什么影响?

解 $$E(Cr_2O_7^{2-}/Cr^{3+})=E^{\ominus}(Cr_2O_7^{2-}/Cr^{3+})-\frac{0.05917\ V}{6}\lg\frac{[c(Cr^{3+})/c^{\ominus}]^2}{[c(Cr_2O_7^{2-})/c^{\ominus}][c(H^+)/c^{\ominus}]^{14}}$$

$$=1.33\ V-\frac{0.05917\ V}{6}\lg\frac{1}{[c(H^+)/c^{\ominus}]^{14}}$$

$$=1.33\ V-\frac{0.05917\ V\times14}{6}pH$$

$$=1.33\ V-0.138\ VpH$$

当 H^+ 离子浓度为 1.0 mol·dm^{-3}时,$E(Cr_2O_7^{2-}/Cr^{3+})=E^{\ominus}(Cr_2O_7^{2-}/Cr^{3+})=1.33$ V;当 H^+ 浓度为 1.0×10^{-3} mol·dm^{-3}时,$E(Cr_2O_7^{2-}/Cr^{3+})=1.33\ V-0.138\ VpH=1.33\ V-3\times0.138\ V=0.92$ V。从此可以看出,减小 H^+ 浓度,电极电势会变小。

以上所讨论的电池在电池反应中都发生了某种化学变化,因而统称化学电池。还有一类电池称为**浓差电池(concentration cell)**。在这种电池中,净的作用仅是一种物质从高浓度(或高压力)状态向低浓度(低压力)的状态转移,这种电池的标准电动势 $E^{\ominus}=0$ V。

常见的浓差电池是由两个相同电极浸到两个电解质溶液种类相同而浓度不同的溶液中组成,用电池图示表示为

$$(-)Ag(s)|AgNO_3(a_1)\parallel AgNO_3(a_2)|Ag(s)(+)$$

【例 3-5】 铜的浓差电池表示如下,计算其对应的电动势。

$$(-)Cu(s)|Cu^{2+}(1.0\times10^{-4}\ mol\cdot dm^{-3})\parallel Cu^{2+}(1.0\ mol\cdot dm^{-3})|Cu(s)(+)$$

解 $$E_{正}=E^{\ominus}(Cu^{2+}/Cu)=0.3419\ V$$

$$E_{负}=E^{\ominus}(Cu^{2+}/Cu)-\frac{0.05917\ V}{2}\lg\frac{1}{1.0\times10^{-4}}$$

$$=0.3419\ V-2\times0.05917\ V$$

$$=0.224\ V$$

$$E=E_{正}-E_{负}=0.118\ \text{V}$$

如果直接用电池反应的反应商来计算也可以的，过程如下：

$$E=E^{\ominus}-\frac{0.05917\ \text{V}}{2}\lg J=0\ \text{V}-\frac{0.05917\ \text{V}}{2}\lg\frac{1.0\times10^{-4}}{1}=0.118\ \text{V}$$

上述铜的浓差电池对应的电池反应式为

$$Cu^{2+}(1.0\ \text{mol}\cdot\text{dm}^{-3})=\!=\!=Cu^{2+}(1.0\times10^{-4}\ \text{mol}\cdot\text{dm}^{-3})$$

由此可见，该电池反应的最终结果是阳离子的转移，该类电池产生电动势的过程就是电解质从浓溶液向稀溶液转移的过程。

3.4 电化学的应用

电极电势数值是电化学中很重要的数据，除了用以计算原电池的电动势和与之对应的氧化还原反应的摩尔吉布斯自由能变外，还可以比较氧化剂和还原剂的相对强弱，判断氧化还原反应进行的方向和限度。

3.4.1 氧化剂和还原剂相对强弱的比较

电极电势的大小可反映氧化还原电对中氧化态物质和还原态物质氧化还原能力的相对强弱。根据标准电极电势(还原电势)对应的电极反应，这种半电池反应常写作

$$氧化态+n\text{e}^-=\!=\!=还原态$$

若氧化还原电对 $E^{\ominus}$ 代数值越小，则表示电对的还原态物质越易失去电子，是越强的还原剂，其对应的氧化态物质越难获得电子能力，是越弱的氧化剂。反之，若氧化还原电对 $E^{\ominus}$ 代数值越大，则表示电对的氧化态得电子能力越强，是越强的氧化剂，其对应的还原态物质失电子能力越弱，是越弱的还原剂。在按 $E^{\ominus}$ 值由小到大的顺序排列的标准电极电势表(参见附表 9)中，最强的还原剂是 Li，它是标准电极电势最小的电对(Li^+/Li)的还原态；最强的氧化剂是 F_2，它是标准电极电势最大的电对(F_2^+/F^-)的氧化态。Li^+ 是最弱的氧化剂，而 F^- 是最弱的还原剂。

再如，有以下三个电对：

电对	电极反应	$E^{\ominus}/\text{V}$
I_2/I^-	$I_2(s)+2e^-=\!=\!=2I^-(aq)$	0.5355
Fe^{3+}/Fe^{2+}	$Fe^{3+}(aq)+e^-=\!=\!=Fe^{2+}(aq)$	0.771
Br_2/Br^-	$Br_2(l)+2e^-=\!=\!=2Br^-(aq)$	1.066

比较标准电极电势的代数值的大小，可以看出：$E^{\ominus}(Br_2/Br^-)>E^{\ominus}(Fe^{3+}/Fe^{2+})>E^{\ominus}(I_2/I^-)$。在标准状态、离子浓度为 1 $\text{mol}\cdot\text{dm}^{-3}$ 的条件下，还原态物质中，I^- 是其中最强的还原剂，它可以还原 Br_2 和 Fe^{3+}，而其对应的 I_2 是最弱的氧化剂，它不能氧

化 Fe^{2+} 或者 Br^-。在氧化态物质中，最强的氧化剂是 Br_2，它可以氧化 I^- 或者 Fe^{2+}，而其对应的 Br^- 是其中最弱的还原剂，它不能还原 I_2 或者 Fe^{3+}。Fe^{3+} 的氧化性比 I_2 强而比 Br_2 弱，因而它只能氧化 I^- 而不能氧化 Br^-；Fe^{2+} 的还原性比 Br^- 强而比 I^- 弱，因而它只能还原 Br_2 而不能还原 I_2。

若在非标准状态下，当电极中氧化态或还原态离子浓度不是 $1\ mol \cdot dm^{-3}$，或者溶液中参与电极反应的还有 H^+ 或者 OH^-，此时不能直接比较标准电极电势来判断氧化还原的能力，必须考虑离子浓度和酸碱性对电极电势的影响，通过能斯特方程计算电极电势的大小，再比较氧化剂和还原剂的相对强弱。

一般来说，对于简单的电极反应，离子浓度的变化对电极电势 E 值影响不大，因而只要两个电对的标准电极电势相差较大，通常可以直接用 $E^\ominus$ 值来进行比较。但对于含氧酸盐，在介质 H^+ 浓度不为 $1\ mol \cdot dm^{-3}$ 时，则需进行计算再进行比较。

【例 3-6】 下列三个电极中在标准条件下哪种物质是最强的氧化剂？若其中 MnO_4^-/Mn^{2+} 电极改为在 pH＝5.00 条件下，它们的氧化性相对强弱次序将怎样改变？已知 $E^\ominus(MnO_4^-/Mn^{2+})=1.507\ V$，$E^\ominus(Br_2/Br^-)=1.066\ V$，$E^\ominus(I_2/I^-)=0.5355\ V$。

解　(1) 在标准状态下可用 $E^\ominus$ 的大小进行比较。$E^\ominus$ 值的相对大小次序为

$$E^\ominus(MnO_4^-/Mn^{2+})>E^\ominus(Br_2/Br^-)>E^\ominus(I_2/I^-)$$

所以在上述物质中 MnO_4^- 或者 $KMnO_4$ 是最强的氧化剂，I^- 是最强的还原剂，即氧化性的强弱次序是 $MnO_4^- > Br_2 > I_2$。

(2) pH＝5.00 时，根据计算得 $E(MnO_4^-/Mn^{2+})=1.034\ V$。此时电极电势相对大小次序为

$$E^\ominus(Br_2/Br^-)>E(MnO_4^-/Mn^{2+})>E^\ominus(I_2/I^-)$$

这就是说，当 $KMnO_4$ 溶液的酸性减弱成 pH＝5.00 时，氧化性强弱的次序变为 $Br_2>MnO_4^->I_2$。

【例 3-7】 在 298 K 时，酸性条件下，将含有 Cl^-、Br^-、I^- 的混合溶液中的 I^- 氧化生成 I_2，又不使 Cl^-、Br^- 氧化，在常用的氧化剂 $Fe_2(SO_4)_3$ 和 $KMnO_4$ 溶液中选择哪一个可以符合上述要求呢？

解　查标准电极电势表并排列次序得

$E^\ominus(I_2/I^-)=0.5355\ V$　$E^\ominus(Fe^{3+}/Fe^{2+})=0.771\ V$　$E^\ominus(Br_2/Br^-)=1.066\ V$

$E^\ominus(Cl_2/Cl^-)=1.358\ V$　$E^\ominus(MnO_4^-/Mn^{2+})=1.507\ V$

从这些数值可以看出，$KMnO_4$ 可以将 Cl^-、Br^-、I^- 混合分别氧化成 Cl_2、Br_2 和 I_2，其氧化能力太强，故不符合题意要求。而 $E^\ominus(Fe^{3+}/Fe^{2+})=0.771\ V$ 比 $E^\ominus(I_2/I^-)=0.5355\ V$ 要大，且小于 $E^\ominus(Br_2/Br^-)=1.066\ V$，$E^\ominus(Cl_2/Cl^-)=1.358\ V$，因此 $Fe_2(SO_4)_3$ 可以将 I^- 氧化生成 I_2，又不使 Cl^-、Br^- 氧化，其反应为 $2Fe^{3+}+2I^- \longrightarrow 2Fe^{2+}+I_2$。因此，选择 $Fe_2(SO_4)_3$ 即可满足要求。

在选择氧化剂和还原剂时，除了需要考虑上面所讨论的电极电势大小以外，有时还必须注意其他的因素。例如，欲将溶液中的 Cu^{2+} 还原成为金属 Cu，若只从电极电势的大小考虑，可选用金属 Na 作为还原剂。但实际上，金属 Na 放入水溶液中首先会与水反应生成 NaOH 和 H_2，而生成的 NaOH 进而与 Cu^{2+} 反应生成 $Cu(OH)_2$ 沉淀。若选用较活泼的金属 Zn，则过量的 Zn 与还原产物 Cu 混在一起而不易分离。选用 H_2SO_3 或 SO_2 则比较合理，可以将 Cu^{2+} 还原成为金属 Cu，同时又易于分离，既不产生副反应，又不带进其他杂质。

3.4.2 氧化还原反应进行的方向

一个反应能否自发进行，根据最小自由能原理，可以用反应的吉布斯自由能变 $\Delta_r G$ 来判断。在没有非体积功的恒温恒压条件下，若反应的 $\Delta_r G<0$，反应就能自发进行；若反应的 $\Delta_r G>0$，反应就不能自发进行；若反应的 $\Delta_r G=0$，反应则处于平衡状态。

根据吉布斯自由能的定义得知，在恒温恒压条件下，当体系发生变化时，体系吉布斯自由能的减少等于对外所做的最大非体积功，而如果非体积功只有电功一种，则

$$\Delta_r G_m = -nFE$$

如果能够设计一个原电池，使得电池反应正好是所需判断的化学反应，对于氧化还原反应来讲，吉布斯自由能变和电池电动势的对应关系为 $\Delta_r G_m=-nFE$，若 $E>0$，则 $\Delta_r G_m<0$，因此可用电池电动势 E 判断氧化还原反应进行的方向：

$E>0$ 即 $\Delta_r G_m<0$，反应正向自发

$E=0$ 即 $\Delta_r G_m=0$，反应处于平衡状态

$E<0$ 即 $\Delta_r G_m>0$，反应正向非自发（逆过程可自发）

只要 $E>0$，当 $E_{正}>E_{负}$ 时，即作为氧化剂电对的电极电势代数值大于作为还原剂电对的电极电势代数值时，就能满足反应自发进行的条件。

【例 3-8】 在标准状态下，反应 $2Fe^{3+}+Cu = 2Fe^{2+}+Cu^{2+}$，能否自发向右进行呢？我们可以根据反应设计电池。具体做法是将反应物中还原剂和它的产物电对作为负极，将反应物中氧化剂及其产物电对作正极：

正极 $Fe^{3+}+e^- = Fe^{2+}$ $E_+^\ominus=0.771\ V$

负极 $Cu^{2+}+2e^- = Cu$ $E_-^\ominus=0.337\ V$

则电池电动势

$$E^\ominus=E_+^\ominus-E_-^\ominus=0.771\ V-0.337\ V=0.434\ V>0$$

故反应可以自发向右进行。

如果反应是在非标准状态下进行，则需要用能斯特方程计算出 E 值后再判断。但若两个电对的 $E^\ominus$ 值之差大于 0.2 V，一般情况下，浓度使电极电势值发生改变，但不致影响到电池电动势数值的正负发生变化，在此情况下也可直接用标准电池电动势来判断。

【例 3-9】 试判断以下反应

$$2Mn^{2+}+5Cl_2+8H_2O = 2MnO_4^-+16H^++10Cl^-$$

在 H^+ 浓度为 $1.00\times10^{-5}\ mol\cdot dm^{-3}$ 溶液中进行时的方向（其余物质处于标准态）。

解 若用标准电极电势作为判据，$E^\ominus(MnO_4^-/Mn^{2+})(=1.507\ V)$ 大于 $E^\ominus(Cl_2/Cl^-)(=1.358\ V)$，似乎氧化态物质 Cl_2 与还原态物质 Mn^{2+} 不能发生反应。但是介质（H^+ 浓度）对该反应影响很大，所给 $c(H^+)$ 非标准态而是 $10^{-5}\ mol\cdot dm^{-3}$，由于其他物质均处于标准状态，则根据能斯特方程式计算可得到其电极电势数值。

根据总反应式设计如下电池，电池对应的两半反应式分别为

正极：　$Cl_2 + 2e^- \longrightarrow 2Cl^-$

负极：　$Mn^{2+} + 4H_2O \longrightarrow MnO_4^- + 5e^- + 8H^+$

当 $c(H^+) = 10^{-5}\ mol \cdot dm^{-3}$ 时，$c(H^+)$ 对 $E(Cl_2/Cl^-)$ 无影响，但是对 $E(MnO_4^-/Mn^{2+})$ 有重大影响。由于其他物质均处于标准状态，则根据能斯特方程计算可得

$$E(MnO_4^-/Mn^{2+}) = E^{\ominus}(MnO_4^-/Mn^{2+}) - \frac{0.05917\ V}{5}\lg\frac{c(Mn^{2+})/c^{\ominus}}{[c(MnO_4^-)/c^{\ominus}][c(H^+)/c^{\ominus}]^8}$$

$$= 1.034\ V < E^{\ominus}(Cl_2/Cl^-)$$

所以，反应可自发进行。

【例 3-10】 判断下列氧化还原反应进行的方向

(1) $Sn + Pb^{2+}(1\ mol \cdot dm^{-3}) \longrightarrow Sn^{2+}(1\ mol \cdot dm^{-3}) + Pb$

(2) $Sn + Pb^{2+}(0.10\ mol \cdot dm^{-3}) \longrightarrow Sn^{2+}(1\ mol \cdot dm^{-3}) + Pb$

解 查附表 9 可知，$E^{\ominus}(Sn^{2+}/Sn) = -0.1375\ V$；$E^{\ominus}(Pb^{2+}/Pb) = -0.1262\ V$。

(1) 中的所给条件是 $c(Pb^{2+}) = 1\ mol \cdot dm^{-3}$，$c(Sn^{2+}) = 1\ mol \cdot dm^{-3}$。

因为 $E^{\ominus}(Pb^{2+}/Pb) > E^{\ominus}(Sn^{2+}/Sn)$，所以 Pb^{2+} 作氧化剂，Sn 作还原剂，反应正向进行：

$$Sn + Pb^{2+}(1\ mol \cdot dm^{-3}) \longrightarrow Sn^{2+}(1\ mol \cdot dm^{-3}) + Pb$$

(2) 中的所给条件是 $c(Pb^{2+}) = 0.10\ mol \cdot dm^{-3}$，$c(Sn^{2+}) = 1\ mol \cdot dm^{-3}$。

由能斯特方程

$$E(Pb^{2+}/Pb) = E^{\ominus}(Pb^{2+}/Pb) - \frac{0.05917\ V}{2}\lg\frac{1}{c(Pb^{2+})/c^{\ominus}}$$

$$= -0.1262\ V + \frac{0.05917\ V}{2}\lg(0.10)$$

$$= -0.1558\ V < E^{\ominus}(Sn^{2+}/Sn)$$

所以反应(2)逆向进行，实际进行的反应是

$$Sn^{2+}(1\ mol \cdot dm^{-3}) + Pb \longrightarrow Sn + Pb^{2+}(0.10\ mol \cdot dm^{-3})$$

【例 3-11】 在实验室通常用下列反应加热制取氯气

$$MnO_2 + 4HCl \longrightarrow MnCl_2 + Cl_2 + 2H_2O$$

通过计算说明为什么一定要用浓盐酸。假定 $p(Cl_2) = 100\ kPa$，$c(Mn^{2+}) = 1.0\ mol \cdot dm^{-3}$。

解 与反应方程式对应的正、负极反应分别是

正极：　$MnO_2 + 4H^+ + 2e^- \longrightarrow Mn^{2+} + 2H_2O$

负极：　$Cl_2 + 2e^- \longrightarrow 2Cl^-$

当各物种均处于标准态时，$c(H^+) = 1.0\ mol \cdot dm^{-3}$，$c(Cl^-) = 1.0\ mol \cdot dm^{-3}$

$$E^{\ominus}(Cl_2/Cl^-) = 1.358\ V,\ E^{\ominus}(MnO_2/Mn^{2+}) = 1.23\ V$$

则与反应式对应的电池电动势为

$$E^{\ominus} = E^{\ominus}(MnO_2/Mn^{2+}) - E^{\ominus}(Cl_2/Cl^-) = 1.23\ V - 1.358\ V = -0.128\ V < 0$$

因此 $MnO_2 + 4HCl \longrightarrow MnCl_2 + Cl_2 + 2H_2O$ 反应不能自发向右进行，不能制备氯气。

若采用浓盐酸，给定 $c(H^+) = 12.1\ mol \cdot dm^{-3}$，$c(Cl^-) = 12.1\ mol \cdot dm^{-3}$，采用能斯特方程分别计算正、负极的电极电势

正极：$E(MnO_2/Mn^{2+}) = E^{\ominus}(MnO_2/Mn^{2+}) - \dfrac{0.05917\ V}{2}\lg\dfrac{[c(Mn^{2+})/c^{\ominus}]^2}{[c(H^+)/c^{\ominus}]^4}$

$$=1.23\ \text{V}-\frac{0.05917\ \text{V}\times 4}{2}\lg\frac{1}{c(\text{H}^+)/c^\ominus}$$

$$=1.23\ \text{V}-\frac{0.05917\ \text{V}\times 4}{2}\lg\frac{1}{12.1}$$

$$=1.358\ \text{V}$$

负极：$E(\text{Cl}_2/\text{Cl}^-)=E^\ominus(\text{Cl}_2/\text{Cl}^-)-\dfrac{0.05917\ \text{V}}{2}\lg\dfrac{[c(\text{Cl}^-)/c^\ominus]^2}{p(\text{Cl}_2)/p^\ominus}$

$$=1.358\ \text{V}-\frac{0.05917\ \text{V}}{2}\lg 12.1^2$$

$$=1.358\ \text{V}-0.064\ \text{V}$$

$$=1.294\ \text{V}$$

则与反应式对应的电池的电动势为

$$E=E(\text{MnO}_2/\text{Mn}^{2+})-E(\text{Cl}_2/\text{Cl}^-)=1.358\ \text{V}-1.294\ \text{V}=0.064\ \text{V}>0$$

因此 $MnO_2+4HCl=MnCl_2+Cl_2+2H_2O$ 反应自发向右进行，可以制备氯气。

该题也可以从整个电池的电动势的能斯特方程计算，其过程如下：

与该电池反应对应的离子方程式为

$$\text{MnO}_2+4\text{H}^++2\text{Cl}^-=\text{Mn}^{2+}+\text{Cl}_2+2\text{H}_2\text{O}$$

该电池反应的电动势的能斯特方程为

$$E=E^\ominus-\frac{0.05917\ \text{V}}{2}\lg\frac{[c(\text{Mn}^{2+})/c^\ominus][p(\text{Cl}_2)/p^\ominus]}{[c(\text{H}^+)/c^\ominus]^4[c(\text{Cl}^-)/c^\ominus]^2}$$

$$=-0.128\ \text{V}-\frac{0.05917\ \text{V}}{2}\lg\frac{1}{12.1^4\times 12.1^2}$$

$$=-0.128\ \text{V}+0.192\ \text{V}$$

$$=0.064\ \text{V}$$

从此题可以看出，加入浓盐酸，提高了 $c(H^+)$ 浓度，使得正极 MnO_2/Mn^{2+} 电对的氧化能力增强，同时 $c(Cl^-)$ 浓度升高降低了电对 Cl_2/Cl^- 的电极电势，从而保证了氯气的制备。

3.4.3 氧化还原反应进行的程度

氧化还原反应进行的程度也就是氧化还原反应在达到平衡时生成物相对浓度与反应物相对浓度之比，可由氧化还原反应标准平衡常数 $K^\ominus$ 的大小来衡量。

将 $\Delta_r G_m^\ominus=-RT\ln K^\ominus=-2.303RT\lg K^\ominus$，$\Delta_r G_m^\ominus=-nFE^\ominus$ 两式相联系，可以得

$$-2.303RT\lg K^\ominus=-nFE^\ominus$$

当 $T=298.15$ K 时

$$\lg K^\ominus=\frac{nE^\ominus}{0.05917\ \text{V}}$$

可见，只要能测量原电池的标准电动势 $E^\ominus$，就可以求出在温度 T 时电池反应的标准平衡常数 $K^\ominus$。由于电动势能够测量得很准确，所以用这一方法推算出的反应平衡常数比用测量平衡浓度得出的结果要准确得多。

【例 3-12】 计算 298.15 K 时以下反应的标准平衡常数。

$$Cr_2O_7^{2-}+6Fe^{2+}+14H^+ \longrightarrow 2Cr^{3+}+6Fe^{3+}+7H_2O$$

解 查附表 9 知 $E^\ominus(Cr_2O_7^{2-}/Cr^{3+})=1.36\ V$,$E^\ominus(Fe^{3+}/Fe^{2+})=0.771\ V$

$$E^\ominus=E^\ominus(Cr_2O_7^{2-}/Cr^{3+})-E^\ominus(Fe^{3+}/Fe^{2+})=1.36\ V-0.771\ V=0.589\ V$$

此处 $n=6$,则

$$\lg K^\ominus=\frac{6\times 0.589\ V}{0.05917\ V}=56.66$$

$$K^\ominus=4.57\times 10^{56}$$

$K^\ominus$很大,说明反应进行得很完全。

应当指出,以上对氧化还原反应方向和程度的判断,都是从化学热力学角度进行讨论的,并未涉及反应的动力学问题,即实际反应的速率。对于一个具体的氧化还原反应的可行性即现实性,还需同时考虑反应速率的大小。例如,H_2 和 O_2 的反应:$2H_2(g)+O_2(g) \longrightarrow 2H_2O$,298.15 K 时 $E^\ominus=0.401\ V$,$K^\ominus=3.9\times 10^{13}$,反应可以进行得很彻底,但是我们观察不到它的发生,这是因为反应速率很小。一般来说,氧化还原反应的速率比酸碱反应和沉淀反应的速率要慢一些。

3.4.4 难溶化合物、配合物的形成对电极电势的影响

微溶盐的浓度积常数、配合物的稳定常数、弱电解质的解离平衡常数和水的离子积等,实际上都是在特定情况下的标准平衡常数。我们可以设计一个电池,是电池反应为所求常数的反应,就可以由电池的电动势计算所求常数。

例如,设计一个如下的电池

$$(-)Ag(s)\,|\,Ag^+(a_1)\,\|\,Br^-(a_2)\,|\,AgBr(s)\,|\,Ag(s)(+)$$

$$AgBr(s) \longrightarrow Ag^+(a_1)+Br^-(a_2)$$

当 $c(Br^-)=c^\ominus=1.0\ mol\cdot dm^{-3}$时,$c(Ag^+)=K_{sp}^\ominus(AgBr)\ mol\cdot dm^{-3}$。因此,找到该电池的标准电动势 $E^\ominus$,就可以得到微溶盐 AgBr 的浓度积常数。

【例 3-13】 某原电池的一个半电池是由金属银浸在 $1.0\ mol\cdot dm^{-3}$的 Ag^+ 溶液中组成的,另一半电池是由银片浸在 $c(Br^-)=c^\ominus=1.0\ mol\cdot dm^{-3}$的 AgBr 饱和溶液中组成的。后者为负极。测得电池电动势为 0.728 V。计算此电池的负极的电极电势 $E(Ag^+/Ag)$和 $K_{sp}^\ominus(AgBr)$。

解 Ag^+/Ag 电对的氧化型 Ag^+ 被沉淀为 AgBr,$c(Ag^+)$减小,$E(Ag^+/Ag)<E^\ominus(Ag^+/Ag)$,可以推断电池的正、负极反应分别为

正极: $Ag^+(aq)+e^- \longrightarrow Ag(s)$

负极: $Br^-(aq)+Ag(s) \longrightarrow AgBr(s)+e^-$

电池反应: $Ag^+(aq)+Ag(s)+Br^-(aq) \longrightarrow Ag(s)+AgBr(s)$

简写为 $Ag^+(aq)+Br^-(aq) \longrightarrow AgBr(s)$

该原电池是浓差电池,电池反应的净结果是非氧化还原反应,从电极反应可确定电子转移数 $n=1$。

$$E=E^\ominus(Ag^+/Ag)-E(Ag^+/Ag)=0.728\ V$$

负极的电极电势的计算式为

$$E(Ag^+/Ag)=E^\ominus(Ag^+/Ag)-0.05917\ \text{V}\lg\frac{1}{c(Ag^+)/c^\ominus}$$

$$=E^\ominus(Ag^+/Ag)-0.05917\ \text{V}\lg\frac{1}{[c(Ag^+)/c^\ominus][c(Br^-)/c^\ominus]}$$

$$=E^\ominus(Ag^+/Ag)+0.05917\ \text{V}\lg K_{sp}^\ominus(AgBr)$$

代入电池电动势的计算式,可以得

$$E^\ominus=0.728\ \text{V}=-0.05917\ \text{V}\lg K_{sp}^\ominus(AgBr)$$

$$\lg K_{sp}^\ominus(AgBr)=0.728\ \text{V}/(-0.05917\ \text{V})=-12.30$$

$$K_{sp}^\ominus(AgBr)=5.0\times10^{-13}$$

如果按照电池电动势来计算,还可以这样来求解。

电池的正、负极反应为

正极: $Ag^+(aq)+e^-\longrightarrow Ag(s)$

负极: $AgBr(s)+e^-\longrightarrow Br^-(aq)+Ag(s)$

电池反应: $Ag^+(aq)+Br^-(aq)\longrightarrow AgBr(s)$

因为正、负极全都处在各自的标准态,所以整个电池的电动势应该是标准电动势

$$\lg K^\ominus=nE^\ominus/0.05917\ \text{V}=1\times0.728\ \text{V}/(0.05917\ \text{V})=12.30$$

$$K^\ominus=2.0\times10^{12}$$

$$K_{sp}^\ominus(AgBr)=1/K^\ominus=5.0\times10^{-13}$$

【例 3-14】 试用 H_2 和 O_2 的有关半反应设计一个原电池,确定 298.15 K 时 H_2O 的离子积 $K_w^\ominus$。

解 设计原电池测定 $K_w^\ominus$,该原电池的两个电极反应必须包含 $H^+(aq)$、$OH^-(aq)$、$H_2O(l)$等物种。由氧的有关电对组成原电池

正极: $O_2+4H^+(aq)+4e^-\longrightarrow 2H_2O(l)$ $E^\ominus(O_2/H_2O)=1.229\ \text{V}$

负极: $O_2+2H_2O(l)+4e^-\longrightarrow 4OH^-(aq)$ $E^\ominus(O_2/OH^-)=0.401\ \text{V}$

两式相减得到 $4H^+(aq)+4OH^-(aq)=\!=\!=4H_2O(l)$,其平衡常数 $K^\ominus=1/K_w^\ominus$。

该电池的电动势的计算式为

$$E^\ominus=E^\ominus(O_2/H_2O)-E^\ominus(O_2/OH^-)=1.229\ \text{V}-0.401\ \text{V}=0.828\ \text{V}$$

$$\lg K^\ominus=nE^\ominus/0.05917\ \text{V}=0.828\ \text{V}/0.05917\ \text{V}=13.99$$

$$K^\ominus=9.8\times10^{13}$$

$$K_w^\ominus=1/K^\ominus=1.0\times10^{-14}$$

根据能斯特方程可以确立配合物形成时对电极电势的定量关系。

【例 3-15】 在含有 1.0 mol·dm^{-3} Fe^{3+} 和 1.0 mol·dm^{-3} Fe^{2+} 的溶液中加入 KCN(s),有 $[Fe(CN)_6]^{3-}$、$[Fe(CN)_6]^{4-}$ 配离子生成。当系统中 $c(CN^-)=1.0$ mol·dm^{-3},$c([Fe(CN)_6]^{3-})=c([Fe(CN)_6]^{4-})=1.0$ mol·dm^{-3}时,计算此时的电极电势值 $E(Fe^{3+}/Fe^{2+})$。

解 $Fe^{3+}(aq)+e^-=\!=\!=Fe^{2+}(aq)$

加入 KCN(s),发生下列配位反应

$$Fe^{3+}(aq)+6CN^-(aq)=\!=\!=[Fe(CN)_6]^{3-}(aq)$$

$$K_f^\ominus([Fe(CN)_6]^{3-})=\frac{c([Fe(CN)_6]^{3-})/c^\ominus}{[c(Fe^{3+})/c^\ominus][c(CN^-)/c^\ominus]^6}$$

$$Fe^{2+}(aq)+6CN^-(aq)=\!=\!=[Fe(CN)_6]^{4-}(aq)$$

$$K_f^\ominus([Fe(CN)_6]^{4-})=\frac{c([Fe(CN)_6]^{4-})/c^\ominus}{[c(Fe^{2+})/c^\ominus][c(CN^-)/c^\ominus]^6}$$

当 $c(CN^-)=1.0\ mol \cdot dm^{-3}$，$c([Fe(CN)_6]^{3-})=c([Fe(CN)_6]^{4-})=1.0\ mol \cdot dm^{-3}$时

$$c(Fe^{3+})/c^{\ominus}=1/K_f^{\ominus}([Fe(CN)_6]^{3-})$$
$$c(Fe^{3+})/c^{\ominus}=1/K_f^{\ominus}([Fe(CN)_6]^{4-})$$

所以

$$\begin{aligned}E(Fe^{3+}/Fe^{2+})&=E^{\ominus}(Fe^{3+}/Fe^{2+})-0.05917\ V\lg\frac{K_f^{\ominus}([Fe(CN)_6]^{3-})}{K_f^{\ominus}([Fe(CN)_6]^{4-})}\\&=0.771\ V-0.05917\ V\lg\frac{4.1\times10^{52}}{4.2\times10^{45}}\\&=0.36\ V\end{aligned}$$

在这种条件下，$E(Fe^{3+}/Fe^{2+})=0.36\ V$。

3.5 实用电化学

3.5.1 化学电源

化学电源是一种把化学能直接转变为电能的装置，俗称电池。电池的种类很多，按照工作原理一般分为原电池、蓄电池和燃料电池。下面简单介绍一些常见的及新颖的化学电源。

1. 原电池——一次电池

一次电池是指只能放电不能充电的电池，包括干性电池、碱性电池、锂亚电池、锂锰电池、锂铁电池和氧化银电池等。电池通常由正极、负极、电解质以及容器和隔膜等组成。

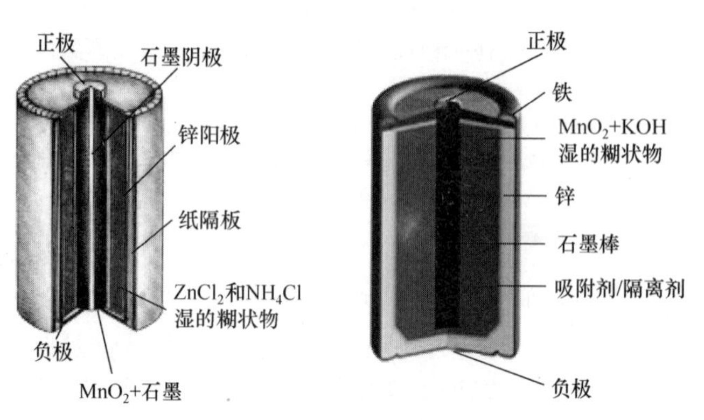

图 3-4 锌锰电池结构示意图

1) 锌锰电池

生活中常用的 1 号或 5 号干电池，就是最普通的锌锰电池，电池符号为

$$(-)Zn \mid NH_4Cl, ZnCl_2 \parallel MnO_2 \mid C(石墨)(+)$$

锌锰电池负极材料是金属锌筒，正极的导电材料是石墨棒（碳棒），两极间充满 MnO_2、NH_4Cl 和 $ZnCl_2$ 的糊状混合物（图 3-4）。在正极上发生如下反应：

$$MnO_2+H_2O+e^- \longrightarrow MnOOH+OH^-$$

在负极上发生如下反应：

$$Zn \longrightarrow Zn^{2+} + 2e^-$$

$$Zn + 2NH_4Cl \longrightarrow Zn(NH_3)_2Cl_2 + 2H^+ + 2e^-$$

总反应为

$$Zn + MnO_2 + 2NH_4Cl \longrightarrow 2MnOOH + Zn(NH_3)_2Cl_2$$

2）锌汞电池

锌汞电池以锌汞齐为负极材料，HgO 和碳粉（导电材料）为正极材料，电解质为含有饱和 ZnO 和 KOH 的糊状物（实际上 ZnO 和 KOH 形成了$[Zn(OH)_4]^{2-}$配离子）。该电池的结构可表示为

$$(-)Zn(Hg) \mid KOH(\text{糊状，含饱和 ZnO}) \mid HgO \mid C(\text{石墨})(+)$$

锌汞电池的特点是工作电压稳定，整个放电过程中电压变化不大，保持在 1.34 V左右，可用作手表、计算器、助听器、心脏起搏器等小型装置的电源。

2. 蓄电池——二次电池

放电后能通过充电使其复原的电池称为二次电池。二次电池可以多次充放电，包括铅酸电池、镍镉电池、镍氢电池、锂离子电池、钒液流电池、钠硫电池等，下面举例说明。

1）铅酸电池

铅酸电池是用两组铅锑合金隔板（相互间隔）作为电极导电材料，其中一组隔板的孔穴中填充二氧化铅，在另一组隔板的空穴中填充海绵状金属铅，并以稀硫酸作为电解质溶液而组成的，如图 3-5 所示。

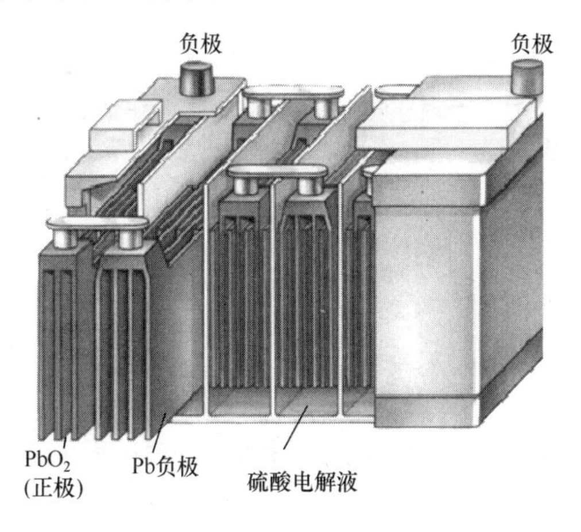

图 3-5　铅酸电池示意图

放电时两极反应为

$$\text{负极：} Pb + SO_4^{2-} - 2e^- \Longrightarrow PbSO_4$$

$$\text{正极：} PbO_2 + 4H^+ + SO_4^{2-} + 2e^- \Longrightarrow PbSO_4 + 2H_2O$$

电池总反应为

$$放电:PbO_2+Pb+2H_2SO_4 = 2PbSO_4+2H_2O(原电池)$$

铅酸电池在放电以后,可以利用外界直流电源进行充电,输入能量。铅酸电池在充电时的两极反应即为上述放电时两极反应的逆反应。铅酸电池的充放电可逆性好,稳定可靠,价格低,因此是二次电池中使用最广泛、技术最成熟的,其主要缺点是笨重,主要用作汽车和柴油机的启动电源。

2) 镍镉电池

镍镉电池是常见的一种碱性二次电池,可以用图示表示为

$$(-)Cd \mid KOH(1.19 \sim 1.21\ g \cdot cm^{-3}) \mid NiO(OH) \mid C(石墨)(+)$$

放电时的电极反应为

负极:$Cd(s)+2OH^-(aq) = Cd(OH)_2(s)+2e^-$

正极:$2NiO(OH)(s)+2H_2O(l)+2e^- = 2Ni(OH)_2(s)+2OH^-(aq)$

电池总反应为

$$Cd(s)+2NiO(OH)(s)+2H_2O(l) = Cd(OH)_2(s)+2Ni(OH)_2(s)$$

充电反应即为上述放电反应的逆反应。

镍镉电池的内部电阻小,电压平稳,反复充放电次数多,使用寿命长,且能在低温下工作,常用作航天部门、电子计算器及收录机的电源。

3) 镍氢电池

镍氢电池是近年来开始采用的一种新电池,鉴于镍镉电池存在严重的镉污染问题,因此镍氢电池日益受到人们的重视。镍氢电池以新型储氢材料——钛镍合金或镧镍合金、混合稀土合金为负极,镍电极为正极,氢氧化钾水溶液为电解质溶液,电池电动势约为 1.20 V。

镍氢电池用图示表示为

$$(-)Ti\text{-}Ni \mid H_2(p) \mid KOH \mid NiO(OH) \mid C(石墨)(+)$$

镍氢电池的毒性低,其突出优点是循环寿命很长,有望成为航天、电子、通信领域中应用最广的高能电池之一。

3.5.2 电解与电镀

电解是环境对系统做电功的电化学过程,在电解过程中,电能转变为化学能。例如,水的分解反应

$$H_2O = H_2(p^\ominus)+1/2O_2(p^\ominus)$$

因为 $\Delta_r G_m^\ominus(298.15\ K)=237.19\ kJ \cdot mol^{-1}>0$,所以在没有非体积功的情况下,反应不能自发进行。但是,如果环境对上述体系做非体积功即电功,就有可能进行水的分解反应。所以,可以认为电解是利用外加电能的方法迫使反应进行的过程。

在电解池(图 3-6)中,与直流电源的负极相连的极称为阴极,与直流电源的正极相连的极称为阳极。电子从电源的负极沿导线进入电解池的阴极,又从电解池的阳极离去,沿导线流回电源正极。这样在阴极上电子过剩,在阳极上电子缺少,电解液(或熔融液)中的正离子移向阴极,在阴极上得到电子,进行还原反应;负离子移向阳极,在阳极上给出电子,进行氧化反应。在电解池的两极反应中氧化态物质得到电子或还原态物质给出电子的过程都称为放电。通过电极反应这一特殊形式,金属导线中电子导电与电解质溶液中离子导电联系起来。

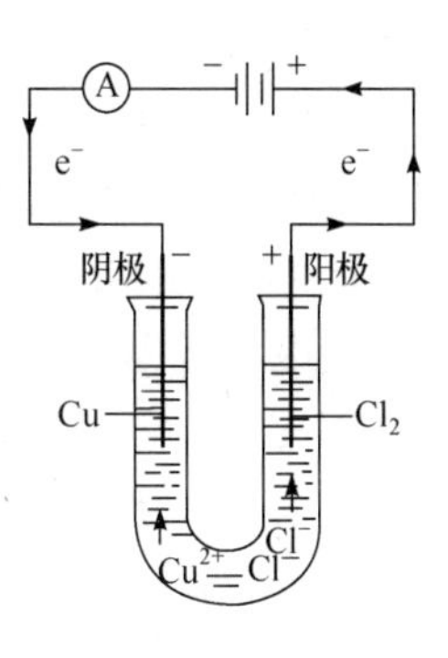

图 3-6 电解池

1. 电解池的分解电压和超电势

在电解一给定的电解液时,需要对电解池施以多少电压才能使电解顺利进行是电解过程的一个重要问题。下面以 Pt 作电极,电解 0.100 mol · dm^{-3} 的 Na_2SO_4 溶液为例说明。

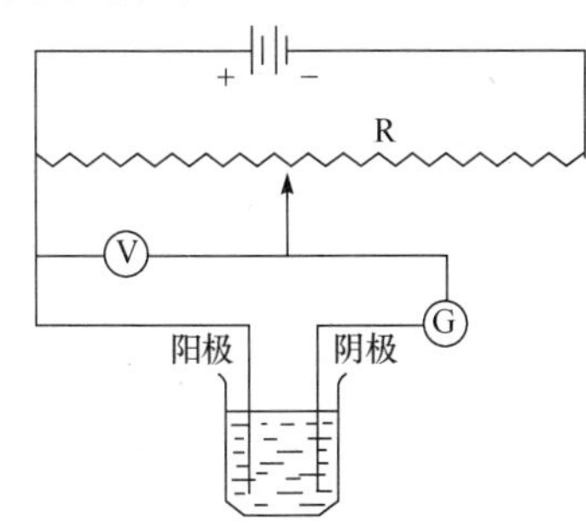

图 3-7 水的电解过程

将 0.100 mol · dm^{-3} 的 Na_2SO_4 溶液按照图 3-7 的装置进行电解,通过可变电阻调节外电压,从电流计 G 可以读出在一定外加电压下的电流数值。接通电路并逐渐增大外加电压,可以发现,在外加电压逐渐增加到 1.23 V 时,电流仍很小,电极上没有气泡发生;当电压增加到约 1.7 V 时,电流开始明显增大,而以后随电压的增加,电流迅速增加。同时,在两极上有明显的气泡发生,电解能够顺利进行。通常把能使电解顺利进行的最低电压称为实际分解电压,简称分解电压。

把上述实验结果以电压对电流密度(单位面积电极上通过的电流)作图,可以得到图 3-8 的曲线。图中 $E_{分解}$ 点的电压读数即为实际分解电压。各种物质的分解电压可以通过实验测定。不同电解反应的分解电压不相同,原因可以从电极反应和电极电势来分析。

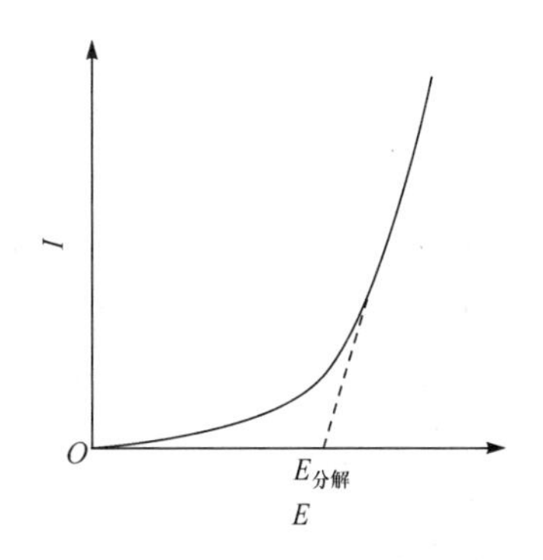

图 3-8 电解反应的分解电压

以电解水为例(以 Na_2SO_4 溶液为导电物质)讨论理论分解电压的产生和理论计算。

阳极反应析出氧气:$2H_2O \longrightarrow 4H^+ + O_2 + 4e^-$

阴极反应析出氢气:$2H^+ + 2e^- \longrightarrow H_2$

而部分氢气和氧气分别吸附在 Pt 电极表面，组成了氢氧原电池：

$(-)Pt(s)|H_2(100\ kPa)|Na_2SO_4(0.10\ mol \cdot dm^{-3})\|O_2(100\ kPa)|Pt(s)(+)$

该原电池的电动势与外加直流电源的电动势相反，只有当外加直流电流（如蓄电池）的电压大于该原电池的电动势，才能使电解顺利进行。可以推断，如果外加的电压小于该原电池的电动势，原电池将对外加电源输出电功，使外加电源发生电解反应；如果外加的电压等于该原电池的电动势，则电路中不会有电流通过，电解池和外加电源中也不会有氧化还原反应发生。这样看来，分解电压是由于电解产物在电极上形成某种原电池，产生反向电动势而引起的。同一个实验的分解电压也会由于本身的装置等原因在不同的情况下存在差异。

分解电压的理论数值可以根据电解产物及溶液中有关离子的浓度计算得到。例如，对于上述电解水时形成的氢氧原电池，可以通过计算得出该原电池的电动势 E。$0.100\ mol \cdot dm^{-3}$ Na_2SO_4 水溶液中 pH=7，即 $c(H^+)=c(OH^-)=1.00\times10^{-7}\ mol \cdot dm^{-3}$。

氧电极反应：$4H^+ + O_2 + 4e^- \longrightarrow 2H_2O$

氧电极电势：

$$E(O_2/OH^-)=E^\ominus(O_2/OH^-)-\frac{0.05917\ V}{4}\lg\frac{1}{[c(H^+)/c^\ominus]^4[p(O_2)/c^\ominus]}$$

$$=1.229\ V-\frac{0.05917\ V}{4}\lg\frac{1}{(10^{-7})^4}$$

$$=0.815\ V$$

氢电极反应：$2H^+ + 2e^- \longrightarrow H_2$

氢电极电势：

$$E(H^+/H_2)=E^\ominus(H^+/H_2)-\frac{0.05917\ V}{2}\lg\frac{p(H_2)/p^\ominus}{[c(H^+)/c^\ominus]^2}$$

$$=0\ V-\frac{0.05917\ V}{2}\lg\frac{1}{(1.00\times10^{-7})^{-2}}$$

$$=-0.414\ V$$

此电解产物组成的氢氧原电池的电动势为

$$E=0.815\ V-(-0.414\ V)=1.23\ V$$

这就是说，为使电解水的反应能够发生，外加直流电源的电压不能小于 1.23 V，这个由电解产物所形成的原电池产生的反电动势称为理论分解电压。然而实验中所测得的实际分解电压约为 1.7 V，比理论分解电压高出很多。

按照能斯特方程计算得到的电极电势是在电极几乎没有电流通过条件下的平衡电极电势，但当有可觉察量的电流通过电极时，电极的电势会与上述的平衡电势有所不同。**这种电极电势偏离了没有电流通过时的平衡电极电势值的现象，在电化学上称为极化**。电解池中实际分解电压与理论分解电压之间的偏差，除了因电阻所引起的电压降以外，还有因电极的极化所引起的。

有显著大小的电流通过时,电极的电势与没有电流通过时电极的电势之差的绝对值被定义为电极的**超电势 $\boldsymbol{\eta}$**,即

$$\eta = |\eta(\text{实}) - \eta(\text{理})| \tag{3-7}$$

电解时电解池的实际分解电压 E(实)与理论分解电压 E(理)之差称为超电压 E(超),即

$$E(\text{超}) = E(\text{实}) - E(\text{理}) \tag{3-8}$$

显然,超电压与超电势之间的关系为

$$E(\text{超}) = \eta(\text{阳}) + \eta(\text{阴}) \tag{3-9}$$

在上述电解 0.100 mol · dm^{-3} Na_2SO_4溶液的电解池中,超电压为

$$E(\text{超}) = E(\text{实}) - E(\text{理}) = 1.70\ \text{V} - 1.23\ \text{V} = 0.47\ \text{V}$$

影响超电势的因素主要有以下三个方面:

(1) 电解产物。金属超电势较小,气体的超电势较大,而氢气、氧气的超电势则更大。

(2) 电极材料和表面状态。同一电解产物在不同电极上的超电势数值不同,且电极表面状态不同时,超电势数值也不同。

(3) 电流密度。随着电流密度增大,超电势增大,使用超电势的数据时,必须指明电流密度的数值或具体条件。

电极上超电势的存在使得电解所需要的外加电压增大,消耗更多的能源,因此人们常设法降低超电势。但是,有时超电势也会给人们带来便利。例如,在铁板上电镀锌(利用电解的方法在铁板上沉积一层金属锌)时,如果没有超电势,由于 $E(H^+/H_2) > E(Zn^{2+}/Zn)$,在阴极铁板上析出的是氢气而不是金属锌。但是,控制电解条件使得氢的超电势很大,实际上就可以析出金属锌。

2. 电解池的电解产物

在讨论了分解电压和超电势的概念以后,便可进一步讨论电解时两极的产物。

如果电解的是熔融盐,电极采用铂或石墨等惰性电极,则电极产物只可能是熔融盐的正、负离子分别在阴阳两极上进行还原和氧化后所得的产物。例如,电解熔融 $CuCl_2$,在阴极得到金属铜,在阳极得到氯气。

如果电解的是盐类的水溶液,电解液中除了盐类离子外还有 H^+ 和 OH^- 存在,电解时究竟是哪种离子先在电极上析出则要区分对待。

从热力学角度考虑,在阳极上进行氧化反应的首先是考虑超电势因素后的实际析出电势代数值较小的还原态物质;在阴极上进行还原反应的首先是考虑超电势因素后的实际析出电势代数值较大的氧化态物质。

一般,简单盐类水溶液电解产物的规律如下。

(1) 阴极析出的物质：

(a) 电极电势代数值比 $E(H^+/H_2)$大的金属正离子首先在阴极还原析出。

(b) 对于一些电极电势代数值比 $E(H^+/H_2)$小的金属正离子(如 Zn^{2+}、Fe^{2+}等)，则由于 H_2 的超电势较大，这些金属正离子的析出电势仍可能大于 H^+ 的析出电势(可小于−1.0 V)，因此这些金属也会首先在阴极还原析出。

(c) 电极电势很小的金属离子(如 Na^+、K^+、Mg^{2+}、Al^{3+}等)，在阴极不易被还原，而总是水中的 H^+ 被还原成 H_2 而析出。

(2) 阳极析出的物质：

(a) 金属材料(除 Pt 等惰性电极外，如 Zn 或 Cu、Ag 等)作阳极时，金属阳极首先被氧化成金属离子溶解。

(b) 用惰性材料做电极时，溶液中存在 S^{2-}、Br^-、Cl^-等简单负离子时，如果从标准电极电势数值来看，$E^\ominus(O_2/OH^-)$比它们的小，似乎应该是 OH^- 在阳极上易于被氧化而产生氧气。然而由于 OH^- 浓度对 $E(O_2/OH^-)$的影响较大，再加上 O_2 的超电势较大，OH^- 析出电势可以大于 1.7 V，甚至还要大。因此在电解 S^{2-}、Br^-、Cl^-等简单负离子时，在阳极可以优先析出 S、Br_2、Cl_2。

(c) 用惰性阳极且溶液中存在复杂离子如 SO_4^{2-} 等时，由于其电极电势 $E^\ominus(SO_4^{2-}/S_2O_8^{2-})=2.01$ V，比 $E^\ominus(O_2/OH^-)$还要大，因而一般都是 OH^- 在阳极上易于被氧化而产生氧气。也就是说，在阳极 OH^- 只比含氧酸根离子易于放电。

现举两例加以说明。

例一，用石墨电极电解 Na_2SO_4 水溶液。在电解池的阳极有 OH^- 和 SO_4^{2-} 可能会放电，按上述规律是 OH^- 放电，得到氧气；在电解池的阴极有 Na^+ 和 H^+ 可能会放电，按上述规律是 H^+ 放电，得到氢气。电解池的两极反应是

阳极反应：$2H_2O \longrightarrow 4H^+ + O_2 + 4e^-$

阴极反应：$2H^+ + 2e^- \longrightarrow H_2$

电解反应：$2H_2O \longrightarrow O_2 + 2H_2$

这个结果相当于电解水，电解质 Na_2SO_4 只起到增加溶液导电性的作用。

例二，用金属 Ni 作电极电解 $NiSO_4$ 水溶液时，在阳极有 OH^- 和 SO_4^{2-} 可能会放电，还有金属电极可能溶解。此时首先是金属电极溶解。这是由于金属的电极电势一般较低，且金属溶解时其他影响因素较少。在电解池的阴极有 Ni^{2+} 和 H^+ 可能会放电，按上述规律是 Ni^{2+} 放电，在阴极有金属镍析出。电解池的两极反应是

阳极反应：$Ni \longrightarrow Ni^{2+} + 2e^-$

阴极反应：$Ni^{2+} + 2e^- \longrightarrow Ni$

电解反应：$Ni(阳极) + Ni^{2+}(阴极) \longrightarrow Ni^{2+}(阳极) + Ni(阴极)$

这个例子就是电镀的基本原理。

3. 电解的应用

电解的应用很广，在机械工业和电子工业中广泛用于金属材料的加工和表面处

理，最常见的是电镀、阳极氧化和电刷镀等。在我国于20世纪80年代兴起应用电刷镀的方法对机械的局部破损进行修复，在铁道、航空、船舶和军事工业等方面均已推广应用。

1）电镀(electroplate)

电镀是应用电解的方法将一种金属覆盖到另一种金属零件表面上的过程，如图3-9所示。它是将被镀的零件作为阴极材料（工件），用金属锌作为阳极材料，在锌盐溶液中进行电解。电镀液是由氧化锌、氢氧化钠和添加剂等配制而成的。氧化锌在氢氧化钠溶液中形成$Na_2[Zn(OH)_4]$溶液：

$$2NaOH + ZnO + H_2O = Na_2[Zn(OH)_4]$$

$$[Zn(OH)_4]^{2-} = Zn^{2+} + 4OH^-$$

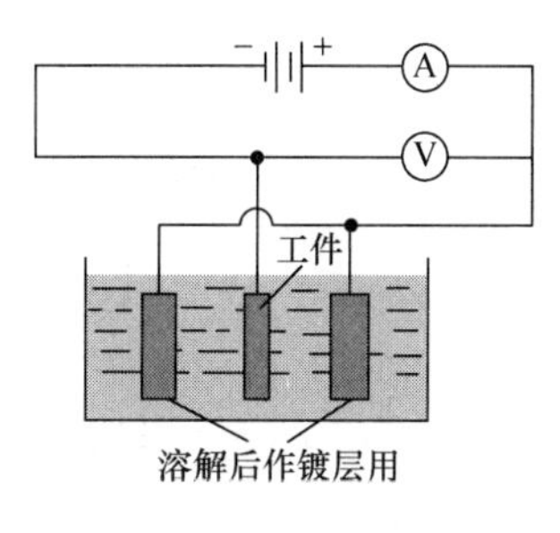

图3-9 电镀过程

NaOH一方面作为配位剂，另一方面又可以增加溶液导电性。由于形成配离子$[Zn(OH)_4]^{2-}$，降低了Zn^{2+}的浓度，金属析出的过程中晶核生成速率适宜而不至太快，可得到结晶细致的光滑镀层。两极主要反应为

阴极反应：$Zn^{2+} + 2e^- \longrightarrow Zn$

阳极反应：$Zn \longrightarrow Zn^{2+} + 2e^-$

电解反应：Zn(阳极)$+ Zn^{2+}$(阴极)$\longrightarrow Zn^{2+}$(阳极)+Zn(阴极)

2）阳极氧化(anodic oxidation)

金属铝与空气接触后即形成一层均匀而致密的氧化物薄膜（Al_2O_3），而起到保护内部金属的作用。但是这种自然形成的氧化膜厚度仅为0.02～1 μm，保护能力不强。另外，为使铝具有较大的机械强度，常在铝中加入少量其他元素，组成合金。但一般铝合金的耐蚀性能不如纯铝，因此常用阳极氧化的方法使其表面形成氧化膜以达到防腐耐蚀的目的。

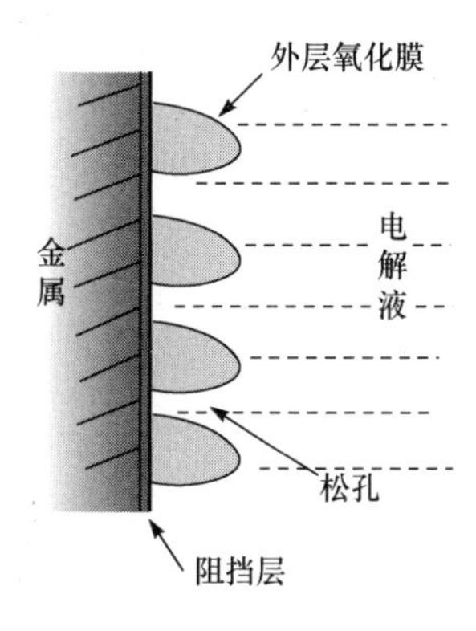

图3-10 阳极氧化示意图

将金属或合金的制件作为阳极，采用电解的方法使其表面形成氧化物薄膜。金属氧化物薄膜改变了表面状态和性能，如表面着色，提高耐腐蚀性、耐磨性及硬度，保护金属表面等。

例如，铝阳极氧化（图3-10），将铝及其合金置于相应电解液（如硫酸、铬酸、草酸等）中作为阳极进行电解。阳极氧化后的铝或其合金的硬度和耐磨性提高了，有良好的耐热性和抗腐蚀性能、优良的绝缘性。氧化膜薄层中具有大量的微孔，可吸附各种润滑剂，适合制造发动机气缸或其他耐磨零件。膜微孔吸附能力强，可着色成各种美观艳丽的色彩。

3) 电刷镀(brush electroplating)

电刷镀是用电解方法在工件表面获取镀层的过程,其目的在于强化、提高工件表面性能,取得工件的装饰性外观,获取耐腐蚀、抗磨损和特殊光、电、磁、热性能,也可以改变工件尺寸,改善机械配合,修复因超差或因磨损而报废的工件等,因而在工业上有广泛的应用。在实践上更要求现场或在线施镀,在保证镀层品质的基础上,更强调镀层的快速高效沉积。

电刷镀的基本过程是用裹有包套浸渍特种镀液的镀笔(阳极)贴合在工件(阴极)的被镀部位并做相对运动形成镀层,刷镀电源串接于两级之间。为了稳定地向工件表面液层提供足够的被镀金属离子,高浓度的刷镀液直接泵送或自然回流阴阳极之间,如图 3-11 所示。镀笔是电刷镀的主要工具,由手柄和阳极组成。阳极是镀笔的工作部分,石墨和铂合金是理想的不溶性阳极材料,但石墨应用最多,只在阳极尺寸极小、无法用石墨时才用铂铱合金。在石墨阳极上包扎脱脂棉包套,其作用是储存电镀液,防止两极接触产生电弧而烧伤零件表面,防止阳极石墨粒子脱落污染电镀液。

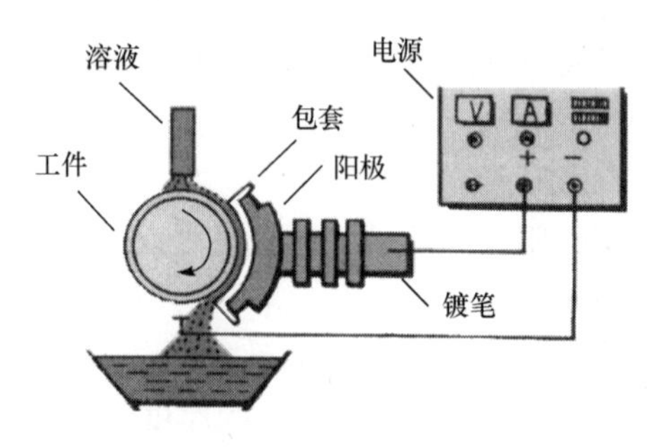

图 3-11　电刷镀

3.5.3　电化学腐蚀与防护

金属腐蚀产生的损失是非常严重的,据统计,每年全世界由于腐蚀而报废的金属设备和材料的量为金属年产量的 20%～30%。研究金属的腐蚀和防护是一项很有意义的工作。在腐蚀作用中,又以电化学腐蚀最为严重。电化学腐蚀与防护问题既有我们日常生活中常见到的钢铁生锈、电池的点蚀等问题,也有与当前新能源、新材料密切相关的问题。

金属为什么会发生腐蚀? 腐蚀过程的驱动力又是什么呢? 从热力学的观点来看,绝大多数的金属都是经过耗能的冶炼过程而从矿石(化合物)转变为单质形态的。除了金、铂、钯、铱等极少数贵金属外,几乎所有的金属无不处于热力学不稳定状态。金属腐蚀是冶炼的逆过程。大多数金属在自然界中以化合物状态存在。冶炼是人们通过做功使金属从能量较低的化合物状态转变为能量较高的单质状态的过程,而金属腐蚀的过程则是一个能量降低的过程,是自发的普遍存在的自然现象。例如,铁常

以 Fe_2O_3形式存在于赤铁矿的矿石中，而 Fe_2O_3 也是铁的腐蚀产物——铁锈的成分及其冶炼前的自然状态。伴随着腐蚀过程的进行，包括金属材料和腐蚀介质在内的整个腐蚀体系的吉布斯自由能都会降低，这就是腐蚀过程进行的驱动力。

1. 腐蚀的分类

金属表面与周围介质发生化学作用及电化学作用而遭受破坏，统称金属腐蚀。按照机理的不同，可以将腐蚀分为化学腐蚀和电化学腐蚀两类。

1）化学腐蚀

金属与周围介质如气体或非电解质溶液等发生化学作用而引起的腐蚀称为化学腐蚀(chemical corrosion)。化学腐蚀作用进行时没有电流产生，如钢铁的高温氧化脱碳，石油或天然气输送管部件的腐蚀等。化学腐蚀原理比较简单，属于一般的氧化还原反应。例如，电绝缘油、润滑油、液压油以及干燥空气中 O_2、H_2、SO_2、Cl_2 等物质与金属接触时，在金属表面生成相应的氧化物、硫化物或氯化物等，都属于化学腐蚀。温度对化学腐蚀的速率影响很大。例如，轧钢过程中冷却水形成的高温水蒸气对钢铁的高温氧化特别严重，其反应如下：

$$Fe + H_2O(g) \longrightarrow FeO + H_2$$

$$2Fe + 3H_2O(g) \longrightarrow Fe_2O_3 + 3H_2$$

$$3Fe + 4H_2O(g) \longrightarrow Fe_3O_4 + 4H_2$$

上述反应在生成 FeO、Fe_2O_3、Fe_3O_4组成的氧化皮的同时，如果温度高于 700 ℃，还会发生氧化脱碳现象。这是由于钢铁中渗碳体(Fe_3C)与高温气体发生了如下脱碳反应：

$$Fe_3C + O_2 = 3Fe + CO_2$$

$$Fe_3C + CO_2 = 3Fe + 2CO$$

$$Fe_3C + H_2O(g) = 3Fe + CO + H_2$$

这些反应的吉布斯自由能变 ΔG 的值都是负数，尤其是高温下的平衡常数很大，高温下的腐蚀速率也很可观。

由于脱碳反应的发生，碳不断地从邻近的尚未反应的金属内部扩散到反应区，于是金属内部的碳逐渐减少，形成脱碳层。同时，反应生成的 H_2 向金属内部扩散渗透，使钢铁产生氢脆。不论脱碳还是氢脆都会造成钢铁表面硬度和内部强度的降低、性能破坏。

2）电化学腐蚀

金属表面在介质(如潮湿空气、电解质溶液等)中形成微电池而发生电化学作用引起的腐蚀称为电化学腐蚀(electrochemical corrosion)。金属的电化学腐蚀过程中金属被氧化，所释放的电子完全为氧化剂消耗，构成一个自发的短路电池，这类电池被称为腐蚀电池。

在电化学腐蚀过程中，由于腐蚀介质是导电的，此时发生的氧化还原反应可以选择在金属表面活化能最低的部位进行，这就远比化学腐蚀容易得多。当介质为离子导体(包括液态水)时，腐蚀过程通常按电化学腐蚀的途径进行。

如果将一块纯锌投入稀盐酸中，几乎看不见氢气放出，但当用细铜丝接触金属表面时，铜丝立即可剧烈地放出氢气，锌片立即溶解。若将含较多杂质的工业粗锌投入稀盐酸中，也能观察到有氢气放出。这是由于锌粒与铜丝(或锌的杂质)构成了一个短路的原电池，其中电池的氧化反应是为

$$Zn \longrightarrow Zn^{2+} + 2e^-$$

铜是正极，发生 H^+ 得电子的还原反应

$$2H^+ + 2e^- \longrightarrow H_2(g)$$

电池的总反应为

$$Zn + 2H^+ = H_2(g) + Zn^{2+}$$

2. 腐蚀电池

金属的电化学腐蚀与原电池的作用在原理上没有本质区别，但通常把发生腐蚀的原电池称为腐蚀电池。在腐蚀电池中，发生氧化反应的负极常称为阳极，发生还原反应的正极常称为阴极。由于这一原电池的正极和负极出现在同一块被腐蚀金属的表面，故实际上它是一种特殊的短路原电池，充其量只会导致金属材料的溶解、破坏，而不可能对外界做任何有用功。

电化学腐蚀一般分为析氢腐蚀、吸氧腐蚀，还有一种是浓差腐蚀。

(1) 不同金属与同一种电解质溶液接触就会形成腐蚀电池。例如，在铜板上有一铁铆钉，可形成腐蚀电池。铁作阳极(负极)，发生金属的氧化反应

$$Fe \longrightarrow Fe^{2+} + 2e^- \quad E^\ominus(Fe^{2+}/Fe) = -0.447\ V$$

阴极(正极)铜上可能有如下两种还原反应：

(a) 空气中氧分压为 21 kPa 时

$$O_2 + 2H_2O + 4e^- \longrightarrow 4OH^- \quad E^\ominus(O_2/OH^-) = 0.401\ V$$

(b) 没有氧气时，在没有酸性的水中，铁不易发生腐蚀，但是当水溶液是酸性时，发生

$$2H^+ + 2e^- \longrightarrow H_2 \quad E^\ominus(H^+/H_2) = 0\ V$$

从电化学上看，析氢腐蚀比吸氧腐蚀更易发生，吸氧腐蚀之所以普遍地存在是因为水中缺乏 H^+，有 H^+ 则会发生析氢腐蚀。

铜板与铁钉两种金属(电极)连接在一起，相当于电池的外电路短接，于是两极上

不断发生上述氧化还原反应。

Fe氧化成Fe^{2+}进入溶液,多余的电子转向铜极上,在铜极上O_2与H^+发生还原反应,消耗电子并且消耗了H^+,使溶液的pH增大。

在水膜中生成的Fe^{2+}与其中的OH^-作用生成$Fe(OH)_2$,接着又被空气中的氧气继续氧化,即

$$Fe^{2+}+2OH^- \longrightarrow Fe(OH)_2$$

$$4Fe(OH)_2+2H_2O+O_2 \longrightarrow 4Fe(OH)_3$$

生成的$Fe(OH)_3$是铁锈的主要成分。这样不断地进行下去,机械部件就受到腐蚀。

(2) 电解质溶液接触的一种金属也会因表面不均匀或含杂质而形成微电池。例如,工业用钢材中含有杂质(如碳等),当其表面覆盖一层电解质薄膜时,铁、碳及电解质溶液就构成微型腐蚀电池。该微型电池中,铁是阳极:

$$Fe \longrightarrow Fe^{2+}+2e^-$$

碳作为阴极,如果电解质溶液是酸性,则阴极上有氢气放出

$$2H^++2e^- \longrightarrow H_2$$

如果电解质溶液是中性或碱性,则阴极上发生吸氧反应

$$O_2+2H_2O+4e^- \longrightarrow 4OH^-$$

从上面的分析可以看出,所形成的腐蚀电池阳极反应一般都是金属的溶解过程

$$M \longrightarrow M^{z+}+ze^-$$

阴极反应在不同条件下可以是不同的反应,最常见的有下列两种反应:

(a) 在缺氧条件下,H^+还原成氢气的反应(释氢腐蚀)

$$2H^++2e^- \longrightarrow H_2 \quad E^{\ominus}(H^+/H_2)=0\ V$$

该反应通常容易发生在酸性溶液中和氢超电势较小的金属材料上。

(b) 氧气还原成OH^-或H_2O的反应(吸氧腐蚀)

中性或碱性溶液中

$$O_2+2H_2O+4e^- \longrightarrow 4OH^- \quad E^{\ominus}(O_2/OH^-)=0.401\ V$$

酸性环境中

$$4H^++4e^- \longrightarrow 2H_2 \quad E^{\ominus}(O_2/H_2O)=1.229\ V$$

浓差腐蚀是金属吸氧腐蚀的一种形式,是因金属表面的氧气分布不均匀而引起的。

例如,当把一滴含有酚酞指示剂的NaCl溶液滴在磨光的锌表面,过一定时间后,就可以看到液滴边缘变成了红色,这表明有OH^-生成。在液滴遮盖住的部位生

成白色的 $Zn(OH)_2$ 沉淀。擦去液滴后，则可以发现腐蚀仅发生于液滴遮盖住的部位。这是因为在液滴的边缘空气较充足，氧气浓度较大，而液滴遮盖住的部位氧气浓度小，从氧的电极反应来看，氧的电极电势的计算式为

$$2H_2O+O_2+4e^- \longrightarrow 4OH^-$$

$$E(O_2/OH^-)=E^\ominus(O_2/OH^-)-\frac{0.05917\ V}{4}\lg\frac{[c(OH^-)/c^\ominus]^4}{p(O_2)/p^\ominus}$$

在 $p(O_2)$ 大的区域，$E(O_2/OH^-)$ 值也大，在 $p(O_2)$ 小的区域，$E(O_2/OH^-)$ 值也小。根据电池的组成原则，$E(O_2/OH^-)$ 值大的为阴极，$E(O_2/OH^-)$ 值小的为阳极，于是组成了一个氧的浓差电池。结果使溶解氧浓度小的区域的金属成为阳极，发生失电子反应而被腐蚀。氧浓度大的区域(必须有水)即液滴周围成为阴极，而发生得电子反应，产生 OH^-，使酚酞变红。

当锅炉停用时，会在锅炉联箱、汽包及炉管低凹处积留水，由于水的表层接触大气，溶解氧的浓度大，而较深层溶解氧的浓度相对较小，这就在同一金属表面出现不同的电极电位。氧浓度大的区域电位高，为阴极；氧浓度小的区域电位低，为阳极。从而造成腐蚀，这就是通常所说的水线腐蚀。因为水线腐蚀是由氧浓度差引起的，所以把这类腐蚀称为氧浓差腐蚀。

氧浓差腐蚀表现更为严重的是，当金属表面一旦出现这类腐蚀产物时，由于这些产物比较疏松，并且不是连续覆盖在金属表面上，这就造成了腐蚀产物下面与腐蚀产物边缘溶氧浓度不均匀，因腐蚀产物阻止了氧的扩散，在其下部形成了缺氧的阳极区，在其边缘形成了富氧的阴极区，进而发生氧浓差腐蚀。结果是阳极区的坑越来越深，阴极区的腐蚀产物越积越多，这样，在金属表面上出现疏密不匀、高低不等的鼓包。表层下面的腐蚀产物为 Fe_3O_4 黑色粉末。

地下管道最常见的腐蚀现象是氧浓差电池。由于在管道的不同部位氧的浓度不同，在贫氧的部位管道的自然电位(非平衡电位)低，是腐蚀原电池的阳极，其阳极溶解速率明显大于其余表面的阳极溶解速率，所以遭受腐蚀。管道通过不同性质土壤交接处时，黏土段贫氧，易发生腐蚀，特别是在两种土壤的交接处或埋地管道靠近出土端的部位腐蚀最严重。浓差腐蚀对工程材料的影响很大，工件上的一条裂缝、一个微孔，往往因浓差腐蚀而毁坏整个工件，造成事故。

3. 电化学腐蚀的防止

金属的腐蚀全过程包括三个子过程：①阳极过程，即金属溶解；②阴极过程，即在缺氧条件下，H^+ 还原成氢气的反应(析氢腐蚀)或者氧气还原成 OH^- 或 H_2O 的反应(吸氧腐蚀)；③电流的流动，在金属的内部以电子为载体，电流由阴极流向阳极，而在与其相接触的电解质中则以带电粒子为载体，由阳极流向阴极，二者构成一个电流回路。以上三个过程中的任何一个受到抑制，腐蚀过程都将因之减缓。下面分别介绍

常用的腐蚀防护技术。

1）正确选材

纯金属的耐蚀性能一般比含有杂质或少量其他元素的金属好。例如，锆是原子能工业中常用的非常重要的材料，不允许任何一点发生腐蚀。因此，必须使用经电弧炉熔炼的锆，此法制得的锆纯度高。

选材时还应考虑介质种类、所处条件（如空气的湿度、溶液的浓度、温度等）。例如，对接触还原性或非氧化性的酸和溶液的材料，通常使用镍、铜及其合金。对于氧化性极强的环境，采用钛和钴合金。除了氢氟酸和烧碱溶液外，金属钽和非金属玻璃几乎耐所有介质的腐蚀。钽已被认为是一种“完全”耐蚀的材料。

另外，设计金属构件时应注意避免两种电势差很大的金属直接接触。例如，镁合金、铝合金不应和铜、镍、钢铁等电极电势代数值较大的金属直接连接。当必须把这些不同的金属装配在一起时，应使用隔离层，如喷绝缘漆，衬塑料或橡胶垫，或用适当的金属镀层过渡。

2）覆盖保护层

在金属表面覆盖保护层，使金属制品与周围腐蚀介质隔离，从而防止腐蚀。作为防腐保护层必须满足以下条件：①保护层致密，完整无孔，不使介质透过；②与基体金属结合强度高，附着力强；③高硬度、耐磨；④均匀分布。保护层可以是金属镀层也可以是非金属镀层。

（1）在钢铁制件表面涂上机油、凡士林、油漆或覆盖搪瓷、塑料等耐腐蚀的非金属材料。有人认为“石油是工业的血液，电气是工业的心脏，涂料是工业器材的盔甲”。搪瓷就是一种依靠高温将熔融无机物（硅酸盐、硼砂、冰晶石等）附着在金属表面上形成玻璃质保护层的方法。

（2）用电镀、热镀、喷镀等方法，在钢铁表面镀上一层不易被腐蚀的金属，如锌、锡、铬、镍等。这些金属常因氧化而形成一层致密的氧化物薄膜，从而阻止水和空气等对钢铁的腐蚀。

（3）用化学方法使钢铁表面生成一层细密、稳定的氧化膜。例如，在机器零件、枪炮等钢铁制件表面形成一层细密的黑色 Fe_3O_4 薄膜等。

3）电化学保护法

电化学保护法有阳极保护法和阴极保护法。阳极保护法就是将被保护的金属（易钝化的金属）与外加电源的阳极相连接，阴极保护法则相反，将被保护的金属作为腐蚀电池的阴极。

（1）阳极保护。凡是在某些化学介质中通过一定的阳极电流能够引起钝化的金属，原则上都可以采用阳极保护法防止金属的腐蚀。此法只适于易钝化金属的保护。在强腐蚀的酸性介质中应用较多。

(2) 阴极保护法。阴极保护法就是在要保护的金属构件上外加阳极，这样构件本身就成为阴极而受到保护，发生还原反应。阴极保护又可用两种方法来实现。

(a) 牺牲阳极保护法。如图 3-12 所示，是在腐蚀金属系统上连接更容易进行阳极溶解的金属(如在铁容器外加一锌块)作为更有效的阳极，称为保护器。这时，保护器的溶解基本上代替了原来腐蚀系统中阳极的溶解，从而保护了原有的金属。

(b) 外加电流的阴极保护法。如图 3-13 外加电流的阴极保护法示意图，该法在保护闸门、地下金属结构(如地下储槽、输油管、电缆等)、受海水及淡水腐蚀的设备、化工设备的结晶槽、蒸发罐等中多采用，是目前公认的最经济、有效的防腐蚀方法之一。该法是将被保护金属与外电源的负极相连，并在系统中引入另一辅助阳极，与外电源的正极相连。电流由辅助阳极(由金属或非金属导体组成)进入腐蚀电池的阴极和阳极区，再回到直流电源。只要维持一定的外电流，金属就可不再被腐蚀。

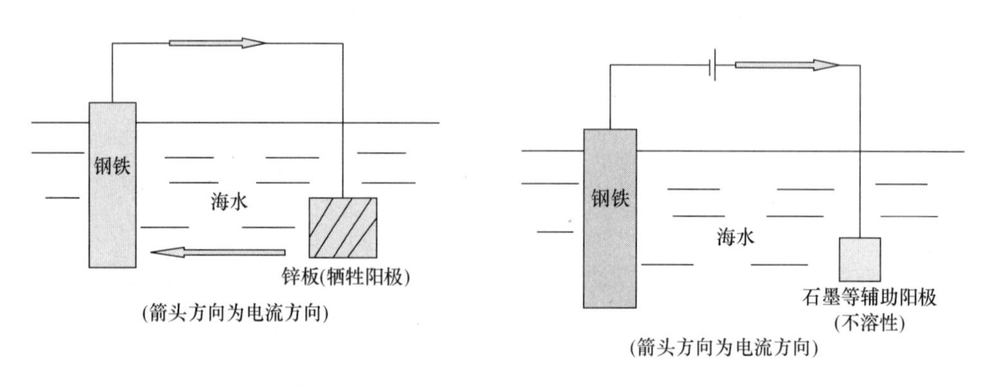

图 3-12　牺牲阳极保护法　　图 3-13　外加电流的阴极保护法

(c) 气相中阴极保护。电化学方法能否在气相环境中使用是人们一直希望解决的问题。1988 年，中国研究出了气相环境中的阴极保护技术，用于架空金属管道、桥梁、铁轨、海洋工程构件上的飞溅区保护，并在架空金属管道的实际试验中取得了非常好的保护效果，使材料的寿命延长了 20 多倍，为气相环境中的构件保护提供了一个崭新的途径。气相阴极保护原理与溶液中的阴极保护原理相同，只是用固体电介质代替溶液，成为阴极保护电流从阳极层流向阴极层的主要离子迁移通道。

4) 缓蚀剂的防腐作用

把少量的缓蚀剂(如 0.1%～1%)加到腐蚀性介质中，就可使金属腐蚀的速率显著减慢。这种用缓蚀剂来防止金属腐蚀的方法是防腐蚀中应用得最广泛的方法之一。

缓蚀剂的种类繁多，根据缓蚀剂的化学组成，习惯上将缓蚀剂分为无机和有机两类：属于无机类的缓蚀剂有亚硝酸盐、铬酸盐、重铬酸盐，磷酸盐等；属于有机类的缓蚀剂有胺类、醛类、杂环化合物、咪唑啉类等。

有些非氧化性的无机缓蚀剂，如 NaOH、Na_2CO_3、Na_2SiO_3、Na_3PO_4 和 $Ca(HCO_3)_2$ 等能与金属表面阳极溶解下来的金属离子发生反应，生成的难溶物覆盖在金属表面上形成保护膜。例如

$$Fe^{2+} + 2OH^- \longrightarrow Fe(OH)_2(s)$$

$$3Fe^{2+} + 2PO_4^{3-} \longrightarrow Fe_3(PO_4)_2(s)$$

又如，$Ca(HCO_3)_2$ 能与阴极附近所形成的 OH^- 进行如下反应：

$$Ca^{2+} + 2HCO_3^- + 2OH^- \longrightarrow CaCO_3 + 2H_2O + CO_3^{2-}$$

生成的难溶碳酸盐覆盖于金属表面，阻滞阳极反应继续进行，从而减缓金属的腐蚀速率。

在酸性介质中，通常加入有机缓蚀剂琼脂、糊精、动物胶、胺类以及含 N、S、O 等极性键的有机物质(如乌洛托品、若丁、二甲苯硫脲、亚硝酸二异丙胺等)。有机缓蚀剂对金属的缓释作用是利用金属刚开始溶解时表面带负电，能将缓蚀剂的离子或分子吸附在表面上，形成一层难溶而腐蚀介质又很难透过的保护膜，阻碍 H^+ 放电，从而起到保护金属的作用。

为防止大气的腐蚀，也常使用气相缓蚀剂亚硝酸二异丙胺，它可以挥发到空间与空气中的水蒸气一起被吸附在金属表面上，发生水解反应

$$(C_6H_{11})_2NH_2NO_2 + H_2O \longrightarrow (C_6H_{11})_2NH_2OH + H^+ + NO_2^-$$

$$(C_6H_{11})_2NH_2OH \longrightarrow (C_6H_{11})_2NH_2^+ + OH^-$$

其中有机阳离子与金属以配位键相结合，形成连续的保护层，有效地阻止 H^+ 还原；再加上 NO_2^- 的氧化作用，维持金属表面钝化，从而使金属的抗蚀能力大为提高。

3.5.4 电化学腐蚀过程的特殊利用

金属腐蚀固然危害巨大，但某些腐蚀过程也被巧妙地予以利用。早在 1924 年，美国工程师雷尼就根据选择性腐蚀原理成功地从镍铝合金中除去铝，制备了雷尼镍催化剂。近年来研究者已经将选择性腐蚀法发展成为一种制备纳米多孔材料的独特手段——去合金化方法，并相继制备出结构均匀、孔径可调的纳米多孔金、多孔铂和多孔钯等多孔金属材料。

此外，金属置换反应也被用来制备特殊形状的贵金属纳米材料。金属置换反应本质上是一种电化学腐蚀。电极电势较高的贵金属离子还原出来，反应过程中原有的金属相消失，取而代之的是新的贵金属相生成。

利用零价铁特别是纳米级铁粉处理环境污染物已成为国内外的研究热点。许多氧化性环境污染物如氯代有机物、硝基苯等，都可以充当阴极以加剧铁的腐蚀，而其自身同时发生电化学降解，生成低毒甚至无毒的更易于处理的有机物。因此，利用零价铁能有效地处理许多难降解的氯代有机物、重金属和硝酸盐、硝基苯等污染物，甚至可以用于地下水的原位修复。例如，将铁与电极电势更高的金属如钯、铜做成复合

电极,便可进一步提高污染物的降解效率。这类腐蚀电池在环境电化学中有个专有名称——催化铁内电解法,其本质就是电偶腐蚀。

腐蚀给国民经济和社会生活造成了严重的危害,它使人们辛苦冶炼和加工制作的金属材料变为无用的不能回收的散碎废物。深入研究金属腐蚀机理,推广应用腐蚀防护技术可以将腐蚀造成的损失挽回 30%~40%。腐蚀并非一无是处,也有可供利用的一面,如在纳米材料的制备以及环境保护方面,腐蚀也有着许多利用价值。随着人们对腐蚀过程认识的深入,在开发新腐蚀防护技术的同时,也可以利用金属腐蚀的原理为生产服务,发展基于腐蚀的加工技术。

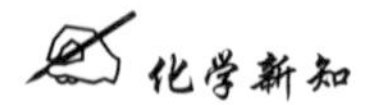

氢氧燃料电池与钠硫电池

氢氧燃料电池

1839 年英国的 W. Grove 爵士发明了燃料电池,并用这种以铂黑为电极催化剂的简单的氢氧燃料电池点亮了伦敦讲演厅的照明灯。由于发电机和电极过程动力学的研究未能跟上,燃料电池的研究直到 20 世纪 50 年代才有了实质性的进展,英国剑桥大学的 Bacon 用高压氢氧制成了具有实用功率水平的燃料电池。60 年代,这种电池成功地应用于阿波罗(Appollo)登月飞船。从 60 年代开始,氢氧燃料电池广泛应用于宇航领域,同时兆瓦级的磷酸燃料电池也研制成功。从 80 年代开始,各种小功率电池在宇航、军事、交通等各个领域中得到应用。

燃料电池不会燃烧放出火焰,也没有旋转发电机(图 3-14),因而燃烧的化学能直接转化为电能。燃料电池不受卡诺循环限制,能量转换效率高,理论上能量转换率为 100%,无论装置大小,实际发电效率可达 40%~60%。废气如 SO_2、No_x 和 CO 的排放量极低。由于燃料电池中无运动部件,工作时很安静且无机械磨损。因此燃料电池洁净、无污染、噪声低。可以实现直接进入企业、饭店、宾馆、家庭,实现热电联产联用,没有输电输热损失,综合能源效率可达 80%。装置为积木式结构,容量可小到只为手机供电、大到和目前的火力发电厂相比,非常灵活。

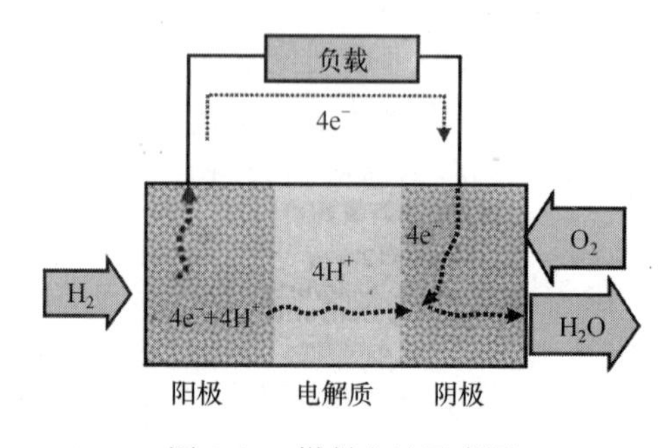

图 3-14 燃料电池示意图

除了氢气以外,还有多种燃料可应用于燃料电池,甲醇就是其中之一。直接甲醇燃料电池以液体甲醇(CH_3OH)作燃料,如图 3-15 所示的甲醇燃料电池,空气作氧化剂,全氟磺酸膜(nafion)为电解质。

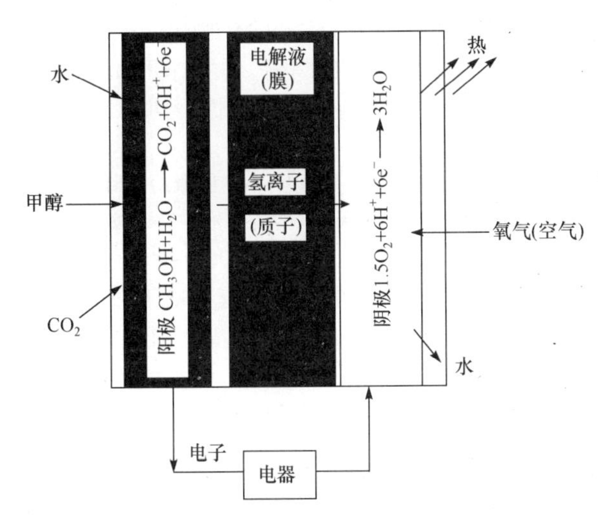

图 3-15 甲醇燃料电池示意图

与氢气燃料电池相比，直接甲醇燃料电池有很多优越性。首先，直接甲醇燃料电池有更高的能量密度。甲醇的能量是同体积的压缩氢气的 5.8 倍。此外，甲醇可由可再生资源来生产，这一点与氢气类似。甲醇的运输和携带性则远远优于氢气，其供应网络仅次于汽油，而氢气的运输和存储至今仍是一个技术难题。直接甲醇燃料电池的这些特点使其成为便携式和小型燃料电池的一个重点发展方向。甲醇燃料电池的缺点是其副产物除了水之外还有温室气体 CO_2，氢气燃料电池只产生水，没有任何污染。此外，甲醇蒸气有毒(可致失明)，且甲醇易渗透污染地下水，因此甲醇燃料电池的密封性必须很好。

钠硫电池

钠硫电池是一种以金属钠为负极、硫为正极、陶瓷管为电解质隔膜的二次电池，是美国福特(Ford)公司于 1967 年首先发明公布的。钠硫电池(图 3-16)是由熔融液态电极和固体电解质组成的，构成其负极的活性物质是熔融金属钠，正极活性物质是硫和多硫化钠熔盐。由于硫是绝缘体，所以硫一般是填充在导电的多孔的炭或石墨毡中，固体电解质兼隔膜的是一种专门传导钠离子的被称为 β-Al_2O_3 的陶瓷材料，外壳则一般用不锈钢等金属材料。

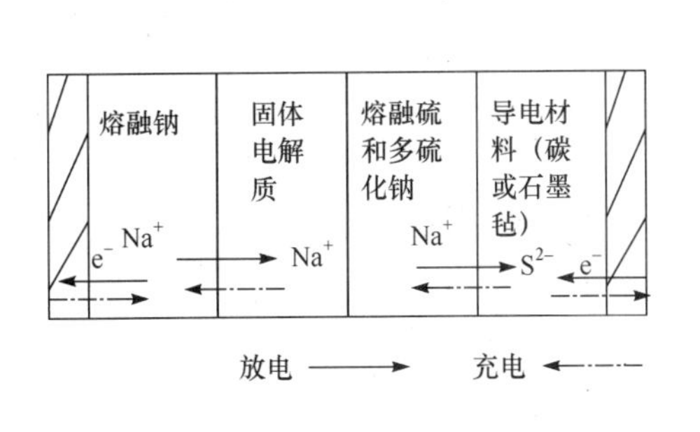

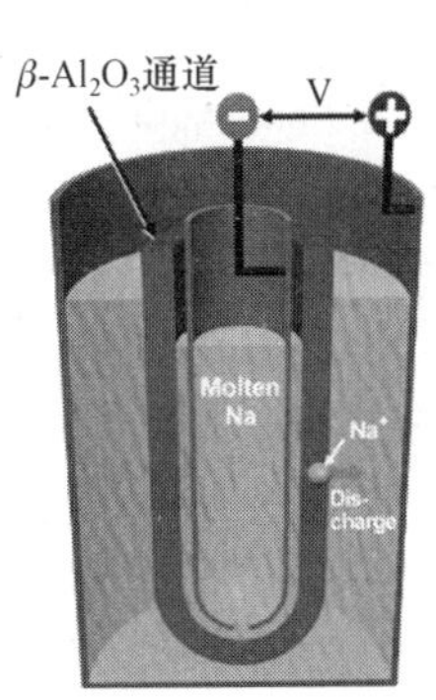

图 3-16 钠硫电池示意图

钠硫电池具有许多特色之处：①比能量高，是铅酸电池的 3～4 倍；②可大电流、高功率放电，并瞬时间可放出其 3 倍的固有能量；③充放电效率高。由于采用固体电解质，所以没有通常采用液体电解质二次电池的那种自放电及副反应，充放电电流效率几乎达 100%。钠硫电池的不足之处在于，其工作温度比较高，为 300～350 ℃。

由于钠硫电池具有高能电池的一系列诱人特点，不少国家纷纷致力于发展其作为电动汽车用的动力电池，也曾取得了不少令人鼓舞的成果，但钠硫电池在移动场合下(如电动汽车)使用条件比较苛刻，在使用可提供的空间、电池本身的安全等方面均有一定的局限性。因此，在 20 世纪 80 年代末和 90 年代初开始，国外重点发展钠硫电池作为固定场合下(如电站储能)应用，并越来越显示其优越性。目前在国外已经有上百座钠硫电池储能电站在运行，是各种先进二次电池中最为成熟和最具潜力的一种。

本章小结

本章所讨论的主题为电化学，电化学是研究化学现象与电现象之间的相互关系以及化学能与电能相互转化规律的学科。原电池是由两个半电池组成，可以将化学能转变为电能，产生电流，电流可以做电功。本章要求掌握有关氧化还原反应等基本概念。根据氧化还原反应有电子的转移，原则上都可以设计成一个原电池。本章对组成原电池的两个半电池的电极电势产生的原因、大小、与电子转移反应的规律，影响电极电势的外界条件及其对氧化还原反应的影响进行了讨论，并运用这些规律和结论来解决氧化还原反应的实际问题。

标准电极电势是当电极物质处在标准态时并以标准氢电极电势为参考零点获得的。

电池电动势与反应的标准摩尔吉布斯自由能变的关系式为：$\Delta_r G_m^{\ominus} = -nFE^{\ominus}$。

电极电势 E 与浓度、压力、温度有关，其关系由能斯特方程式表示：$E = E^{\ominus} - \frac{RT}{nF}\ln J$，在温度为 298.15 K 时，该式简化为 $E = E^{\ominus} - \frac{0.05917\ \text{V}}{n}\lg J$。

本章重要的基本概念总结如下：掌握有关氧化、还原，氧化剂和还原剂等概念的意义及其联系；能够根据氧化还原电对写出其相应的电极与电极反应；熟练掌握原电池的组成与电池反应；理解并熟练计算电极电势、标准电极电势和原电池的电动势；掌握运用标准电极电势来判断氧化剂、还原剂的相对强弱，氧化还原的反应方向、计算平衡常数的方法。了解能斯特方程的意义，掌握运用它来判断离子浓度的变化、介质条件等对电极电势及氧化还原反应方向的影响。初步了解理论分解电压与实际分解电压，超电势，化学电源、析氢腐蚀和吸氧腐蚀，缓蚀剂，电化学保护法等内容。

In electrochemistry, the topic of this chapter is to study the relationship between chemical phenomenon and electrical phenomenon and chemical energy to electrical energy conversion law. In fact, we will deal with situations in which we can force the occurrence of reactions that would not otherwise proceed spontaneously. This can be accompanied by doing work on the system and by separating the chemical species from one another. The use of half-cell reactions is important. The reactions at the anode and the cathode are written separately. Tables of voltage for these reactions are referred to the appendix.

The reference point for the voltages is the standard hydrogen electrode which is considered, by definition, to have a zero voltage when the reactant and product are in their standard states.

The relationship between the electrical potential of a cell and the change in Gibbs free energy for the reaction is written as $\Delta_r G_m^{\ominus} = -nFE^{\ominus}$.

The relationship between the electromotive force of a cell and the concentration of reactants and products is called the Nernst equation. In many presentations this equation is written as $E = E^{\ominus} - \frac{RT}{nF}\ln J$, with the temperature assumed to be 298.15 K it is written as $E = E^{\ominus} - \frac{0.05917\ \mathrm{V}}{n}\lg J$.

In brief, the learning requirements are summarized as follows: To master the concept of oxidation/reduction and oxidant/reductant; To write the half-cell reactions and the overall reaction for the battery, to calculate the Gibbs free energy change and the voltage or the electromotive force of the cell; By using the standard reduction potentials, to judge relative strength for the oxidizing agent, reducing agent, redox reaction direction and calculation of equilibrium constants. To understand the significance of the Nernst equation, master and use it to determine the ion concentration changes, medium condition on the electrode potential and redox reaction direction influence. A preliminary understanding of the theoretical electrolytic voltage and the practical electrolytic voltage, overpotential, chemical power source, hydrogen corrosion and oxygen corrosion, corrosion inhibitor, electrochemical protection etc.

复习思考题

3-1 什么是电极反应？举例说明。

3-2 如何用电池符号表示原电池？

3-3 说明下列基本概念和术语。

氧化，还原；氧化剂和还原剂；电对，氧化态与还原态；氧化值；正极和负极；阴极与阳极；标准氢电极与甘汞电极；标准电动势与标准电极电势；能斯特方程

3-4 怎样利用电极电势决定原电池的正、负极，并计算原电池的电动势？

3-5 原电池的电动势与离子浓度的关系如何？电极电势与离子浓度的关系如何？

3-6 怎样理解介质的酸性增强，$KMnO_4$的电极电势的代数值变大，氧化性增强？

3-7 同一种金属及其盐溶液能否组成原电池？试举出两种不同情况的例子。

3-8 下列叙述是否正确？并说明之。

(1) 在氧化还原反应中，氧化值升高的物种是氧化剂，氧化值降低的物种是还原剂。

(2) 某物种得电子，其相关元素的氧化值降低。

(3) 氧化剂一定是电极电势大的电对的氧化型，还原剂是电极电势小的电对的还原型。

(4) 在原电池中，负极发生还原反应，正极发生氧化反应。

(5) ClO_3^- 在碱性溶液中的氧化性强于在酸性溶液中的氧化性。

(6) $Fe^{3+}(aq) + e^- \longrightarrow Fe^{2+}(aq)$这一电极反应中，没有 H^+ 或者 OH^- 参与，因此当 pH 增加时，Fe(Ⅲ)的氧化性并不改变。

(7) 原电池反应一定是氧化还原反应。

(8) 原电池中正极电对的氧化型物种浓度或分压增大，电池电动势增大；同样，负极电对的氧化型物种浓度或分压增大，电池电动势也增大。

3-9 查阅标准电极电势时，除了需要注意物质的价态(氧化值)以外，为什么还需要注意物质

具体存在的形式以及所处介质的条件？

3-10　在原电池中盐桥的作用是什么？

3-11　举例说明电极电势的应用。

3-12　判断氧化还原反应方向进行的原则是什么？

3-13　试从电极电势 $E^{\ominus}(Sn^{2+}/Sn)$、$E^{\ominus}(Sn^{4+}/Sn^{2+})$、$E^{\ominus}(O_2/H_2O)$的角度，说明为什么常在 $SnCl_2$ 溶液中加入少量纯锡粒以防止 Sn^{2+} 被空气(O_2)氧化。

3-14　计算由标准锌电极和标准铜电极组成的原电池的电动势。

$$(-)Zn(s)|ZnSO_4(1.0\ mol\cdot dm^{-3})\ \|\ CuSO_4(1.0\ mol\cdot dm^{-3})|Cu(+)$$

3-15　改变下列条件对原电池电动势有什么影响？

(1) 增加 $ZnSO_4$ 溶液的浓度　　(2) 在 $ZnSO_4$ 溶液中加入过量的 NaOH

(3) 增加铜片的电极表面积　　(4) 在 $CuSO_4$ 溶液中加入 H_2S

3-16　原电池放电时其电动势如何变化？当电池反应达到平衡时，电动势等于多少？

3-17　某电极反应为

① $M^{z+}(aq)+ze^{-}\longrightarrow M(s)$　$E_1^{\ominus}$　$\Delta_r G_m^{\ominus}(1)$

将上述电极反应乘以某一数值 $a(a>0)$得

② $aM^{z+}(aq)+aze^{-}\longrightarrow aM(s)$　$E_2^{\ominus}$　$\Delta_r G_m^{\ominus}(2)$

则 $E_1^{\ominus}=E_2^{\ominus}$，$a\Delta_r G_m^{\ominus}(1)=\Delta_r G_m^{\ominus}(2)$。由此能得出什么结论？

3-18　在下列常见氧化剂中，如果使 $c(H^{+})$增加，哪些物种的氧化性增强？哪些物种的氧化性不变？

Cl_2，$Cr_2O_7^{2-}$，Fe^{3+}，MnO_4^{-}，PbO_2，Hg^{2+}，O_2

3-19　总结利用原电池的原理可以得到哪些热力学数据。

3-20　原电池和电解池在结构和原理上各有什么特点？各举一例说明，并从电极名称、电极反应和电子流动方向等方面进行比较。

3-21　实际分解电压为什么高于理论分解电压？简单说明超电压或超电势的概念。

3-22　H^{+}/H_2 电对的电极电势代数值往往比 Zn^{2+}/Zn 电对和 Fe^{2+}/Fe 电对的电极电势代数值大，为什么电解锌盐或亚铁盐溶液时在阴极常得到金属锌或金属铁？

3-23　用电解法精炼铜，以硫酸铜为电解液，粗铜为阳极，精铜在阴极析出。试说明通过此电解法可以除去粗铜中的 Ag、Au、Pb、Ni、Fe、Zn 等杂质的原理。

3-24　电刷镀有什么特点？它的优势是什么？

3-25　通常金属在大气中的腐蚀主要是析氢腐蚀还是吸氧腐蚀？分别写出腐蚀电池的正极和负极的半反应。

3-26　防止金属腐蚀的方法有哪些？其分别依据什么原理？

3-27　燃料电池的组成有什么特点？试写出氢氧燃料电池的两极反应和电池反应。

习　题

3-1　判断题（对的在括号里填"√"，错的填"×"）

(1) 甲烷(CH_4)和四氯甲烷(CCl_4)中 C 的氧化值都是 4。　(　　)

(2) 标准电极电势 $E^{\ominus}$ 的数值越大，表示其电极电势的绝对值越大，其氧化态的氧化能力越强。　(　　)

(3) 取两根铜棒,一根插入盛有 0.10 mol·dm^{-3} $CuSO_4$溶液的烧杯中,另一根插入盛有 1.0 mol·dm^{-3} $CuSO_4$溶液的烧杯中,并用盐桥将两个烧杯中的溶液连接起来,可以组成一个浓差原电池。 ( )

(4) 金属铁可以置换 Cu^{2+},因此三氯化铁不能与金属铜反应。 ( )

(5) 在氧化还原反应中,如果两电对 $E^{\ominus}$ 的代数值相差越大,则反应进行得越快。 ( )

(6) 电对的半反应式有多种写法,如 $H^+(aq)+e^- \longrightarrow 1/2H_2(g)$,$2H^+(aq)+2e^- \longrightarrow H_2(g)$,$H_2(g) \longrightarrow 2H^+(aq)+2e^-$,几种写法的标准电极电势都相同。 ( )

(7) 有下列原电池:(−) Cd(s)|$CdSO_4$(1.0 mol·dm^{-3}) ‖ $CuSO_4$(1.0 mol·dm^{-3})|Cu(+),向 $CdSO_4$溶液中加入少量 Na_2S 溶液,或向 $CuSO_4$溶液中加入少量 $CuSO_4\cdot 5H_2O$ 晶体,都会使原电池的电动势变小。 ( )

(8) 钢铁在大气的中性或弱酸性水膜中主要发生吸氧腐蚀,在酸性较强的水膜中才主要发生析氢腐蚀。 ( )

(9) 含氧酸根的氧化能力随 $c(H^+)$增加而增加,所以强氧化性的含氧酸根通常在碱性条件下制备,在酸性条件下使用。 ( )

3-2 选择题(将所有正确答案的标号填入括号里)

(1) 已知 $Ag^+(aq)+e^- \longrightarrow Ag(s)$,$E^{\ominus}(Ag^+/Ag)=+0.7996$ V;$Zn^{2+}(aq)+2e^- \longrightarrow Zn(s)$,$E^{\ominus}(Zn^{2+}/Zn)=-0.7618$ V。下列叙述错误的是 ( )

A. 标准状态时,其原电池的图示组成式为(−) Pt,Zn(s)|Zn^{2+}(1.0 mol·dm^{-3}) ‖ Ag^+(1.0 mol·dm^{-3})|Ag,Pt(+)

B. 在外电路电子由锌电极流向银电极

C. 电池的标准电动势为 $E^{\ominus}=1.5614$ V

D. 两电极组成电池时,电池反应中电子转移数为 2

(2) 将银丝插入下列溶液中组成电极,则电极电势最低的是 ( )

A. 1 dm^3溶液中含 $AgNO_3$ 0.1 mol

B. 1 dm^3溶液中含 $AgNO_3$ 0.1 mol、NH_3 0.2 mol{$K_f([Ag(NH_3)_2]^+)=1.1\times10^7$}

C. 1 dm^3溶液中含 $AgNO_3$ 0.1 mol、$Na_2S_2O_3$ 0.2 mol{$K_f([Ag(S_2O_3)_2]^-)=3.2\times10^{13}$}

D. 1 dm^3溶液中含 $AgNO_3$ 0.1 mol、NaCN 0.2 mol{$K_f([Ag(CN)_2]^-)=2.0\times10^{38}$}

(3) 现有一种"浓差"电池:(−)Zn|$Zn^{2+}(c_1)$ ‖ $Zn^{2+}(c_2)$|Zn(+),$c_2>c_1$。下列说法正确的是 ( )

A. 此电池的电动势等于 0

B. 外电路电流方向是由 c_1一边流向 c_2 一边

C. 外电路电流方向是由 c_2一边流向 c_1 一边

D. 外电路电流中无电流通过

(4) 根据反应式 $MnO_4^- + 5Fe^{2+} + 8H^+ = Mn^{2+} + 5Fe^{3+} + 4H_2O$,正确的电池符号是 ( )

A. (−)Pt|Fe^{3+},Fe^{2+} ‖ MnO_4^-,Mn^{2+},H^+|Pt (+)

B. (+)Pt|Fe^{3+},Fe^{2+} ‖ MnO_4^-,Mn^{2+},H^+|Pt (−)

C. (−)Fe|Fe^{3+},Fe^{2+} ‖ MnO_4^-,Mn^{2+},H^+|Mn (+)

D. (−)Mn|MnO_4^-,Mn^{2+},H^+ ‖ Fe^{3+},Fe^{2+}|Fe (+)

(5) 在标准状态下,下列反应均正向进行:$Cr_2O_7^{2-} + 6Fe^{2+} + 14H^+ = 2Cr^{3+} + 6Fe^{3+} +$

$7H_2O$，$2Fe^{3+}+Sn^{2+}$ ══ $2Fe^{2+}+Sn^{4+}$，它们中间最强的氧化剂和最强的还原剂是　　（　　）

A. Sn^{2+} 和 Fe^{3+}　　B. $Cr_2O_7^{2-}$ 和 Sn^{2+}　　C. Cr^{3+} 和 Sn^{4+}　　D. $Cr_2O_7^{2-}$ 和 Fe^{3+}

(6) 有一个原电池由两个氢电极组成，其中一个是标准氢电极，为了得到最大的电动势，另一个电极浸入的酸性溶液[设 $p(H_2)=100$ kPa]应为　　（　　）

A. 0.10 mol·dm^{-3} HCl　　B. 0.10 mol·dm^{-3} HAc+0.10 mol·dm^{-3} NaAc

C. 0.10 mol·dm^{-3} HAc　　D. 0.10 mol·dm^{-3} H_3PO_4

(7) 在下列电池反应中，$Ni(s)+Cu^{2+}(aq)$ ══ $Ni^{2+}(1.0\ mol\cdot dm^{-3})+Cu(s)$，当该原电池的电动势为 0 V 时，$Cu^{2+}$ 浓度为　　（　　）

A. 5.05×10^{-27} mol·dm^{-3}　　B. 5.71×10^{-21} mol·dm^{-3}

C. 7.10×10^{-14} mol·dm^{-3}　　D. 7.56×10^{-11} mol·dm^{-3}

3-3　根据下列原电池反应，分别写出各原电池中正、负电极的电极反应(需配平)。

(1) $Zn+Fe^{2+}$ ══ $Zn^{2+}+Fe$

(2) $2I^-+2Fe^{3+}$ ══ I_2+2Fe^{2+}

(3) $Ni+Sn^{4+}$ ══ $Ni^{2+}+Sn^{2+}$

3-4　将上题各氧化还原反应组成原电池，分别用图示表示各原电池。

3-5　将锡粒加到铅盐溶液中，反应为 $Sn+Pb^{2+}$ ══ $Pb+Sn^{2+}$，已知 $E^{\ominus}(Pb^{2+}/Pb)=-0.1262$ V，$E^{\ominus}(Sn^{2+}/Sn)=-0.1375$ V。

(1) 计算在 298.15 K 时该反应的平衡常数。

(2) 分别写出原电池的两电极反应并写出电池图示。

(3) 如果铅盐溶液原有 Pb^{2+} 浓度为 0.455 mol·dm^{-3}，达到平衡时剩余的 Pb^{2+} 浓度为多少?

3-6　求反应 $Zn+Fe^{2+}$ ══ $Fe+Zn^{2+}$ 在 298.15 K 时的标准平衡常数。若将过量极细的锌粉加入 Fe^{2+} 溶液中，求平衡时 Fe^{2+} 与 Zn^{2+} 浓度的比值。

3-7　判断下列氧化还原反应进行的方向(298.15 K 时，各物质均为标准态)。

(1) $Ag+Fe^{3+}$ ══ Ag^++Fe^{2+}

(2) $2Cr^{3+}+3I_2+7H_2O$ ══ $Cr_2O_7^{2-}+6I^-+14H^+$

(3) $Cu+2FeCl_3$ ══ $2FeCl_2+CuCl_2$

3-8　在 pH=4.0 时，下列反应能否自发进行？试通过计算说明(除 H^+ 和 OH^- 外，其他物质均处于标准状态下)。

(1) $Cr_2O_7^{2-}(aq)+Br^-(aq)+H^+(aq) \longrightarrow Cr^{3+}(aq)+Br_2(l)+H_2O(l)$

(2) $MnO_4^-(aq)+Cl^-(aq)+H^+(aq) \longrightarrow Mn^{2+}(aq)+Cl_2(g)+H_2O(l)$

3-9　当温度为 298.15 K 时，将下列反应组成原电池

$$2I^-(aq)+2Fe^{3+}(aq) = I_2(s)+2Fe^{2+}(aq)$$

(1) 计算原电池的标准电动势。

(2) 计算反应的标准摩尔吉布斯自由能变。

(3) 用图示表示原电池。

(4) 计算 $c(I^-)=1.0\times10^{-2}$ mol·dm^{-3} 以及 $c(Fe^{2+})=c(Fe^{3+})/10$ 时原电池的电动势。

3-10　由镍电极和标准氢电极组成原电池。若 $c(Ni^{2+})$ 为 0.0100 mol·dm^{-3} 时，原电池的电动势为 −0.315 V，其中镍为负极，计算镍电极的标准电极电势。

3-11　利用热力学函数计算 Zn 电极的标准电极电势。

3-12 用图示表示下列反应可能组成的原电池，并利用标准电极电势计算下列反应在 298.15 K 时的吉布斯自由能变与平衡常数。

(1) $Zn(s)+Cu^{2+}(0.2\ mol\cdot dm^{-3})$ ══ $Zn^{2+}(0.5\ mol\cdot dm^{-3})+Cu(s)$

(2) $2Al(s)+3Ni^{2+}(0.2\ mol\cdot dm^{-3})$ ══ $2Al^{3+}(0.3\ mol\cdot dm^{-3})+3Ni(s)$

3-13 由标准钴 Co^{2+}/Co 电极与标准氯电极组成原电池，测得其电动势为 1.64 V，此时钴电极为负极[已知 $E^{\ominus}(Cl_2/Cl^-)=1.358\ V$]。

(1) 标准钴 Co^{2+}/Co 电极的电极电势是多少？（不查表）

(2) 此电池反应的方向如何？

(3) 当氯气的压力增大或减小时，原电池的电动势将发生怎样的变化？

(4) 当 Co^{2+} 的浓度降低到 0.0100 $mol\cdot dm^{-3}$ 时，原电池的电动势将如何变化？数值是多少？

3-14 已知 298.15 K 时下列电极反应的电极电势值：

$$Ag^+(aq,1\ mol\cdot dm^{-3})+e^- \longrightarrow Ag(s) \quad E^{\ominus}(Ag^+/Ag)=0.7991\ V$$

$$AgCl(s)+e^- \longrightarrow Ag(s)+Cl^-(aq,1\ mol\cdot dm^{-3}) \quad E(Ag^+/Ag)=0.2222\ V$$

试求 AgCl 的溶度积常数。

（北京科技大学 臧丽坤）

第4章 微观物质结构

物质的宏观性质归根结底是由其微观结构所决定。物质参与化学变化的最小单元(如原子、分子和离子)的结构、最小结构单元的空间位置及其相互作用共同决定着物质的性质。学习微观物质结构是理解化学变化本质的前提条件,是化学科学的核心内容之一。

4.1 原子结构

4.1.1 原子组成

原子由原子核(atomic nucleus)与核外电子组成,原子核又由质子(proton)与中子(neutron)组成。每个质子带有一个单位的正电荷,每个电子带有1个单位的负电荷,中子不带电。原子核外电子数等于核内的质子数,也等于原子序数,整个原子呈电中性。

原子核的体积仅占原子总体积的 $1/10^{12\sim15}$,如果将原子核想象成乒乓球大小,那原子就有三个北京科技大学大小。原子核体积虽小,质量却占原子总质量的99.9%以上,因此其密度高达 $1\times10^{13}\ g\cdot cm^{-3}$,即1 cm^3 的体积内装满原子核,其质量将高达 1.0×10^7 t。

电子属于微观粒子,与宏观物体相比,电子的质量极微(9.1×10^{-31} kg),运动范围极小(原子的半径约为 10^{-10} m),而运动速度极高(约为 $10^8\ m\cdot s^{-1}$)。因此核外电子的运动并不服从已经为人们普遍接受的牛顿力学的基本原理,而具有微观粒子的基本特征。

4.1.2 微观粒子的特性及其运动规律

1. 普朗克的量子假说

宏观物理量是连续变化的,但利用这种观念人们无法解释实验得到的被火花、电弧或其他方法激发的原子给出的不连续的线状光谱。为此,1900年普朗克(M. Planck)首次提出了微观粒子具有"量子化特征"的假说,打破了物理量连续变化的传统观念。微观粒子的量子化特征是指,如果某一物理量的变化是不连续的,而是以某一最小单位作跳跃式的增减,这一物理量就是量子化(quantized)的,其变化的最小单位就称为这一物理量的一个量子(quantum)。

实验表明,在黑体辐射(或吸收)能量的过程中,能量的变化 E_n 是不连续的,而是最小能量单元 E 的整数倍

$$E_n = nE \qquad n=1,2,3,\cdots,\text{正整数} \tag{4-1}$$

能量的这种不连续变化方式称为(能量)量子化,最小能量单元 E 称为(能)量子。由于它与黑体辐射的频率 ν 成正比,相当于一个光子的能量,又称光量子

$$E = h\nu \qquad h=6.626\times10^{-34}\ \text{J}\cdot\text{s} \tag{4-2}$$

式中,h 称为普朗克常量。

普朗克的量子假说否定了“一切自然过程都是连续的”的观点,成为“20 世纪整个物理学研究的基础(爱因斯坦语)”。该假说的一个成功的应用就是圆满地解释了氢原子光谱实验的结果,并引起了量子理论研究的热潮。

2. 氢原子光谱实验与玻尔理论

根据一切运动都是连续变化的传统观念,人们认为氢原子核外电子的能量应该是连续变化的,它受激发后给出的光谱也应该是连续光谱(称为带状光谱,类似于太阳光谱),然而氢原子光谱实验得到的却是不连续的线状光谱(图 4-1),这一实验结果令科学家大惑不解。

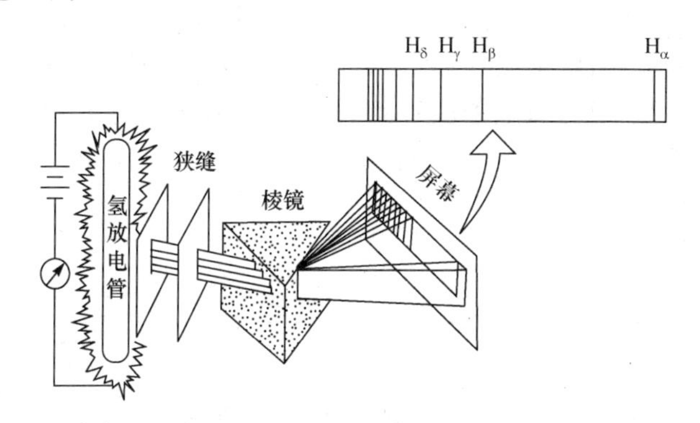

图 4-1　氢原子光谱实验装置与谱图

1913 年,丹麦物理学家玻尔(N. H. D. Bohr)结合卢瑟福提出的“行星式”原子结构模型和普朗克的量子化概念,比较满意地解释了氢原子光谱的变化规律。玻尔理论主要基于以下两点假设。

1) 定态假设

氢原子核外电子不能沿任意轨道运动,只能在具有确定半径(沿用经典力学名称,但含义不同)和能量的轨道上运动。这些轨道称为定态(stationary state),其中能量最低的定态为基态(ground state),其他能量较高的定态为激发态(excited state)。电子在定态运动时不向外辐射能量,因此能保持自身能量不变。同时,电子尽可能处于能量最低的定态,此时整个原子处于基态。因为定态是一些分立的特殊能量状态,所以电子的运动轨道也是不连续的。轨道的半径为

$$r_n = a_0 \cdot n^2 \quad n=1,2,3,\cdots,\text{正整数} \tag{4-3}$$

式中,比例常数 $a_0=53\ \text{pm}=5.3\times10^{-11}\ \text{m}$,称为玻尔半径。

同理,轨道的能量是不连续的,只能取分立的能量值

$$E_n=-B/n^2 \tag{4-4}$$

式中,比例常数 $B=13.6\ \text{eV}=2.179\times10^{-18}\ \text{J}$,相当于基态氢原子核外电子的能量。

2）电子跃迁规则假设

核外电子的跃迁只能在两个定态之间进行,所产生的辐射能(或吸收的能量)大小取决于跃迁前后的两个轨道的能量差,因此电子的辐射能是不连续的

$$E_{辐射}=\Delta E=E_{高}-E_{低}=B[(1/n_{低})^2-(1/n_{高})^2] \tag{4-5}$$

电子的辐射能不连续性造成原子光谱的谱线不连续。根据光量子的概念可知,原子光谱的频率(ν)、波长(λ)和波数($\bar{\nu}$)可由下式决定:

$$E_{光子}=h\nu=hc/\lambda=hc\bar{\nu} \tag{4-6}$$

式中,h 为普朗克常量;ν 为频率,单位为 s^{-1};c 为光速,$c\approx3\times10^8\ \text{m}\cdot\text{s}^{-1}$;$\lambda$ 为波长,单位为 m;$\bar{\nu}$ 为波数,单位为 m^{-1}。

利用玻尔理论可以圆满地解释氢原子线状光谱产生的原因:电子从 $n=3$、4、5、6 等轨道跃迁到 $n=2$ 的轨道时,分别产生可见光区的 H_α(红线)、H_β(青线)、H_γ(蓝紫线)和 H_δ(紫线)的谱线;电子从 $n=2$、3、4、5、6 等轨道跃迁到 $n=1$ 的轨道时,分别产生了紫外光区的一系列谱线;电子从 $n=4$、5、6 等轨道跃迁到 $n=3$ 的轨道时,分别产生红外光区的一系列谱线(图 4-2)。计算结果与实验测量结果十分吻合,证明玻尔理论的正确性。

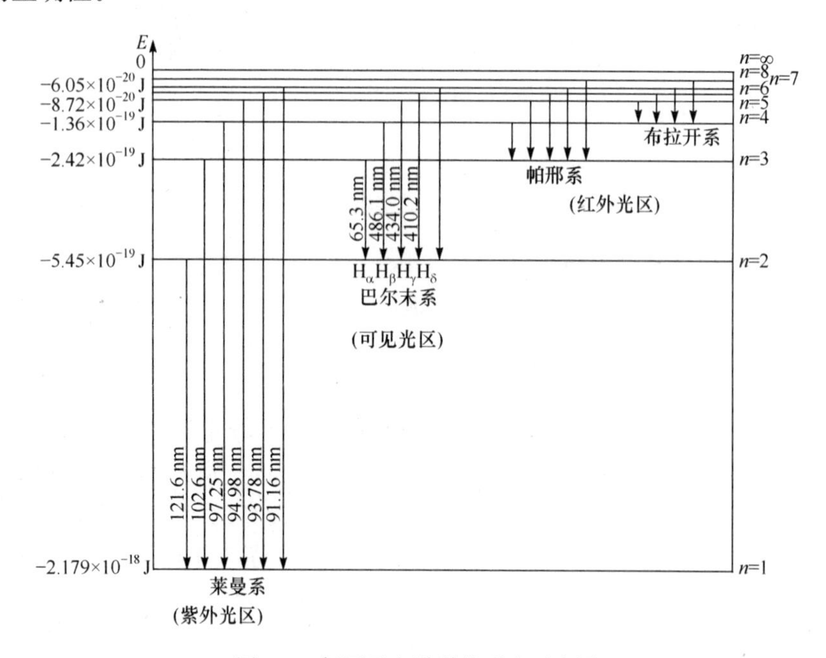

图 4-2　氢原子光谱谱线形成示意图

玻尔理论不仅能解释氢原子光谱实验，还为类氢离子（只含一个核、一个电子的体系，如 He^{+}、Li^{2+}、Be^{3+} 等）的光谱实验所证实，从而建立了原子结构的行星模型。但是，随着科学技术的发展，实验物理学家发现许多新的实验现象和事实用玻尔理论都得不到圆满的解释。例如，玻尔理论无法解释氢原子光谱在精密分光镜（光栅）下的精细结构，也无法解释在外磁场作用下所观察到的谱线的分裂现象，对于多电子原子中能量和波长的计算误差远远超出了容许的范围等。

为此，人们不断反思：是不是人类对原子结构和电子的哪些属性还不够了解，才会导致上述的种种困惑。

化学家史话

玻　尔

玻尔（N. H. D. Bohr，1885—1962），丹麦物理学家。他于1913年在原子结构问题上迈出了革命性的一步，提出了定态假设和频率法则，从而奠定了这一研究方向的基础。1922年，玻尔因研究原子的结构和原子的辐射所作出的重大贡献而获得诺贝尔物理学奖。1924年6月，玻尔被英国剑桥大学和曼彻斯特大学授予科学博士名誉学位，剑桥哲学学会接受他为正式会员，12月又被选为俄罗斯科学院外国通讯院士。1927年初，海森堡、玻恩、约尔丹、薛定谔、狄拉克等成功地创立了原子内部过程的全新理论——量子力学，玻尔对量子力学的创立起了巨大的促进作用。1927年9月，玻尔首次提出了“互补原理”，奠定了哥本哈根学派对量子力学解释的基础，并从此开始了与爱因斯坦持续多年的关于量子力学意义的论战。爱因斯坦提出一个又一个的想象实验，力求证明新理论的矛盾和错误，但玻尔每次都巧妙地反驳了爱因斯坦的反对意见。这场长期的论战从许多方面促进了玻尔观点的完善，使他在以后对互补原理的研究中，不仅运用到物理学，而且运用到其他学科。1962年11月18日玻尔与世长辞，为了纪念他，哥本哈根大学理论物理研究所被命名为尼尔斯·玻尔研究所。

3. 德布罗意波

到20世纪初，人们根据光的干涉和衍射实验以及光电效应实验的结果认识到，光既像一束电磁波，又像一束光子流，被称为光的波粒二象性（wave-particle dualism）。1924年，法国青年物理学家德布罗意（L. de Broglie）在光的波粒二象性的启示下，大胆地提出一个假设：波粒二象性不只是光才有的属性，而是一切微观粒子共有的本性，既然光同时具有微粒的性质和波的性质，那么静止的质量不为零的实物粒子也会有相似的二象性。他还假设：具有动量 P 和能量 E 的自由粒子（势能为0）的运动状态，可以用波长 λ 和频率 ν 的平面波来描述，二者之间的关系为

$$\lambda = h/m\nu = h/P \tag{4-7}$$

$$\nu = E/h \tag{4-8}$$

这就是著名的德布罗意关系式。式中，λ 为波长、ν 为频率，都是反映波动性的特征物理量；E 为能量，P 为动量，m 为质量，都是反映粒子性的特征物理量。这两个在经典力学中互相对立的概念，在德布罗意关系式中通过普朗克常量 h 联系在一起。由此可计算不同质量和运动速度的实物粒子的波长，并称之为德布罗意波，也称物质波。1927 年美国物理学家戴维逊(C. J. Davisson)和英国物理学家汤姆森(G. P. Thomson)分别获得金属晶体的电子衍射图(图 4-3)，从实验上证实了德布罗意的假设，为此德布罗意荣获了 1929 年的诺贝尔物理学奖。

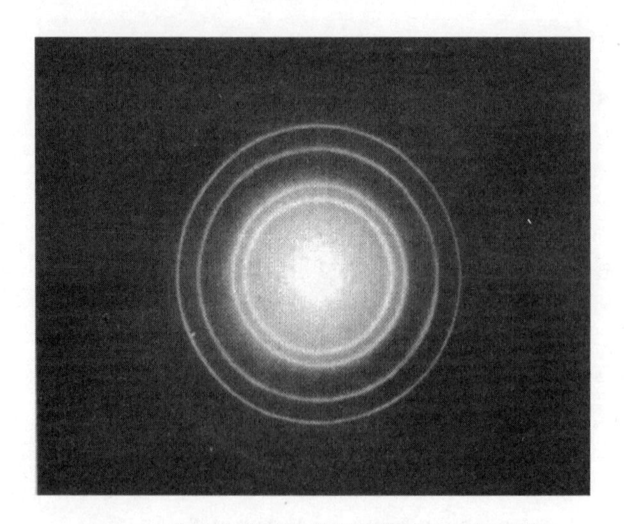

图 4-3　戴维逊利用镍单晶获得的电子衍射图

【例 4-1】　一颗直径为 1.0×10^{-2} m、质量为 10 g 的子弹以每秒 500 m 的速度运行。又已知电子的直径为 2.8×10^{-15} m，质量为 9.11×10^{-31} kg，在 100 V 电场加速，根据其动能可求出电子的运动速度为 $5.93\times10^{6}\ \text{m}\cdot\text{s}^{-1}$。分别计算飞行的子弹和高速旋转的电子的物质波的波长，并讨论它们的运动是否具有波动性。

解　根据公式 $\lambda = h/m\nu$

(1) 对于飞行的子弹

$$\lambda = 6.626\times10^{-34}\ \text{J}\cdot\text{s}/(10^{-2}\ \text{kg}\times5\times10^{2}\ \text{m}\cdot\text{s}^{-1}) = 1.1\times10^{-34}\ \text{m}$$

运动的枪弹的物质波的波长(1.1×10^{-34} m)远远小于其直径(10^{-2} m)，所以枪弹的运动没有波动性。可见对宏观粒子的运动，观察不到波动特征。

(2) 对于高速旋转的电子

$$\lambda = 6.626\times10^{-34}\ \text{J}\cdot\text{s}/(9.11\times10^{-31}\ \text{kg}\times5.93\times10^{6}\ \text{m}\cdot\text{s}^{-1}) = 1.23\times10^{-10}\ \text{m}$$

已知电子的直径为 2.8×10^{-15} m，远远小于其物质波的波长，所以电子的运动具有显著的波动性。

化学家史话

德布罗意

德布罗意(L. V. de Broglie，1892—1987)出生于迪耶普，法国著名理论物理学家，波动力学的创始人，物质波理论的创立者，量子力学的奠基人之一。1910 年获巴黎索邦大学文学学士学位，1913 年又获理学学士学位，1924 年获巴黎大学博士学位，在博士论文中首次提出“物质波”的概念。1929 年获诺贝尔物理学奖。

1923 年 9 月至 10 月间，曾连续在《法国科学院通报》上发表了三篇有关波和量子的论文。第一篇“辐射——波与量子”，提出实物粒子也有波粒二象性，称为相波。第二篇“光学——光量子、衍射和干涉”，论文中德布罗意提出如下设想：在一定情形中，任一运动质点能够被衍射，穿过一个相当小的开孔的电子群会表现出衍射现象，正是在这一方面，有可能寻得我们观点的实验验证。第三篇“量子气体运动理论以及费马原理”，论文中他进一步提出：只有满足位相波谐振，才是稳定的轨道。在次年的博士论文中，更明确地写下：谐振条件是 $l=n\lambda$，即电子轨道的周长是位相波波长的整数倍。

德布罗意始终对现代物理学的哲学问题感兴趣，喜欢将理论物理学、科学史和自然哲学结合起来考虑。德布罗意于 1926 年起在巴黎大学任教，1933 年任巴黎大学理学院理论物理学教授，1933 年被选为法国科学院院士，1943 年起任该院常任秘书，1962 年退休。

4.1.3　原子核外单电子运动

由于微观粒子具有波粒二象性，核外电子的运动状态已经不能沿用牛顿力学原理进行描述，而只能使用量子力学的方法和概率的概念。奥地利物理学家薛定谔(E. Schrödinger)受到德布罗意物质波的启发，对经典的光波方程进行改造后，于 1926 年提出了能同时反映微观粒子运动的波动性和粒子性的微观粒子数理方程，称为薛定谔方程。

1. 薛定谔方程

式(4-9)为氢原子在直角坐标系中的薛定谔方程：

$$\frac{\partial^2\psi}{\partial x^2}+\frac{\partial^2\psi}{\partial y^2}+\frac{\partial^2\psi}{\partial z^2}+\frac{8\pi^2 m}{h^2}(E-V)\psi=0 \tag{4-9}$$

式中，h 为普朗克常量；m 为电子的质量；E 为系统的总能量；V 为电子在核电荷作用下的势能；ψ 为方程的解，它是表示电子绕核运动状态的波函数。

2. 薛定谔方程的解

薛定谔方程的求解过程要涉及较深的数学和物理知识，已超出本课程的要求，可简要描述为

(1) 坐标变换。直角坐标 $f(x,y,z)=0$ 变换为球极坐标系 $f(r,\theta,\phi)=0$，以适

应核电荷势场的球形对称特点。

(2) 变量分离。分别求解得到径向函数 $R(r)$ 和角度函数 $Y(\theta,\phi)$，且

$$\psi(r,\theta,\phi) = R(r) \cdot Y(\theta,\phi) \tag{4-10}$$

(3) 方程的解。薛定谔方程的解——波函数(wave function) $\psi(r,\theta,\phi)$ 是表示核外电子运动状态的函数式。波函数没有明确的物理意义，但其绝对值的平方 ψ^2 有明确的物理意义，表示核外电子出现的概率密度(probability density)。而此概率密度是在空间某单位体积内电子出现的概率。形象化描述概率密度的图形称为电子云，它是用小黑点的疏密来表示空间某处电子出现的概率密度，ψ^2 的图像就是电子云随 r,θ,ϕ 的变化情况。表 4-1 给出了氢原子部分原子轨道波函数的数学形式。

表 4-1　氢原子部分原子轨道波函数的数学形式

轨道	$\psi(r,\theta,\phi)$	$R(r)$	$Y(\theta,\phi)$
1s	$\psi_{1s}=\sqrt{\frac{1}{\pi a_0^3}}e^{-r/a_0}$	$2\sqrt{\frac{1}{a_0^3}}e^{-r/a_0}$	$\sqrt{\frac{1}{4\pi}}$
2s	$\psi_{2s}=\frac{1}{4}\sqrt{\frac{1}{2\pi a_0^3}}\left(2-\frac{r}{a_0}\right)e^{-r/2a_0}$	$\sqrt{\frac{1}{8\pi a_0^3}}\left(2-\frac{r}{a_0}\right)e^{-r/2a_0}$	$\sqrt{\frac{1}{4\pi}}$
$2p_z$	$\psi_{2p_z}=\frac{1}{4}\sqrt{\frac{1}{2\pi a_0^3}}\left(\frac{r}{a_0}\right)e^{-r/2a_0}\cos\theta$	$\sqrt{\frac{1}{24a_0^3}}\left(\frac{r}{a_0}\right)e^{-r/2a_0}$	$\sqrt{\frac{3}{4\pi}}\cos\theta$
$2p_x$	$\psi_{2p_x}=\frac{1}{4}\sqrt{\frac{1}{2\pi a_0^3}}\left(\frac{r}{a_0}\right)e^{-r/2a_0}\sin\theta\cos\phi$	$\sqrt{\frac{1}{24a_0^3}}\left(\frac{r}{a_0}\right)e^{-r/2a_0}$	$\sqrt{\frac{3}{4\pi}}\sin\theta\cos\phi$
$2p_y$	$\psi_{2p_y}=\frac{1}{4}\sqrt{\frac{1}{2\pi a_0^3}}\left(\frac{r}{a_0}\right)e^{-r/2a_0}\sin\theta\sin\phi$	$\sqrt{\frac{1}{24a_0^3}}\left(\frac{r}{a_0}\right)e^{-r/2a_0}$	$\sqrt{\frac{3}{4\pi}}\sin\theta\sin\phi$

化学家史话

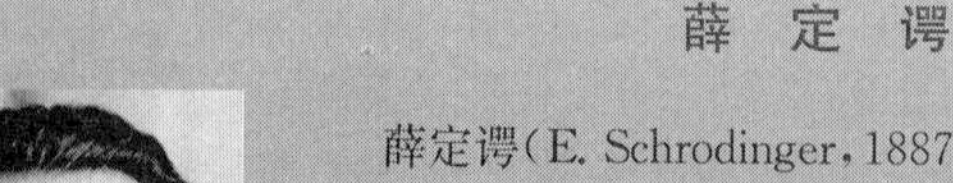

薛　定　谔

薛定谔(E. Schrodinger，1887—1961)，出生于奥地利的维也纳，1906 年进入维也纳大学物理系学习，1910 年取得博士学位，在维也纳大学第二物理研究所工作。1921 年任瑞士苏黎世大学数学物理学教授。1927 年接替普朗克到柏林大学担任理论物理学教授，并成为普鲁士科学院院士。1933 年，因纳粹迫害，薛定谔移居英国牛津，在马格达伦学院任访问教授。1956 年，薛定谔返回维也纳大学物理研究所，获得奥地利政府颁发的第一届薛定谔奖。1961 年 1 月 4 日，病逝于奥地利的阿尔卑巴赫山村。

1925 年年底到 1926 年年初，薛定谔在爱因斯坦关于单原子理想气体的量子理论和德布罗意的物质波假说的启发下，提出用波动方程描述微观粒子运动状态的理论，后称薛定谔方程。方程的提出稍晚于海森堡的矩阵力学学说，但此方程至今仍被认为是绝对的标准，因为它使用了物理学上所通用的语言即微分方程。这使薛定谔一举成名，他还在同年证明了自己的波动力学与海森堡和玻恩的矩阵力学在数学上是等价的。1933 年，薛定谔与狄拉克共获了当年的诺贝尔物理学奖。1935 年发表《量子力学的现状》，提出了著名的薛定谔猫猜想，为量子力学的发展作出了重要贡献。

3. 量子数

薛定谔方程是描述微观粒子运动的数理方程，但并不是它所有的数学解（波函数）都有意义，换言之薛定谔方程的解只有在求解时引入某些特定的条件才有意义，表示这些特定条件的取值不连续的物理量称为量子数。其中表示轨道运动状态的量子数有：主量子数（n）、角量子数（l）和磁量子数（m），它们是在求解薛定谔方程的过程中直接引入的。除此以外还有一个自旋量子数（m_s），是施登-盖拉赫（Stern-Gerlach）通过电子自旋实验提出的，表示电子自旋运动状态。既然电子的运动状态是不连续的，因此四个量子数的取值也是不连续的。四个量子数对于描述电子的能量、原子轨道或电子云的形状及空间伸展方向十分重要，是影响单电子原子核外电子运动状态的基本因素。下面我们将分别讨论这四个量子数。

1）主量子数 n

主量子数（principal quantum number）n 的取值为

$$n=1,2,3,4,\cdots,\text{正整数}$$

它的第一个作用是，代表电子出现概率最大的区域离核的远近，n 值越大，其最大概率半径离核就越远，n 相同的电子归为同一层，光谱学上用 K、L、M、N、O、P、…来表示。例如 $n=1$，表示电子离核最近，属第一电子层，记为 K 层；$n=2$，表示电子离核的距离比第一层稍远，记为 L 层，依此类推。

它的第二个作用是，表征电子能量高低的一个重要因素。对于单电子原子来说，n 越大，电子离核越远，受核的吸引力就越弱，其能量便越高（负值的绝对值越小）。例如，氢原子核外电子能量可用下式表述：

$$\begin{aligned}E_n&=-2.179\times10^{-18}(1/n^2)\,\text{J}\\&=-13.6(1/n^2)\,\text{eV}\end{aligned}$$

对于多电子原子，电子能量的大小除与主量子数 n 有关外，还与角量子数 l 有关。

2）角量子数 l

角量子数（angular quantum number）l 的取值与 n 有关，对于一定的 n 值，l 的取值可有 n 个，分别是

$$l=0,1,2,3,\cdots,(n-1)$$

它的第一个作用是，决定电子在空间的角度分布（电子云的形状）。角量子数 l 的值也可用光谱学符号表示，由小到大依次记为 s、p、d、f、…。

它的第二个作用是，在多电子原子中，与 n 一起决定电子的能量。通常将 n 相同、l 不同的电子归在同一电子层中的不同电子亚层，例如，$n=4$（第 4 电子层），$l=0$、1、2、3，分别称为 4s、4p、4d、4f 态，分别代表第四电子层的四个电子亚层，能量从 4s 到 4f 逐渐升高。

3）磁量子数 m

磁量子数(magnetic quantum number)m 的取值与 l 有关

$$m=0,\pm1,\pm2,\cdots,\pm l$$

对应每一个 l 值，m 有 $2l+1$ 个值。m 决定了在外磁场作用下，电子绕核运动的角动量在磁场方向上的分量的大小，它反映原子轨道在空间的不同取向。也就是说，每个亚层中的电子可以有 $2l+1$ 个取向。例如，l 等于 0 的 s 轨道，在空间呈球形分布，因此只有一种取向($2l+1=1$)，而 l 等于 1、2、3 的 p、d、f 轨道，在空间分别有 3、5、7 种取向，通常用原子轨道符号的右下标区分不同的取向，如 $2p_x$、$3p_y$ 等。

4）自旋量子数 m_s

实验发现，一束电子在磁场的作用下会发生分裂，如图 4-4 所示，这说明同一原子轨道中能量相等的两个电子具有不同的运动状态，我们可以用电子具有“自旋”运动来解释，习惯上称为自旋向上和自旋向下。表示电子自旋特性的量子数称为自旋量子数(spin quantum number)，以 m_s 表示。量子力学计算表明，m_s 的取值分别为 $\pm\frac{1}{2}$。应当指出，电子自旋并非像地球绕轴自旋一样，而是表示电子自身的两种不同的运动状态。电子存在着两种不同的自旋运动状态，可以解释氢原子光谱谱线的分裂现象。

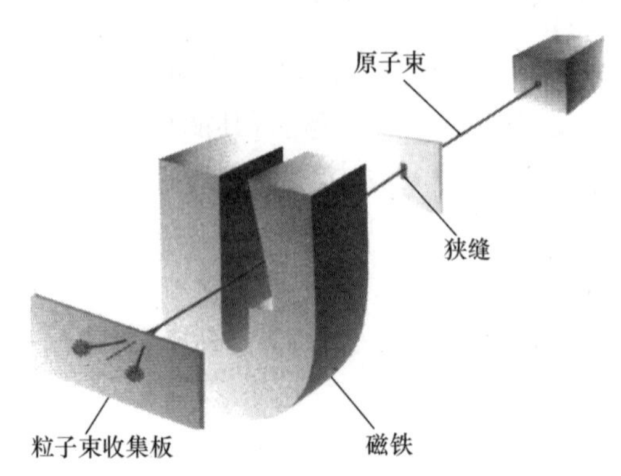

图 4-4　电子自旋实验

由前面可知，四个量子数是描述电子轨道和自旋运动不连续的物理量，它们的取值不是任意的，而是存在着一定的制约关系，所以原子中每一层上的轨道数是一定的，可以容纳的最大电子数也是一定的。详细了解四个量子数与原子轨道及轨道和电子层可容纳最大电子数之间的关系，可参照 4.1.4 中的表 4-3。虽然单电子体系中原子核外只有一个电子，但有可能出现不同的能量状态，包括不同的轨道运动方式与自旋运动方式，这些都可以用四个量子数的合理组合来描述。

4. 原子轨道与电子云的图形

波函数 $\psi_{n,l,m}(r,\theta,\phi)$ 也称原子轨道，是一种比较复杂的函数，通过计算才能求得原子核外空间某一范围内电子出现的概率密度，无法直观地反映电子运动的状态。通常情况下，人们使用原子轨道的函数图像来讨论化学问题。

为满足不同的需要，原子轨道的函数图像有多种形式，但归纳起来不外乎两大系列：原子轨道系列和电子云系列，每个系列又分为角度分布图、径向分布图和空间分布图三种图形，下面简单介绍电子云的空间图形和波函数与电子云的角度分布图。

1）电子云的空间图形

原子轨道波函数绝对值的平方 $\psi^2_{n,l,m}(r,\theta,\phi)$ 表示电子云概率密度，概率密度与原子核外某空间体积 $\mathrm{d}\tau$ 的乘积就是电子在该处出现的概率

$$\text{概率}=\psi^2_{n,l,m}(r,\theta,\phi)\mathrm{d}\tau$$

将 $\psi^2_{n,l,m}(r,\theta,\phi)$ 对 (r,θ,ϕ) 作图所得图形称为电子云的空间图形。根据 ψ^2 值表示方法的不同，电子云的空间图形有三种表示方法：

(1) 电子云图。在图中用小黑点的疏密程度表示电子云概率密度 ψ^2 的大小，该图形称为电子云图，图 4-5(a)为 1s 的电子云图。

(2) 电子云的等密度图。用一系列标有 ψ^2 值的等密度曲面表示电子云概率密度相同的球面，这种图形称为电子云的等密度图，图 4-5(b)为 1s 电子云的等密度图。

(3) 电子云的界面图。包括了电子出现概率 90％以上的等密度面构成了电子云的界面图，图 4-5(c)为 1s 电子云的界面图。

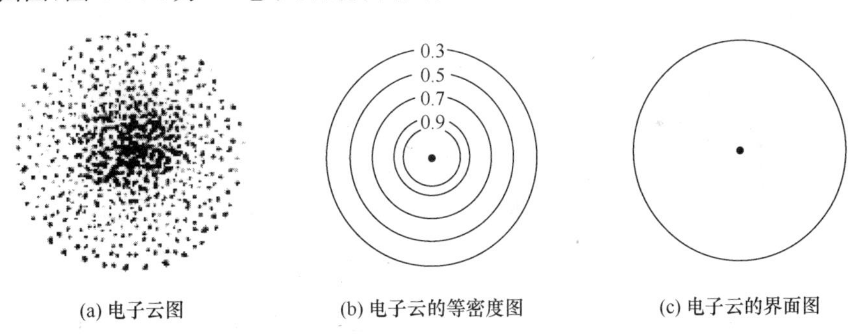

(a) 电子云图　(b) 电子云的等密度图　(c) 电子云的界面图

图 4-5　1s 电子云的空间图形

2）波函数与电子云的角度分布图

(1) 波函数的角度分布图。将角度波函数 $Y_{n,l,m}(\theta,\phi)$ 对角度 (θ,ϕ) 所作的图称为波函数(原子轨道)的角度分布图，它反映了波函数的大小随角度变化的情况。

(2) 电子云的角度分布图。将角度波函数的平方 $Y^2_{n,l,m}(\theta,\phi)$ 对角度 (θ,ϕ) 所作的图称为电子云的角度分布图，它反映了电子云随角度变化的情况。

下面以 p_z 轨道为例对这两种图形加以说明。

查表 4-1 可知，角度函数 $Y(p_z)=\sqrt{\frac{3}{4\pi}}\cos\theta$，它仅为 $\cos\theta$ 的函数。令 θ 从 0°～180°变化，分别求得对应的 $Y(p_z)$ 值和 $Y^2(p_z)$ 值，见表 4-2。

表 4-2　不同 θ 下的 $Y(p_z)$ 值和 $Y^2(p_z)$ 值

θ/(°)	0	30	90	150	180
$\cos\theta$	1.00	0.866	0.0	−0.866	−1.00
Y	0.489	0.423	0.00	−0.423	−0.489
Y^2	0.239	0.179	0.00	0.179	0.239

利用表 4-2 的数据，可以在 xy 平面内绘制出两个圆弧，再将圆弧以 z 坐标为轴旋转 360°，得上下两个曲面，这就是 p_z 轨道的角度分布图（图 4-6 左图）。图中“＋”和“－”是根据 Y 的表达式计算的结果，在讨论原子轨道成键时有很大用途。

用相同方法可以得到其他轨道的角度分布图（实线部分），且如果用 $Y^2(p_z)$ 对 θ 作图，可以得到 p_z 电子云概率密度的角度分布图（图 4-6 的虚线部分）。

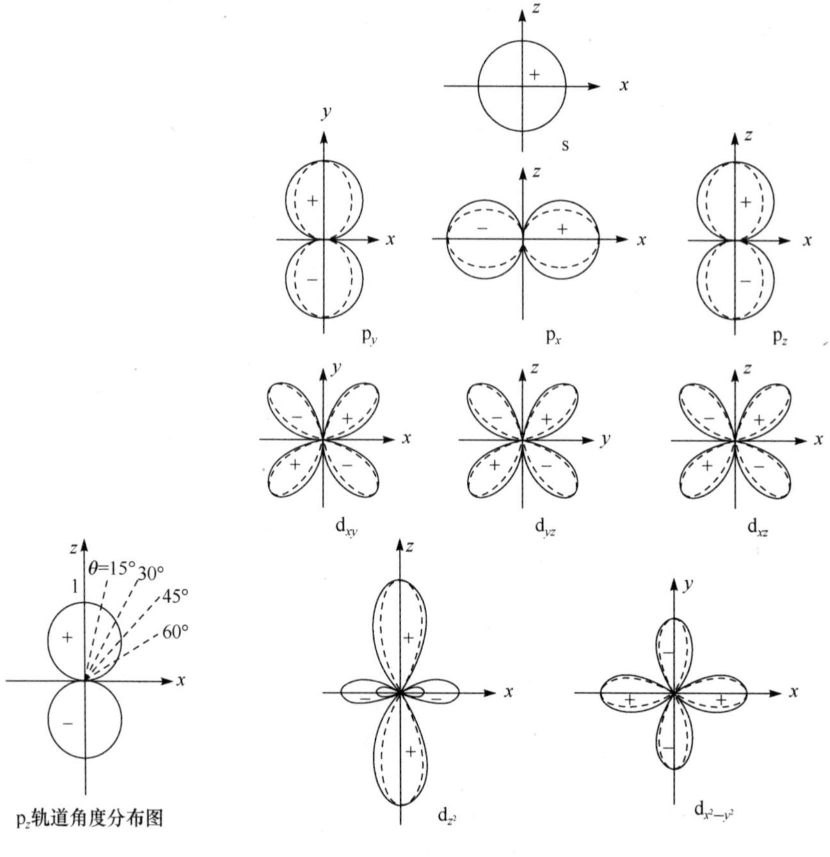

图 4-6　波函数和电子云的角度分布图（实线表示波函数，虚线表示电子云）

波函数(原子轨道)与电子云的角度分布图的区别如下：

(1) 由于角度波函数 $Y_{l,m}$ 只与量子数 l,m 有关而与主量子数 n 无关。因此，对于 l,m 相同而 n 不同的状态，波函数和电子云的角度分布图都分别是相同的。例如，1s、2s、3s 的角度分布图相同，如此类推。

(2) 由于 $Y(p_z)$ 值有正负值，所以它的图上对应位置分别标注了正负号，该符号可用于判断共价键的方向性。而 $Y^2(p_z)$ 值都是正值，所以它的图形无正负号之分。

(3) 由于 $Y^2(p_z)$ 值小于对应的 $Y(p_z)$ 值，所以电子云的角度分布图比波函数的角度分布图“瘦”些。

4.1.4 多电子原子电子结构及周期律

1. 近似能级图与近似能级公式

1) 多电子原子中轨道的能级顺序

多电子原子中电子的排布即电子结构与轨道能量有关，四个量子数中与能量有关的是主量子数 n 和角量子数 l，轨道能量遵循以下规律：

(1) 主量子数 n 相同，角量子数 l 越大，轨道的能量越高，例如，$E_{6s}<E_{6p}<E_{6d}<E_{6f}<\cdots$。

(2) 角量子数 l 相同(同种轨道)，主量子数 n 越大，轨道的能量越高，例如，$E_{1s}<E_{2s}\cdots$，$E_{2p}<E_{3p}\cdots$，$E_{3d}<E_{4d}\cdots$，$E_{4f}<E_{5f}$。

(3) 如果主量子数 n 和角量子数 l 都不相同，可能会出现轨道能量交叉的现象，而这种交叉还随原子序数的递增而变化。

原子轨道具体的能量高低不仅与电子排布有关，还与原子周围的环境有关。在科学研究上往往通过光谱实验结果判断轨道能量的高低。

2) 鲍林的近似能级图

美国著名结构化学家鲍林(L. Pauling)根据大量光谱实验数据及理论计算的结果，提出了多电子原子中轨道的近似能级图[图 4-7(a)]。图中每个小圈表示一个原子轨道，3 个 p 轨道、5 个 d 轨道等处于同一个能级，属于能量简并轨道。图中每个方框表示一个能级组，方框内是能级相近的轨道。主量子数相同的轨道是同层轨道，从第三电子层开始，同层轨道跨越了不同的能级组，出现了能量交叉现象。近似能级图可以作为原子核外电子填充顺序的参考依据。

3) 科顿的原子轨道能级图

鲍林的原子轨道能级图基本反映了多电子原子核外电子的填充顺序，但实际上原子核外电子能量高低的顺序并不是一成不变的。随着原子序数的增加，核电荷对电子引力的增强，所有轨道的能量都会下降，但各个轨道下降的程度不同，会导致不同元素原子轨道能级次序不完全一致。1962 年，美国化学家科顿(F. A. Cotton)根据原子结构的理论研究与实验的结果，提出了原子轨道能级与原子序数的关系图

(图 4-8),图的右上角方框内是 $Z=20$ 附近的原子轨道能级次序的放大图。由图可以看到,主量子数相同的氢原子轨道是能量简并的,随着原子序数的递增,出现了能量交叉的现象。但是,随着原子序数的继续增加,原子轨道能级顺序又趋于简单,这是因为随着核电荷的增加,核外电子数增加,外层轨道被逐步排满,变成内层轨道。

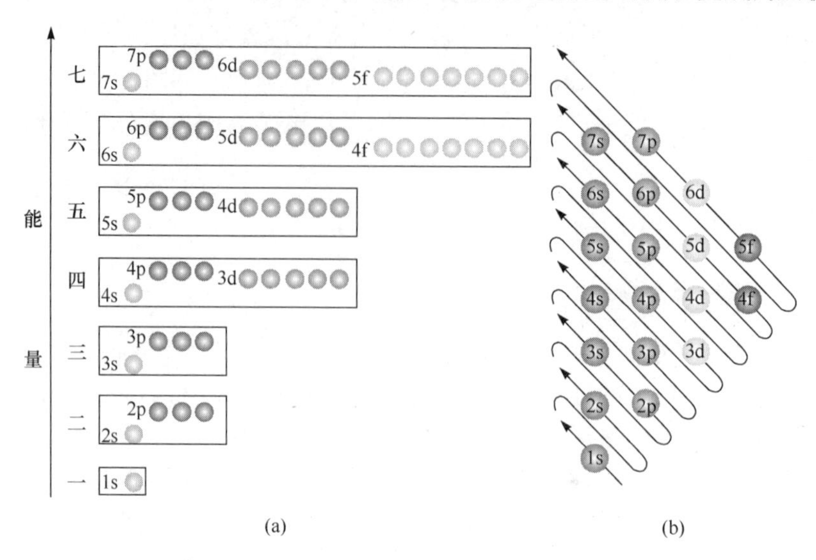

图 4-7　鲍林的近似能级图(a)与电子填充顺序(b)

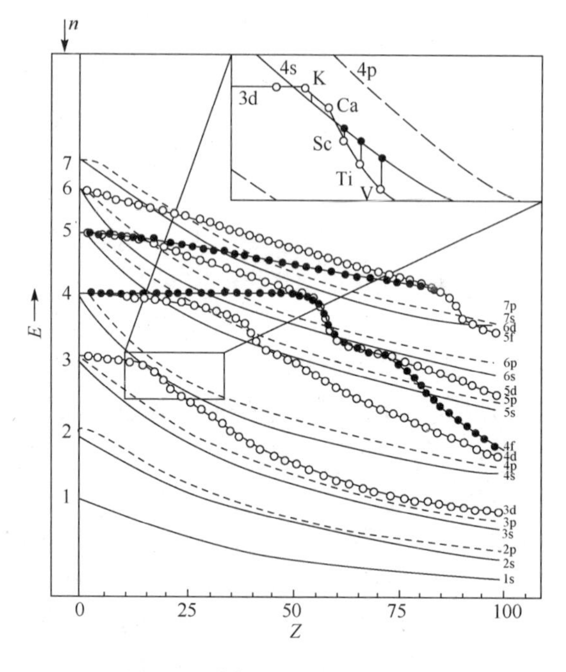

图 4-8　科顿的原子轨道能级图

化学家史话

鲍　林

鲍林(L. Pauling,1901—1995),美国化学家,1901年2月28日生于美国俄勒冈州的波特兰市。1922年在俄勒冈州立大学获得化学工程理学学士学位,1925年在加州理工学院获得化学哲学博士学位,次年成为哥根海姆基金会会员,并以会员身份在欧洲许多大学和当时一些著名科学家如薛定谔、玻尔等共同从事研究工作。1931年在美国俄勒冈州立大学任教授,同年获得美国化学会纯化学奖——朗缪尔奖,1954年由于其在化学键理论方面的卓越贡献获得诺贝尔化学奖,1962年获得诺贝尔和平奖。

鲍林在化学方面的主要贡献是提出了元素电负性的标度和原子轨道杂化理论等概念。鲍林所著的《化学键的本质》是化学结构理论方面的经典著作。由于鲍林在化学键方面的研究成果以及用化学键理论阐明复杂物质的分子结构,从而获得1954年诺贝尔化学奖。此外,鲍林在生物化学和医学方面也有很深的造诣,并且取得了许多重要成果。

鲍林不仅是一位杰出的化学家,而且是一位社会活动家。他在反对战争、促进世界和平方面也有突出贡献。1946年鲍林应爱因斯坦请求,发起成立了"原子科学家紧急委员会"。1955年他与51名诺贝尔奖得主发表宣言,反对美、苏核试验。1962年他写信给美国总统肯尼迪和苏联领导人赫鲁晓夫,要求两国停止核试验,促使美、英、苏三国于1963年在莫斯科签署《部分禁止核试验条约》。1962年诺贝尔奖评选委员会授予鲍林诺贝尔和平奖。鲍林成为当时唯一一位单独两次获得诺贝尔奖的科学家。鲍林于1995年去世,享年94岁。

4) 徐光宪的近似能级公式

我国著名化学家徐光宪先生在总结前人工作的基础上,提出了轨道能量与主量子数和角量子数的关系式。他建议,原子在填充电子时按式(4-11)计算原子轨道的能量,并按能量由低到高的顺序填充电子

$$E(\psi_{n,l})=(n+0.7l) \tag{4-11}$$

式中,n 和 l 分别为对应轨道的主量子数和角量子数,其值越大,能量越高。

例如,$E_{4s}=(4+0.7\times0)=4$,$E_{3d}=(3+0.7\times2)=4.4$,$E_{3d}>E_{4s}$,出现了能量交叉,应当先填4s电子再填3d电子。

考虑原子电离时,则按式(4-12)计算原子轨道的能量,并按能量由高到低的顺序失去电子

$$E(\psi_{n,l})=(n+0.4l) \tag{4-12}$$

例如,$E_{4s}=(4+0.4\times0)=4$,$E_{3d}=(3+0.4\times2)=3.8$,$E_{4s}>E_{3d}$,电离时,应当先失4s电子再失3d电子。

徐光宪的计算公式更为简洁,用这种方法计算得到的电离能数值与实验值符合得很好。

化学家史话

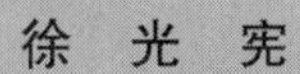

徐　光　宪

徐光宪，浙江上虞人，著名物理化学家、无机化学家、教育家、中国科学院院士。1991年被选为亚洲化学联合会主席。现任北京大学化学系教授、博士生导师。历任北京大学原子能系（后改为技术物理系）副主任、稀土化学研究中心主任，国家自然科学基金委员会化学科学部主任，中国化学学会理事长，中国稀土学会副理事长。

徐光宪的研究横跨物理化学、核燃料化学、配位化学、萃取化学、稀土化学等领域。他在我国较早开设物质结构和量子化学课程。20世纪50年代末，他从事核燃料萃取化学研究，提出萃取机理的分类法，准确测定大量溶液化合物的稳定常数和两相萃取平衡常数，为国际手册收录。

1976年，他提出串级萃取理论并在全国推广，把我国稀土萃取分离工艺提高到国际先进水平。在量子化学领域中，他对化学键理论作了深入研究，提出了原子价的新概念、nxcπ结构规则和分子片的周期律。同系线性规律的量子化学基础和稀土化合物的电子结构特征研究，被授予国家自然科学二等奖。徐光宪著述颇丰，发表学术论文400余篇，出版专著和教科书8种。他所编著的《物质结构》一书于1988年被评为国家教委优秀教材特等奖。2005年，荣获何梁何利基金“科学与技术成就奖”。

2. 核外电子的排布原则

1) 原子核外电子排布的基本原则

多电子原子核外电子排布遵循三个基本原则，分别说明如下。

(1) 泡利(W. Pauli)不相容原理。在同一原子中没有四个量子数完全相同的电子，或者同一原子轨道只能容纳两个自旋相反的电子。由于每一电子层、每一电子亚层的轨道数确定，因此所能容纳的电子数目也是一定的(表4-3)。

表4-3　量子数、原子轨道和可容纳的最大电子数

n	l	亚层符号	m	轨道数	m_s	可容纳最大电子数
1	0	1s	0	1	±1/2	2
2	0	2s	0	1 } 4	±1/2	2 } 8
	1	2p	0, ±1	3	±1/2	6
3	0	3s	0	1 } 9	±1/2	2 } 18
	1	3p	0, ±1	3	±1/2	6
	2	3d	0, ±1, ±2	5	±1/2	10

续表

n	l	亚层符号	m	轨道数		m_s	可容纳最大电子数	
4	0	4s	0	1	16	±1/2	2	32
	1	4p	0,±1	3		±1/2	6	
	2	4d	0,±1,±2	5		±1/2	10	
	3	4f	0,±1,±2,±3	7		±1/2	14	

(2) 能量最低原理。在不违背泡利不相容原理的前提下，核外电子在各原子轨道中的排布方式应使整个原子的能量处于最低的状态。因此，核外电子的合理填充应当按照轨道的能量从低到高的顺序填充电子。鲍林近似能级图(图 4-7)给出了轨道能量高低顺序，其中能量相近的轨道被称为一个能级组，即

轨道：　1s　2s2p　3s3p　4s3d4p　5s4d5p　6s4f5d6p　7s5f6d7p

能级组：1　2　3　4　5　6　7

(3) 洪德(F. Hund)规则。在能量相同(n 和 l 相同)的原子轨道上排布电子时，总是以自旋相同的方向优先分占不同的轨道；当电子轨道处于半充满状态(如 p^3，d^5，f^7)或全充满状态(如 p^6，d^{10}，f^{14})时，原子核外电子的电荷在空间的分布呈球形对称，有利于降低原子的能量。例如，根据最低能量原理，Cr(Z=24)核外电子排布式为$1s^2 2s^2 2p^6 3s^2 3p^6 4s^2 3d^4$，但考虑洪德规则，实际的排布式为 $1s^2 2s^2 2p^6 3s^2 3p^6 4s^1 3d^5$。洪德规则是个经验规则，但后来量子力学计算证明，电子按洪德规则分布可使整个原子体系能量最低、最稳定。当一个轨道已有一个电子时，另一个电子的进入必须克服被称为电子成对能的能量，该能量来源于两个电子的相互排斥。因此，成单电子分布到等价轨道中有利于体系能量的降低。

多电子原子核外电子的排布原则可以归结为能量因素与对称性因素，它们共同构成了原子核外电子的最低能量状态。利用核外电子排布三原则排布的电子结构，绝大多数与光谱实验结果相符，但也有部分元素的实际电子结构不符合电子排布三原则，如 41 号的铌、57 号的镧等。核外电子排布三原则只是一般规律，随着原子核电荷数的增加，离核较远的各能级之间的能量差变得越来越小，同时核外电子之间的相互作用变得更加复杂，核外电子排布的例外也会增加。具体到某一个原子的电子排布，还是要以光谱实验的结果为准。

2) 基态原子的电子层结构

基态原子的电子层结构(又称电子组态)可用电子排布式表示，一般情况下其写法为：先按能级组能量从低到高的顺序排列，在每个能级组内再按主量子数 n 由小到大排列，然后电子按图 4-7(b)“填充电子顺序”填入排列式中，同时考虑洪德规则。此排布式写法的结果与大多数基态原子的核外电子排布光谱实验结果一致。表 4-4 列出了 1～110 号元素基态原子的电子排布式的光谱实验结果。

表 4-4　基态原子的电子组态

周期	原子序数	元素符号	电子结构
1	1	H	$1s^{1}$
	2	He	$1s^{2}$
2	3	Li	[He]$2s^{1}$
	4	Be	[He]$2s^{2}$
	5	B	[He]$2s^{2}2p^{1}$
	6	C	[He]$2s^{2}2p^{2}$
	7	N	[He]$2s^{2}2p^{3}$
	8	O	[He]$2s^{2}2p^{4}$
	9	F	[He]$2s^{2}2p^{5}$
	10	Ne	[He]$2s^{2}2p^{6}$
3	11	Na	[Ne]$3s^{1}$
	12	Mg	[Ne]$3s^{2}$
	13	Al	[Ne]$3s^{2}3p^{1}$
	14	Si	[Ne]$3s^{2}3p^{2}$
	15	P	[Ne]$3s^{2}3p^{3}$
	16	S	[Ne]$3s^{2}3p^{4}$
	17	Cl	[Ne]$3s^{2}3p^{5}$
	18	Ar	[Ne]$3s^{2}3p^{6}$
4	19	K	[Ar]$4s^{1}$
	20	Ca	[Ar]$4s^{2}$
	21	Sc	[Ar]$3d^{1}4s^{2}$
	22	Ti	[Ar]$3d^{2}4s^{2}$
	23	V	[Ar]$3d^{3}4s^{2}$
	24	Cr	[Ar]$3d^{5}4s^{1}$
	25	Mn	[Ar]$3d^{5}4s^{2}$
	26	Fe	[Ar]$3d^{6}4s^{2}$
	27	Co	[Ar]$3d^{7}4s^{2}$
	28	Ni	[Ar]$3d^{8}4s^{2}$
	29	Cu	[Ar]$3d^{10}4s^{1}$
	30	Zn	[Ar]$3d^{10}4s^{2}$
	31	Ga	[Ar]$3d^{10}4s^{2}4p^{1}$
	32	Ge	[Ar]$3d^{10}4s^{2}4p^{2}$
	33	As	[Ar]$3d^{10}4s^{2}4p^{3}$
	34	Se	[Ar]$3d^{10}4s^{2}4p^{4}$
	35	Br	[Ar]$3d^{10}4s^{2}4p^{5}$
	36	Kr	[Ar]$3d^{10}4s^{2}4p^{6}$

周期	原子序数	元素符号	电子结构
5	37	Rb	[Kr]$5s^{1}$
	38	Sr	[Kr]$5s^{2}$
	39	Y	[Kr]$4d^{1}5s^{2}$
	40	Zr	[Kr]$4d^{2}5s^{2}$
	41	Nb	[Kr]$4d^{4}5s^{1}$
	42	Mo	[Kr]$4d^{5}5s^{1}$
	43	Tc	[Kr]$4d^{5}5s^{2}$
	44	Ru	[Kr]$4d^{7}5s^{1}$
	45	Rh	[Kr]$4d^{8}5s^{1}$
	46	Pd	[Kr]$4d^{10}$
	47	Ag	[Kr]$4d^{10}5s^{1}$
	48	Cd	[Kr]$4d^{10}5s^{2}$
	49	In	[Kr]$4d^{10}5s^{2}5p^{1}$
	50	Sn	[Kr]$4d^{10}5s^{2}5p^{2}$
	51	Sb	[Kr]$4d^{10}5s^{2}5p^{3}$
	52	Te	[Kr]$4d^{10}5s^{2}5p^{4}$
	53	I	[Kr]$4d^{10}5s^{2}5p^{5}$
	54	Xe	[Kr]$4d^{10}5s^{2}5p^{6}$
6	55	Cs	[Xe]$6s^{1}$
	56	Ba	[Xe]$6s^{2}$
	57	La	[Xe]$5d^{1}6s^{2}$
	58	Ce	[Xe]$4f^{1}5d^{1}6s^{2}$
	59	Pr	[Xe]$4f^{3}6s^{2}$
	60	Nd	[Xe]$4f^{4}6s^{2}$
	61	Pm	[Xe]$4f^{5}6s^{2}$
	62	Sm	[Xe]$4f^{6}6s^{2}$
	63	Eu	[Xe]$4f^{7}6s^{2}$
	64	Gd	[Xe]$4f^{7}5d^{1}6s^{2}$
	65	Tb	[Xe]$4f^{9}6s^{2}$
	66	Dy	[Xe]$4f^{10}6s^{2}$
	67	Ho	[Xe]$4f^{11}6s^{2}$
	68	Er	[Xe]$4f^{12}6s^{2}$
	69	Tm	[Xe]$4f^{13}6s^{2}$
	70	Yb	[Xe]$4f^{14}6s^{2}$
	71	Lu	[Xe]$4f^{14}5d^{1}6s^{2}$
	72	Hf	[Xe]$4f^{14}5d^{2}6s^{2}$

周期	原子序数	元素符号	电子结构
6	73	Ta	[Xe]$4f^{14}5d^{3}6s^{2}$
	74	W	[Xe]$4f^{14}5d^{4}6s^{2}$
	75	Re	[Xe]$4f^{14}5d^{5}6s^{2}$
	76	Os	[Xe]$4f^{14}5d^{6}6s^{2}$
	77	Ir	[Xe]$4f^{14}5d^{7}6s^{2}$
	78	Pt	[Xe]$4f^{14}5d^{9}6s^{1}$
	79	Au	[Xe]$4f^{14}5d^{10}6s^{1}$
	80	Hg	[Xe]$4f^{14}5d^{10}6s^{2}$
	81	Tl	[Xe]$4f^{14}5d^{10}6s^{2}6p^{1}$
	82	Pb	[Xe]$4f^{14}5d^{10}6s^{2}6p^{2}$
	83	Bi	[Xe]$4f^{14}5d^{10}6s^{2}6p^{3}$
	84	Po	[Xe]$4f^{14}5d^{10}6s^{2}6p^{4}$
	85	At	[Xe]$4f^{14}5d^{10}6s^{2}6p^{5}$
	86	Rn	[Xe]$4f^{14}5d^{10}6s^{2}6p^{6}$
7	87	Fr	[Rn]$7s^{1}$
	88	Ra	[Rn]$7s^{2}$
	89	Ac	[Rn]$6d^{1}7s^{2}$
	90	Th	[Rn]$6d^{2}7s^{2}$
	91	Pa	[Rn]$5f^{2}6d^{1}7s^{2}$
	92	U	[Rn]$5f^{3}6d^{1}7s^{2}$
	93	Np	[Rn]$5f^{4}6d^{1}7s^{2}$
	94	Pu	[Rn]$5f^{6}7s^{2}$
	95	Am	[Rn]$5f^{6}7s^{2}$
	96	Cm	[Rn]$5f^{7}6d^{1}7s^{2}$
	97	Bk	[Rn]$5f^{9}7s^{2}$
	98	Cf	[Rn]$5f^{10}7s^{2}$
	99	Es	[Rn]$5f^{11}7s^{2}$
	100	Fm	[Rn]$5f^{12}7s^{2}$
	101	Md	[Rn]$5f^{13}7s^{2}$
	102	No	[Rn]$5f^{14}7s^{2}$
	103	Lr	[Rn]$5f^{14}6d^{1}7s^{2}$
	104	Rf	[Rn]$5f^{14}6d^{2}7s^{2}$
	105	Db	[Rn]$5f^{14}6d^{3}7s^{2}$
	106	Sg	[Rn]$5f^{14}6d^{4}7s^{2}$
	107	Bh	[Rn]$5f^{14}6d^{5}7s^{2}$
	108	Hs	[Rn]$5f^{14}6d^{6}7s^{2}$
	109	Mt	[Rn]$5f^{14}6d^{7}7s^{2}$
	110	Ds	[Rn]$5f^{14}6d^{8}7s^{2}$

注：表中单框中的元素是过渡元素，双框中的元素是镧系或锕系元素。

有关说明如下：

(1) 鲍林的近似能级图仅是一个近似的规律，随着原子序数的增加，能级顺序会发生变化，所以在表中会发现某些不符合近似能级图顺序的“例外”情况。更严格的能级顺序可以参见科顿的原子轨道能级图。

(2) 为了简化起见，可用原子实的符号表示已填满的内层轨道，原子实的符号就是加上方括号的相应稀有气体的元素符号。例如，$1s^2 2s^2 2p^6 3s^2 3p^6 3d^{10} 4s^2 4p^6$ = [Kr]，所以基态 In 原子的电子排布式可以简化为[Kr]$4d^{10} 5s^2 5p^1$。这种表示方法不仅简洁，而且突出了在化学反应中最为活跃的价层电子(valence electron)。

(3) 除了表中的表示形式之外，还可以用“电子轨道图”表示：用方格(圆圈)或短线表示一个原子轨道，分别用不同指向的箭头“↑”或“↓”表示电子的自旋状态，这种方式还可以进一步表示电子所处的具体轨道和自旋状态。例如，C 的电子分布图可表示为

↑↓　↑↓　↑　↑　＿

或 [↑↓] [↑↓] [↑] [↑] [ ]

或 (↑↓) (↑↓) (↑) (↑) ( )

4.1.5　元素基本性质的周期性变化

1869 年，俄国化学家门捷列夫在元素系统化的研究中将元素按一定顺序排列起来，使元素的化学性质呈现周期性的变化，元素性质的这种周期性变化规律称为元素的周期律(element periodicity)，其表格形式称为元素周期表或元素周期系。今天，人们已经认识到，随着原子序数的增加，原子结构的周期性变化是造成元素性质周期性变化的根本原因，这些性质包括原子半径、电离能、电负性等。

1. 元素周期表结构

1) 能级组与周期

原子轨道按能量高低划分成 7 个能级组，对应着周期表中的 7 个周期。每个能级组中能容纳的电子数目，就是该周期中所含元素的数目(未满的第七周期除外)。

2) 价层电子结构与族

周期表中每一个纵列的元素具有相似的价层电子结构，故称为一个族。其中Ⅷ族包含 3 个纵列，所以 18 个纵列共分为 16 个族，主族、副族各含 8 个族。

(1) 主族。按电子的填充顺序，凡是最后一个电子填入 ns 或 np 能级的元素称为主族元素。

(2) 副族。按电子的填充顺序，凡是最后一个电子填在价电子层的(n−1)d 能级或(n−2)f 能级上的元素称为副族元素。在周期表中，副族元素介于典型的金属

元素(碱金属和碱土金属)和非金属(硼族和卤族)元素之间,所以又将它们称为过渡元素。第四、五、六周期中的过渡元素分别称为第一、二、三过渡系元素。镧系元素和锕系元素则称为内过渡系元素。

化学家史话

门捷列夫

门捷列夫(Д. К. Менделеев,1834—1907),俄国化学家。1834 年 2 月 7 日出生在俄国西伯利亚托波尔斯克市的中学教师家庭。1855 年以优异的学习成绩从彼得堡高等师范学校的物理数学专业毕业,1857 年又以优异的成绩通过了彼得堡大学化学本科学位答辩,并被破格聘任为彼得堡大学的化学讲师,担任理论化学和有机化学的教学工作,年仅 22 岁。

门捷列夫从 1862 年开始研究元素周期律,他对 283 种物质逐一进行艰苦细致的分析测定,掌握了大量资料,终于在 1869 年 2 月发表了关于元素周期律的论文和图表,主要学术观点如下:① 按相对原子质量大小顺序排列起来的元素呈现出明显的周期性;②相对原子质量的大小决定了元素的特征;③可望预言发现许多未知的元素;④根据同类元素的关系可以修正相对原子质量数据的错误。

门捷列夫以他的元素周期律为理论依据,大胆指出某些被公认的相对原子质量有误,应当重新测量,包括 Au、U、In、La、Y、Er、Ce 和 Th 等元素,他还预言了一些未知的元素。这些预言后来都一一被实验事实所证实,他的成就有力地推动了现代化学和物理化学的发展,成为世界著名的卓越的化学家。先后获得英国皇家学会的戴维金质奖章和英国化学会的法拉第奖章,并被各国科学院授予荣誉院士和名誉学位。1907 年 2 月 2 日,这位化学巨匠因心肌梗死与世长辞,享年 73 岁。

3) 相近的电子结构与分区

根据原子基态电子组态的特点,将价层电子结构相近的族归为同一个区,周期表共划分成 5 个区。

(1) s 区:凡是价电子层最高能级为 $ns^{1\sim2}$ 电子组态的元素称为 s 区元素,包括ⅠA 和ⅡA两个主族的元素。

(2) p 区:凡是价电子层上具有 $ns^2np^{1\sim6}$ 电子组态的元素称为 p 区元素,包括ⅢA～ⅦA以及 0 族的主族元素。

(3) d 区:价电子层上具有 $(n-1)d^{1\sim9}ns^{1\sim2}$(Pd 为 $4d^{10}5s^0$)电子组态的元素称为 d 区元素,包括ⅢB～Ⅷ6 个副族的元素。

(4) ds 区:价电子层中具有 $(n-1)d^{10}ns^{1\sim2}$ 电子组态的元素称为 ds 区元素,包括ⅠB 和ⅡB 两个副族的元素。

(5) f 区:价电子层中具有 $(n-2)f^{1\sim14}(n-1)d^{0\sim1}ns^2$ 电子组态的元素称为 f 区元素。镧系元素和锕系元素属于 f 区元素(图 4-9)。

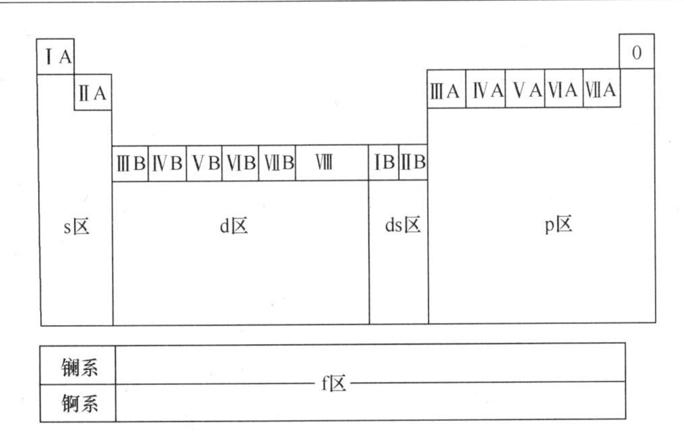

图 4-9　周期表元素的分区

2. 原子半径的周期性变化

1) 原子半径的概念

原子半径与原子所处的环境有关。除零族元素以外,其他任何元素的原子都是以键合的形式存在于单质或化合物中。原子在发生键合时,总要有部分的原子轨道发生重叠,与不同元素发生键合时,轨道的重叠程度各有不同,即使与同种元素键合,由于成键方式和数目的不同(如单键、双键等),轨道重叠的程度也有变化,即便是形成单质,同素异形体之间的原子轨道重叠程度也不同。因此,单纯地将原子半径理解为原子核到最外层电子之间距离是不严格的。显然,要给出任何时候都适用的原子半径数据也是不可能的。经常用到的原子半径有共价半径、金属半径和范德华半径三种。在没有特别说明的情况下,原子半径一般是指原子的单键共价半径。

(1) 原子的共价半径(r_C)。通常把同核双原子分子中相邻两原子的核间距的一半,也即共价键键长的一半,称为该原子的共价半径(covalence radius)。例如,在 H_2 分子中,H 原子的核间距是 64 pm,则氢原子的共价半径为 32 pm。

(2) 原子的金属半径(r_M)。在金属晶体中,相互接触的两个原子的核间距的一半,称为原子的金属半径(metal radius)。金属原子的配位数对金属半径有影响。当配位数增大时,配位原子间相互排斥作用增强,相邻原子的核间距增大,金属半径也增大。

(3) 范德华半径(r_V)。在以范德华力形成的分子晶体中,不属于同一个分子的两个最接近原子的核间距的一半,称为范德华半径(van der Waals radius)。

(4) 不同概念下的原子半径的相对大小。对同种元素的原子来说,原子的范德华半径大于原子的金属半径和共价半径,因为前者为非键接触,而后者形成了化学键;原子的金属半径大于原子的共价半径,因为金属晶体中的一个原子要与多个相邻的原子接触,原子之间的共用的电子数比较少。综上所述,有 $r_V > r_M > r_C$ 的顺序。在讨论问题时,应该用同一种概念下的原子半径数据。

2) 原子半径的周期性变化

由于原子结构的周期性变化,原子半径也呈现出周期性变化规律(表 4-5)。其

表 4-5　元素的原子半径(单位:pm)

H																	He
32																	93
Li	Be											B	C	N	O	F	Ne
123	89											82	77	70	66	64	112
Na	Mg											Al	Si	P	S	Cl	Ar
154	136											118	117	110	104	99	154
K	Ca	Sc	Ti	V	Cr	Mn	Fe	Co	Ni	Cu	Zn	Ga	Ge	As	Se	Br	Kr
203	174	144	132	122	118	117	117	116	115	117	125	126	122	121	117	114	169
Rb	Sr	Y	Zr	Nb	Mo	Tc	Ru	Rh	Pd	Ag	Cd	In	Sn	Sb	Te	I	Xe
216	191	162	143	134	130	128	125	125	128	134	148	144	140	141	137	133	190
Cs	Ba △	Lu	Hf	Ta	W	Re	Os	Ir	Pt	Au	Hg	Tl	Pb	Bi	Po	At	Rn
235	198	158	144	134	130	128	126	127	130	134	144	148	147	146	146	145	220
Fr	Ra	Lr															

△	La	Ce	Pr	Nd	Pm	Sm	Eu	Gd	Tb	Dy	Ho	Er	Tm	Yb
	169	165	164	164	163	162	185	162	161	160	158	158	158	170

规律性主要体现在以下两点:

(1) 同一周期的元素,自左至右,原子半径随原子序数的增加而减小,这是因为在主量子数 n 相同的情况下,原子的有效核电荷数越大,对最外层电子的吸引力就越大,相应的原子半径则越小。经比较发现,主族元素的原子半径递减规律更为明显,而副族元素的原子半径递减不明显,这是由副族元素的最外层及次外层电子相互作用的复杂性导致的。从 d 区过渡到 ds 区 ⅠB、ⅡB 族时,原子半径有所回升,这是因为它们的价电子层结构为全充满或半充满,电子云呈现球形对称。

(2) 同一族元素的原子半径,由上而下增大,这是因为由上而下主量子数 n 递增。但是第六周期 d 区元素的原子半径与第五周期元素相近,甚至有所减小,这是因为在第六周期的ⅢB 族出现了由 15 个结构和性质都非常相近的元素组成的镧系元素,镧系元素以后的元素由于核电荷数的急剧增加,原子核对外层电子的吸引力大增,其对原子半径减小的影响超过了电子层数对原子半径增大的影响,使得第六周期元素的原子半径与第五周期相似甚至更小,我们将这种现象称为"镧系收缩"。

3. 电离能的周期性变化

1) 电离能的概念

使原子失去电子变为正离子,要消耗一定的能量以克服核对电子的引力。使某元素的一个基态的气态原子失去最外层的一个电子成为+1 价气态离子所需的最低能量称为该元素的第一电离能(I_1)，再相继失去第二个、三个、……电子所需能量依次称为第二电离能(I_2)、第三电离能(I_3)……。

$$A(g)\xrightarrow{I_1}A^{+}(g)\xrightarrow{I_2}A^{2+}(g)\xrightarrow{I_3}A^{3+}(g)\cdots$$

电离能(ionization energy)数据既可以通过原子光谱、光电子能谱和电子冲击质谱等实验方法准确测定，也可以从理论上通过近似方法计算得到。

2) 电离能的周期性变化

对于相同元素来说，当原子失去一个电子后，离子中的电子受核的吸引增强，故从 A^+ 中再失去一个电子所需的能量增加，即第二电离能必大于第一电离能，即 $I_1<I_2<I_3<I_4\cdots$。

对于在同一族中的元素，电离能一般随着电子层数的增加而递减，这是因为外层电子半径越大，能量越高，越容易被电离。

在同一周期中，元素电离能变化的趋势一般是随着原子序数的增加而递增，增加的幅度随周期数的增加而减小，但这种递增趋势并非单调递增而是曲折上升。

可见，元素的电离能大小与该元素的原子半径也有一定关系，当原子半径较大时，外层电子受核的引力较小，较容易电离，反之亦然。但原子半径不是电离能的唯一决定因素，有时还与元素的最外层电子结构有关。例如，第二周期元素 Be($2s^2$)和 N($2s^2 2p^3$)的电离能均比它们左右相邻元素的电离能大，这是由于全充满和半充满电子壳层的能量较低、体系稳定。第三周期也有类似情况。一般来说，如果电离的结果会导致稳定结构的破坏，则电离能会“反常”地增大。反之，如果电离的结果会导致达到稳定结构，则电离能会“反常”地减小。

4. 元素电负性的周期性变化

1) 电负性的概念

1932 年鲍林首先提出电负性的概念。他将一个分子中的原子对电子的吸引能力定义为原子的电负性(electronegativity)(χ)，其值越大，表示元素的原子在分子中吸引成键电子的能力越大，反之越小。

电负性的数值无法用实验测定，只能采用对比的方法得到，由于选择的标准不同，计算方法不同，得到的电负性数值也不一样。主要的学派有鲍林(Pauling)标度(χ_P)、莫立肯(Mulliken)标度(χ_M)、阿莱罗周(Allred Roehow)标度(χ_{AR})、桑德逊(Sanderson)标度(χ_S)和埃伦(Allen)标度(χ_A)等。在使用电负性数据时，要注意使用同一套数据，使用最广的还是鲍林的电负性。

2）电负性随周期表的变化规律

在周期表中，右上方 χ(F)最大，左下方 χ(Cs)最小，但主族和副族元素电负性变化规律不完全相同(表 4-6)。对主族元素，同一周期自左至右电负性增大，同一族自上而下电负性减小，但在 p 区出现了反常现象，即第四周期元素的电负性大于第三周期元素的电负性，如 χ(Ga)>χ(Al)等。

表 4-6　元素的电负性表 χ_P

								H								
								2.1								
Li	Be											B	C	N	O	F
1.0	1.5											2.0	2.5	3.0	3.5	4.0
Na	Mg											Al	Si	P	S	Cl
0.9	1.2											1.5	1.8	2.1	2.5	3.0
K	Ca	Sc	Ti	V	Cr	Mn	Fe	Co	Ni	Cu	Zn	Ga	Ge	As	Se	Br
0.8	1.0	1.3	1.5	1.6	1.6	1.5	1.8	1.9	1.9	1.9	1.6	1.6	1.8	2.0	2.4	2.8
Rb	Sr	Y	Zr	Nb	Mo	Tc	Ru	Rh	Pd	Ag	Cd	In	Sn	Sb	Te	I
0.8	1.0	1.2	1.4	1.6	1.8	1.9	2.2	2.2	2.2	1.9	1.7	1.7	1.8	1.9	2.1	2.5
Cs	Ba	Lu	Hf	Ta	W	Re	Os	Ir	Pt	Au	Hg	Tl	Pb	Bi	Po	At
0.7	0.9	1.0-1.2	1.3	1.5	1.7	1.9	2.2	2.2	2.2	2.4	1.9	1.8	1.9	1.9	2.0	2.2
Fr	Ra	Ac														
0.7	0.9	1.1														

3）电负性的应用

尽管目前的电负性理论尚不成熟，也没有一个能从理论上计算电负性的公式，但它在解决许多化学问题上仍有广泛的应用，如判断元素的金属性和非金属性。金属性和非金属性是指元素原子在化学反应中得失电子的能力，而电负性是元素的原子得失电子能力的综合表现，所以电负性可作为比较元素金属性和非金属性的参考标准。一般来说，$\chi<2$ 的被认为是金属元素，$\chi<1.5$ 的则为活泼金属元素，$\chi>2$ 的被认为是非金属元素，$\chi>2.5$ 的则为活泼非金属元素。

4.2　共价键和分子结构

宏观物质的性质取决于多种因素，但主要与两种因素有关：一是组成物质的元素原子，二是各元素原子之间的相互结合方式。这种相互结合的方式即化学键。化学反应的过程实际上是旧的化学键被破坏、新化学键形成的过程。按两原子间相互结合作用力的不同，化学键可以分为三类：离子键、共价键和金属键。

原子间在形成化学键时，若原子间电负性相差不大甚至相等，即形成共价键。最早的共价键理论是 1916 年路易斯(G. N. Lewis)提出来的共用电子对理论，即路易斯理论。后来在量子力学发展的基础上，1927 年美籍德国物理学家海特勒(W. Heitler)和美籍波兰物理学家伦敦(F. London)提出了价键理论(VB 法)。1931 年美国化学家鲍林提出了杂化轨道理论。1931 年美国化学家莫立肯(R. S. Mulliken)和德国化学家洪德提出了分子轨道理论。

4.2.1　价键理论

1. 路易斯理论与 H_2 分子

稀有气体性质稳定，来源于它们原子的电子结构的稳定性。稀有气体的电子结构都是充满 s 轨道和 p 轨道的 8 电子结构，也称八隅体。因此路易斯理论认为，当两元素原子的电负性相差不大时，原子间通过共享电子的形式达到八隅体稳定结构（氢、氦除外），形成共价键，即八隅体规则。例如

HCl 分子的形成：

$$\mathrm{H\cdot} + \mathrm{\cdot\ddot{\underset{\cdot\cdot}{Cl}}:} = \mathrm{H:\ddot{\underset{\cdot\cdot}{Cl}}:}$$

N_2分子的形成：

$$\mathrm{:\dot{\underset{\cdot}{N}}\cdot} + \mathrm{\cdot\dot{\underset{\cdot}{N}}:} = \mathrm{:N\vdots\vdots N:}$$

化学家史话

路　易　斯

路易斯（G. N. Lewis，1875—1946），美国物理化学家。1875 年 10 月 25 日生于马萨诸塞州的一个律师家庭。13 岁入内布拉斯加大学预备学校。21 岁在哈佛大学获学士学位，24 岁获博士学位。1900 年去德国哥廷根大学进修，回国后在哈佛任教。1904～1905 年任菲律宾计量局局长。1905 年到麻省理工学院任教，1911 年升任教授。1912 年起任加利福尼亚大学化学学院院长兼化学系主任。曾获得戴维奖章，瑞典阿伦尼乌斯奖章，美国的吉布斯奖章和里查兹奖章。他还是原苏联科学院的外籍院士。1946 年 3 月 23 日逝世。

路易斯研究过许多化学基础理论并进行了扩充。1901 年和 1907 年，他先后提出"逸度"和"活度"概念；1916 年提出共价键电子理论；1923 年对价键理论和共用电子对成键理论作了进一步阐述。1921 年将离子强度的概念引入热力学，提出了稀溶液中盐的活度系数由离子强度决定的经验定律。1923 年与兰德尔合著《化学物质的热力学和自由能》，该书深入探讨了化学平衡，对自由能、活度等概念作出了新的解释。同年，提出路易斯酸碱概念，认为酸是反应中接受电子对的物质，碱是给予电子对的物质。这是一个重大理论突破，在有机反应和催化反应中得到了广泛应用。此外，还研究过重氢及其化合物，荧光、磷光等现象。主要著作有《价键及原子和分子的结构》、《科学的剖析》等。

路易斯喜欢采用非传统的研究方法。他具有很强的分析能力，能设想出简单而又形象的模型和概念。他经常在未充分查阅文献资料时就开展研究工作。他认为，若彻底掌握了文献资料，有可能受前人思想的束缚，因而影响自己的独创精神。他培养了许多化学家，是一位优秀科学家和卓越导师。

H 原子和 Cl 原子之间的两个电子被两个原子共有，从而使两个原子都具有稀有气体的稳定结构。而两个 N 原子则必须各出三个电子，通过共用三对电子达到八隅体。被一个原子所独有、未参与成键的电子对称为孤对电子对。两原子间共享的电子对数目称为原子间化学键的键级，共用一对电子形成共价单键，共用两对电子形成共价双键，共用三对电子形成共价叁键。键级越大，键能越高。

路易斯理论和路易斯结构式简单明了，成功解释了一些简单分子的组成，初步揭示了共价键的本质。但路易斯的共价键理论把核外成键电子看成局限在两成键原子之间的静电荷，没有跳出经典静电理论。它不能解释为什么两个带相同电荷的电子不相互排斥，而能稳定存在于两原子之间。对一些非八隅体分子，如 BF_3、PCl_3 等分子的形成，也不能作出合理的解释。随着量子力学的建立和形成，1927 年物理学家海特勒和伦敦在用量子力学处理氢分子的基础上提出了价键理论，由此奠定了现代化共价键理论的基础。

2. 现代价键理论

1）量子力学处理氢分子的结果

价键理论是海特勒和伦敦用量子力学方法处理氢分子问题的推广。1927 年，海特勒和伦敦首次求解氢分子的薛定谔方程。他们用近似方法计算氢分子体系的波函数和能量，得到氢分子的电子云分布等密度曲线和能量曲线。如图 4-10 所示，计算结果表明，氢分子有基态和排斥态两种状态。排斥态时，系统的总能量总是大于两未成键原子能量之和，原子间不能形成稳定的化学键。基态时，当远离的两个 H 原子彼此靠近，它们之间的相互作用逐渐增大，系统能量也相应降低。在经过能量最低点之后，两原子进一步接近时，系统能量急剧升高。与基态的能量曲线上最低点相对应的是，电子云分布等密度曲线密集在两个原子核之间，核间距离 R_0 稳定，形成稳定的氢分子。这样，海特勒和伦敦第一次用量子力学方法揭示出氢分子中共价键的实质。

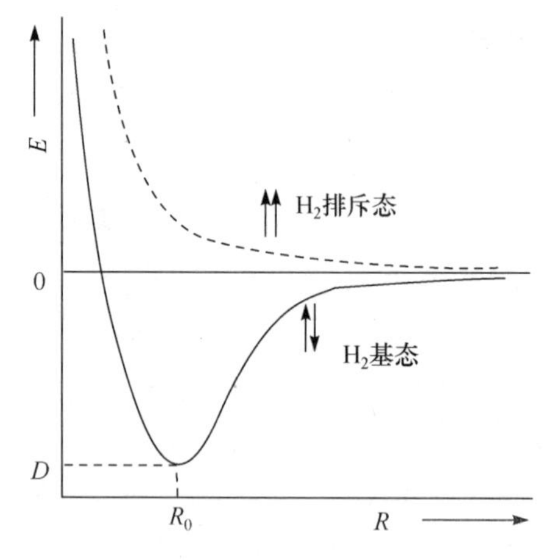

图 4-10 H_2 分子的能量曲线

他们对结果的解释是，原子间的相互作用和成键电子的自旋方向密切相关。排斥态时，两原子轨道上的两个成键电子自旋方向相同，核间电子云密度减小，两原子电子间的排斥作用力占主导地位，不能形成稳定的氢分子。基态时，两原子轨道上的两个成键电子自旋方向相反，在到达核平衡间距 R_0 之前，随着 R 的减小，电子运动的空间轨道发生重叠，电子在两核间出现的机会较多，核间的电子云密度增大，原子之间的相互作用力以引力为主，系统的能量也逐步降低，直到 $R=R_0$，系统对应能量最低值 D。之后，随着两原子间距离的进一步减小，原子核间的排斥力迅速升高，原子之间的相互作用力以排斥力为主，使原子处于动态平衡位置。

把量子力学应用于处理氢分子的结构，揭露了共价键的本质问题，即为什么中性原子(如 H)能够牢固地结合在一起形成分子，以及为什么 H 只能形成 H_2 而不能形成 H_3 等一系列共价分子的本质、结构等问题，并在这个基础上发展起来近代共价键理论。本节将简要介绍价键理论中的一些基本内容。

2) 价键理论的基本要点

将量子力学对 H_2 分子研究结果推广到双原子分子和多原子分子，形成了现代价键理论，其基本要点如下。

(1) 电子配对成键原理。只有当两原子的未成对电子在相互间自旋方向相反的情况下，才能形成稳定的共价键。如果 A、B 两个原子各有一个自旋相反的未成对电子，则它们之间形成共价单键；如果 A、B 两原子各有两个甚至三个自旋相反的未成对电子，则自旋相反的单电子可两两配对成键，最终在两原子之间可形成共价双键或叁键。

例如，O 原子的两个未成对 2p 电子分别与 H 原子未成对的 1s 电子配对成键，形成 AB_2 型分子

$$\mathrm{H}\cdot + \cdot\ddot{\underset{\cdot\cdot}{\mathrm{O}}}\cdot + \cdot\mathrm{H} = \mathrm{H}:\ddot{\underset{\cdot\cdot}{\mathrm{O}}}:\mathrm{H}$$

N 原子的三个未成对 2p 电子则是分别和三个 H 原子未成对的 1s 电子结合形成 AB_3 型分子。至于 He 原子有两个 1s 电子，不存在未成对电子，所以 He 原子之间不能形成化学键，He 为单原子分子。

(2) 原子轨道最大重叠原理。两原子的未成对电子自旋相反配对成键时，未成对电子所在的原子轨道一定要发生相互重叠。这种重叠越多，两原子间的电子云密度越大，所形成的共价键越稳定，分子能量越低。

在海特勒、伦敦处理氢分子成键的工作上形成的价键理论，其主要特点是：把电子理论中一对自旋相反的电子形成共价键的观点，作为构造分子中电子波函数的基础，并充分考虑电子不可分辨性，所以价键理论也称电子配对理论。价键理论最主要的成就是它运用量子力学的观点和方法，为共价键的成因提供了理论基础，阐明共价键形成的主要原因是价电子占用的原子轨道因相互重叠而产生的加强性相干效应。

3）共价键的特点

按价键理论的观点，原子在形成共价键时没有发生电子的转移，而是靠共用电子对结合在一起。因此，我们可以看出共价键一些的特征。

（1）共价键具有方向性。根据成键原子轨道的最大重叠原理可知共价键具有方向性。除 s 轨道呈球形对称外，p 轨道、d 轨道及 f 轨道在空间都有特定的伸展方向。在形成共价键时，s 轨道在任何方向上都能形成最大重叠，而 p 轨道、d 轨道及 f 轨道只有沿着一定的方向才能保证成键时原子轨道的最大重叠，这样所形成的化学键就有方向性。例如，HCl 分子的形成，成键时 H 原子的 s 轨道只有沿着 p_x 轨道对称方向才能发生最大重叠，如图 4-11(a)所示。

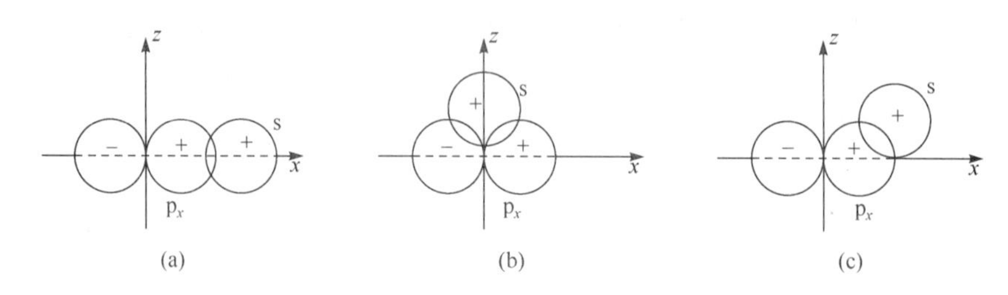

图 4-11　HCl 的 s-p_x 重叠示意图

（2）共价键具有饱和性。共价键形成的一个很重要条件就是成键原子必须具有未成对电子。未成对电子的多少决定了该原子所能形成共价键的数目。例如，氢原子有一个未成对的 1s 电子，与另一个氢原子 1s 电子配对形成 H_2 分子之后，不能与第三个氢原子的 1s 电子继续结合形成 H_3 分子。又如，N 原子外层有三个未成对的 2p 电子，可以同三个氢原子的 1s 电子配对形成三个共价单键，生成 NH_3 分子。同时，共价键的原子轨道最大重叠原理也决定了共价键的饱和性，因为当一个原子轨道已经与一个轨道达到最大重叠后，就不可能再与另外一个轨道达到最大重叠了。

4）共价键的类型

不同的原子轨道具有不同的形状。原子成键时，虽然同是最大重叠，但原子轨道的最大重叠方式不同，形成的共价键的键型也不同。

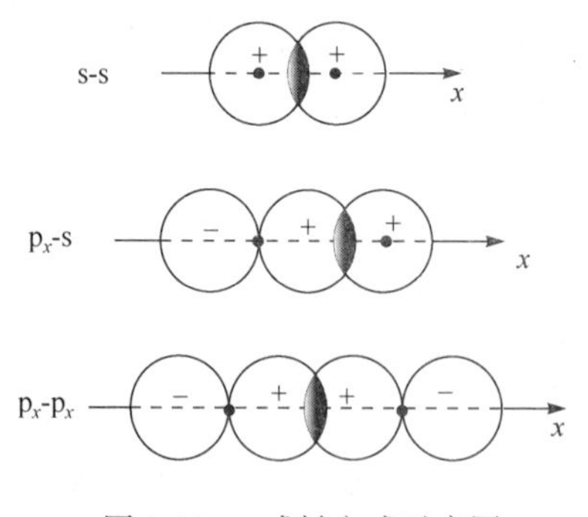

图 4-12　σ 成键方式示意图

（1）σ 键。当原子轨道沿原子核间连线方向(键轴)以“头碰头”的方式重叠时，成键轨道重叠部分围绕键轴呈圆柱形分布，形成的共价键称为 σ 键，如图 4-12 所示。σ 键的特点是轨道重叠程度大，键强大，稳定。

（2）π 键。有时两个原子轨道也可以以“肩并肩”的形式重叠，所形成的共价键称为 π 键。图 4-13(a)所示的 p_z-p_z 轨道重叠和图 4-13(c)所示的 d_{xz}-p_z 轨道重叠都可以形成最大重叠，它们都可以形成共价键。而图 4-13(b)和图 4-13(d)表示的两种重叠方式不能形成有效的重叠，不能形成 π 键。图 4-14 是 N_2 原子轨道重叠示意图。当两个 N 原子沿 x 轴靠近时，会发生 p_x-p_x、p_y-p_y、p_z-p_z 轨道重叠。其中两个原子 p_x-p_x 轨道的重叠形成 σ 键，p_y-p_y、p_z-p_z 轨道的重叠形成两个 π 键。由此可见，当两个原子轨道以“肩并肩”的形式重叠时，所形成的共价键为 π 键(图 4-14)。π 键重叠部分位于键轴的上下方，相对于键轴(准确地说是通过键轴的平面)呈反对称(波函数的符号相反)。从电子云的分布上来看，通过两原子核的连线存在一节面，该节面上电子云的密度为零，这导致 π 键的稳定性比较弱。

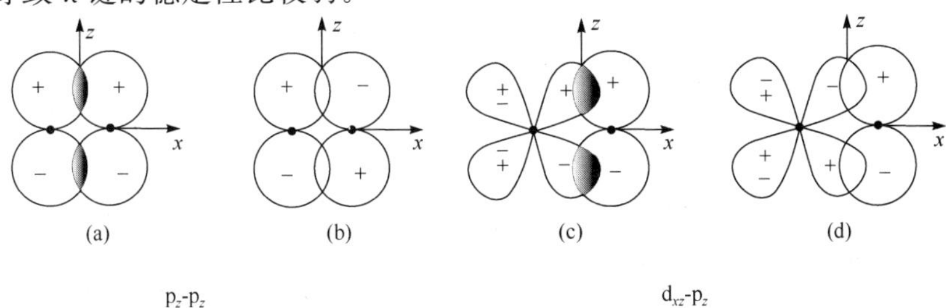

图 4-13　π 成键方式示意图

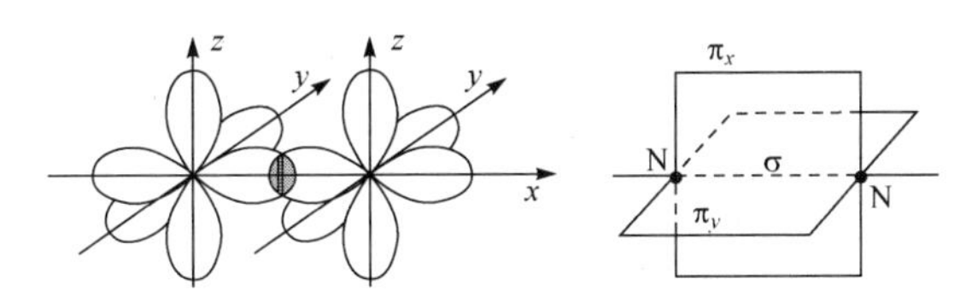

图 4-14　N_2 的成键方式示意图

表 4-7 是 σ 键和 π 键的对比总结。

表 4-7　σ 键和 π 键的对比

共价键类型	σ 键	π 键
原子轨道重叠方式	“头碰头”	“肩并肩”
波函数分布	对键轴呈圆柱形对称	上下反对称
电子云分布形状	核间呈圆柱形	存在密度为零的节面
存在方式	唯一	原子间存在多键时可以多个
键的稳定性	强	弱

3. 键参数

化学键的属性可以用一系列物理量来表征。例如，用键能表征键的强弱，用键长、键角描述分子的空间构型，用元素的电负性差值衡量键的极性等。这些表征化学键性质的物理量称为键参数。键参数可以通过实验直接或间接测定，也可以通过理论计算求得。

1) 键长

分子中两原子核间平衡距离称为键长。例如，氢分子中两个原子的核间距为74.2 pm，所以H—H键的键长就是74.2 pm。随着现代理论和实验技术的发展，可以用电子衍射、X射线衍射、分子的光谱数据等相当精确地测定各类分子和晶体中原子间的距离即键长。表4-8列举了部分共价单健键长、键能。两个原子间的键长越短，键越牢固。一般来说，单键键长>双键键长>叁键键长。

表 4-8　部分常见共价键的键长和键能

共价键	键长/pm	键能/($kJ \cdot mol^{-1}$)	共价键	键长/pm	键能/($kJ \cdot mol^{-1}$)
H—H	74	436	F—F	128	158
H—F	92	566	Cl—Cl	199	242
H—Cl	127	431	Br—Br	228	193
H—Br	141	366	I—I	267	151
H—I	161	299	C—C	154	356
O—H	96	467	C═C	134	598
S—H	136	347	C≡C	120	813
N—H	101	391	N—N	145	160
C—H	109	411	N═N	125	418
B—H	123	293	N≡N	110	946

2) 键能

在298.15 K和100 kPa的条件下，使1 mol化学键断裂所需的能量称为键能E，单位是$kJ \cdot mol^{-1}$。通常利用键能的大小来衡量化学键的强弱，键能越大，相应的共价键越强，所形成的分子越稳定。

对于双原子分子，键能E是在上述温度、压力下将1 mol理想气态分子解离为2 mol理想气态单原子所需的能量，也称键的解离能D。键能常从键解离时的焓变求得。例如

$$H_2(g) \longrightarrow 2H(g) \qquad \Delta_r H_m^\ominus = D_{H-H} = E_{H-H} = 436\ kJ \cdot mol^{-1}$$

$$N_2(g) \longrightarrow 2N(g) \qquad \Delta_r H_m^\ominus = D_{N\equiv N} = E_{N\equiv N} = 946\ kJ \cdot mol^{-1}$$

对于多原子分子，键能不能简单地等于键的解离能。如果是由同一共价键构成的多原子分子，该共价键的键能为分子每步解离能的平均值。例如

$$NH_3(g) = NH_2(g) + H(g) \qquad \Delta_r H_m^\ominus = D_1 = 435\ kJ \cdot mol^{-1}$$

$$NH_2(g) = NH(g) + H(g) \qquad \Delta_r H_m^\ominus = D_2 = 397\ kJ \cdot mol^{-1}$$

$$NH(g) = N(g) + H(g) \qquad \Delta_r H_m^\ominus = D_3 = 338\ kJ \cdot mol^{-1}$$

$$NH_3(g) = N(g) + 3H(g) \qquad \Delta_r H_m^\ominus = D = D_1 + D_2 + D_3 = 1170\ kJ \cdot mol^{-1}$$

$$E_{N-H} = \frac{D_1 + D_2 + D_3}{3} = \frac{1170}{3} = 390\ (kJ \cdot mol^{-1})$$

由相同原子形成的共价键的键能关系是：单键<双键<叁键，但它们之间不存在倍数关系。例如

$$E_{C-C}=356\ kJ\cdot mol^{-1}<E_{C=C}=598\ kJ\cdot mol^{-1}<E_{C\equiv C}=813\ kJ\cdot mol^{-1}$$

3) 键角

分子中键与键之间的夹角称为键角。键角可以和键长一起判别化学键的强弱，还可以用来确定分子的几何构型。

对双原子分子，分子总是直线形的。对于多原子分子，分子中的原子在空间中排布情况不同，键角就不等，就有不同的构型。例如，同为 AB_3 型分子就有两种构型，BCl_3 为平面三角形，键角是 120°[图 4-15(a)]，而 NH_3 为三角锥形，键角是 107°18′[图 4-15(b)]。

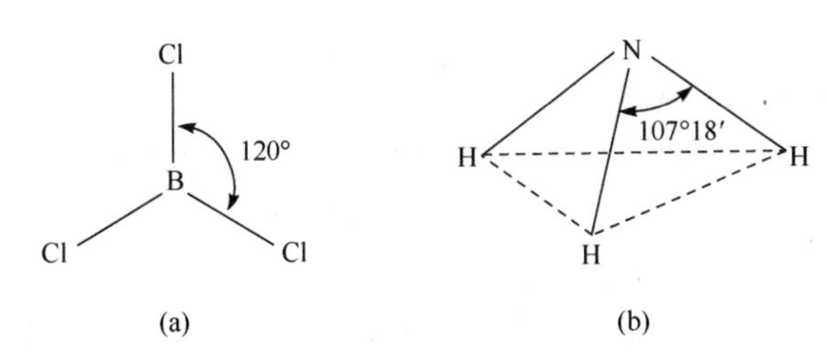

图 4-15　BCl_3(a)和 NH_3(b)分子的键角

4.2.2　杂化轨道理论

价键理论运用"电子配对"概念揭示了共价键的本质，成功地解释了共价键的方向性、饱和性等特点，但在解释分子的空间构型方面经常遇到困难。例如，近代实验测定 CH_4 分子是一个正四面体构型，C 原子位于正四面体的中心，四个 H 原子占据四面体的四个顶点。但 C 原子的价电子结构是 $2s^2\ 2p_x^1\ 2p_y^1$，只有 2p 轨道上有两个未成对电子，按价键理论只能与两个 H 原子形成两个 C—H 共价键，键角是 90°。如果要形成四个 C—H 键，可以假定有一个 2s 上的电子受激跃迁到 $2p_z$ 空轨道上，形成四个未成对电子而与 H 原子形成共价键。可是由于 2s 轨道和 3 个 2p 轨道在能量上、在空间中的伸展方向各不相同，所形成的四个 C—H 键也会不同，这些都与事实不符。再如 H_2O 分子，两个 O—H 键是 104°45′，与价键理论预测的 90°相差很远。为了解释多原子分子的空间构型，鲍林于 1931 年在价键理论的基础上提出了杂化轨道理论。

1. 原子轨道的杂化

原子轨道的杂化是基于电子具有波动性，波可以相互叠加的观点。鲍林等认为中心原子和周围原子在成键时所用的轨道不是纯粹的原来价电子轨道（s 轨道、p 轨道），而是若干能量相近的原子轨道经过叠加混合后，形成的数目相同、能量相等但成

键能力更强的新的原子轨道。这种过程称为原子轨道的杂化，所产生的新原子轨道称为杂化原子轨道，简称杂化轨道。

杂化轨道的形状一头大，一头小，如图 4-16 所示。和原来的原子轨道相比，利用大头部分和其他原子轨道重叠成键时，杂化轨道的成键能力得到很大的提高。必须注意的是，孤立原子本身并不会杂化，不会出现杂化轨道，只有在成键过程中，处于分子中心的中心原子在周围成键原子的影响下，原子轨道才能形成杂化，以发挥更强的成键能力。杂化轨道理论具有如下的要点。

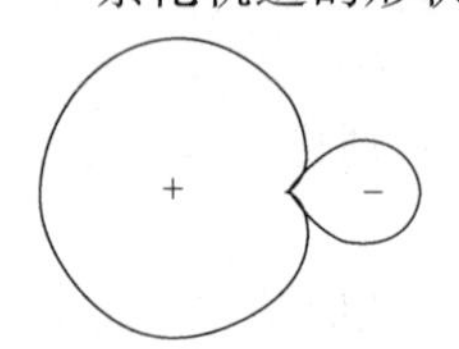

图 4-16　杂化轨道示意图

(1) 能量相近原则：形成杂化轨道的原子轨道在能量上必须相近。原子内层与外层价电子轨道在能量上相距比较大，不参与轨道的杂化，所以通常参与杂化的原子轨道只是外层价电子原子轨道。

(2) 轨道数目守恒原则：原子轨道在杂化前后数目保持不变，杂化轨道和参与杂化的原子轨道数目相等。

(3) 能量守恒原则：原子轨道在杂化前后总能量相等。

(4) 杂化轨道的杂化方式：杂化轨道的杂化方式可分为等性杂化和不等性杂化两种。凡是由含有相同电子数(如每个原子轨道上都含有一个电子)的原子轨道杂化后形成的杂化轨道，其成分也都完全相同，称为等性杂化。对于带有孤对电子的原子轨道参与杂化而导致的杂化后各轨道的成分不完全相同的，称为不等性杂化(详见杂化轨道的类型)。

(5) 杂化轨道对称性分布原则：杂化后的原子轨道在球形空间中尽量呈对称性分布，杂化轨道不可分辨，等性杂化的杂化轨道间的键角相等。

(6) 最大重叠原则：外层价电子轨道在杂化时都有 s 轨道的参与，s 轨道的波函数 ψ 值为正值，导致杂化后的杂化轨道一头大(波函数 ψ 为正值的部分大)、一头小。为了形成最稳定的化学键，杂化轨道都是用大头部分和成键原子轨道进行重叠。

(7) 化学键最小排斥原则：杂化轨道成键时应满足化学键间获得最小的排斥。这决定了杂化轨道在空间上尽量远离，也就决定了杂化轨道的夹角，决定了利用杂化轨道结合的分子的空间构型。

2. 杂化轨道类型与分子的空间几何构型

不同类型的原子轨道杂化后可组成不同类型的杂化轨道。中心原子的杂化轨道类型不同，分子的空间构型也就不同。杂化轨道的类型通常有以下几种。

1) sp 杂化

sp 杂化是由 1 个 ns 原子轨道与 1 个 np 原子轨道杂化而成。轨道杂化时往往伴随着激发过程。例如，$BeCl_2$ 分子中心原子的杂化过程就分为激发和杂化两步。Be 原子外层电子结构为 $2s^2 2p^0$，经激发为 $2s^1 2p^1$，再采取 sp 杂化。杂化后得到的每个 sp 杂化轨道都含有$\frac{1}{2}$s 和$\frac{1}{2}$p 轨道的成分，这两个杂化轨道在空间上尽量远离并因此呈直线形对称分布，轨道之间的夹角为 180°[图 4-17(a)]。Be 原子的杂化轨道分别与 Cl 原子的 p 轨道“头碰头”重叠而成两个等同的 Be—Cl σ 键，键角和杂化轨道的夹角一致，为 180°[图 4-17(b)]。此外，$HgCl_2$等的空间结构同样可用 sp 杂化轨道解释。

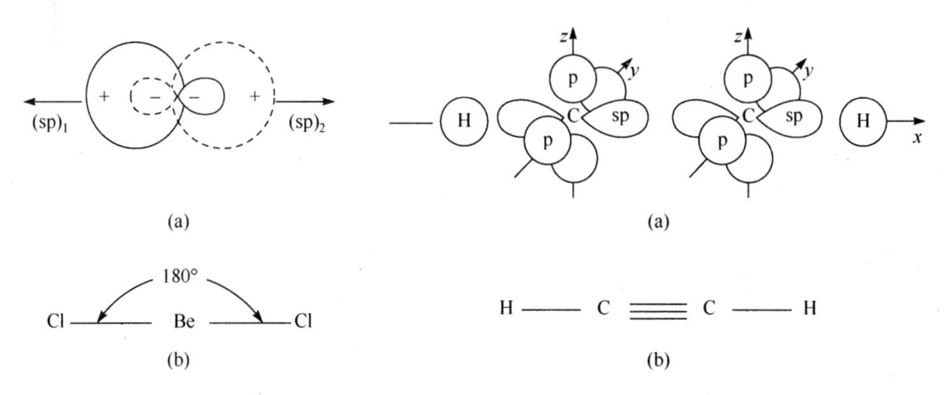

图 4-17　sp 杂化(a)与 $BeCl_2$ 分子构型(b)

图 4-18　C_2H_2分子原子轨道空间分布(a)与空间结构(b)

C_2H_2分子中的 C 原子也是采取 sp 杂化。每个 C 原子都有 2 个 sp 杂化轨道，其中 1 个 sp 杂化轨道与 H 原子的 1s 轨道相互重叠成为 1 个 C—H 键，两个 C 原子又各以剩下的 1 个 sp 杂化轨道相互重叠形成 C—C 键，这些键都是 σ 键。两个 C 原子尚各余 2 个 p 轨道(未参与杂化的 p 轨道)，这些 p 轨道的对称轴都与 sp 杂化轨道的对称轴相互垂直。每个 C 原子的 p 轨道与另一个 C 原子相应的 p 轨道在侧面重叠形成 π 键，这样在 C_2H_2分子中的 C、C 原子之间，除了 1 个 σ 键之外，还有 2 个 π 键，构成叁键。C_2H_2分子的构型取决于(两个)中心原子的杂化类型，为直线形，四个原子在同一直线上(图 4-18)。

2) sp^2 杂化

sp^2杂化是由 1 个 *n*s 原子轨道和 2 个 *n*p 轨道杂化而成的，形成 3 个 sp^2杂化轨道，每个 sp^2杂化轨道含有$\frac{1}{3}$s 和$\frac{2}{3}$p 轨道的成分。杂化轨道共处于一个平面上，之间夹角为 120°，如图 4-19(a)所示。例如 BCl_3分子中，中心原子 B 的外层电子结构为 $2s^22p^1$，经激发为 $2s^12p^2$，采取 sp^2杂化产生 3 个 sp^2杂化轨道，3 个 Cl 原子的 2p 轨道与 B 原子的 3 个 sp^2杂化轨道重叠，形成 3 个 B—Clσ 键，形成 BCl_3分子。

共价键要求原子轨道最大方向上重叠，所以形成的 BCl_3分子为平面正三角形，B 原子位于正三角形的中心，三个 Cl 原子位于三角形的三个顶点，键角与杂化轨道之间的夹角一致，为 120°。

在乙烯分子中，C 原子也采取 sp^2 杂化，每个 C 原子各以 2 个 sp^2 杂化轨道和 H 原子的 1s 轨道互相重叠生成 4 个 C—Hσ 键，又以剩下的 sp^2 杂化轨道和另一个 C 原子的 sp^2 杂化相互重叠形成 C—Cσ 键。两个 C 原子的未参加杂化的 p 轨道又相互重叠，在两个 C 原子之间形成 1 个 π 键。整个分子结构也是由中心 C 原子的 sp^2 杂化类型所决定，分子共处于一个平面[图 4-19(b)]。

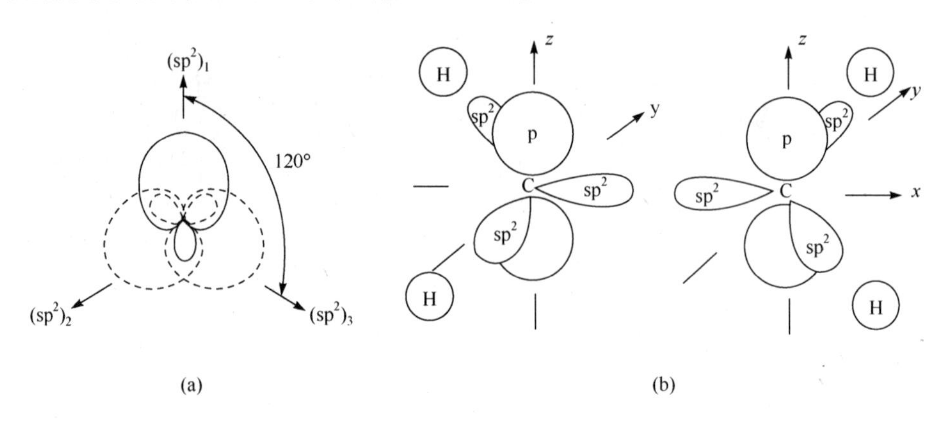

图 4-19　sp^2 杂化(a)与 C_2H_4 分子结构(b)

3) sp^3杂化

sp^3杂化是由一个 ns 原子轨道和 3 个 np 原子轨道杂化而成，形成 4 个 sp^3杂化轨道，每个 sp^3杂化轨道含有$\frac{1}{4}$s 和$\frac{3}{4}$p 轨道的成分。杂化轨道在空间中呈四面体分布，中心原子位于四面体的中心，杂化轨道伸向四面体的四个顶点，杂化轨道之间的夹角为 109°28′[图 4-20(a)]。例如 CH_4 分子，中心原子 C 的外层电子结构是 $2s^22p^2$，采取 sp^3 杂化，4 个氢原子的 1s 轨道以“头碰头”方式沿杂化轨道的最大方向——四面体的四个顶点方向，与相应的 sp^3杂化轨道重叠形成 4 个等同的 C—Hσ 键，键角为 109°28′。所以 CH_4分子具有如图 4-20(b)所示的正四面体结构，C 原子位于四面体的中心。

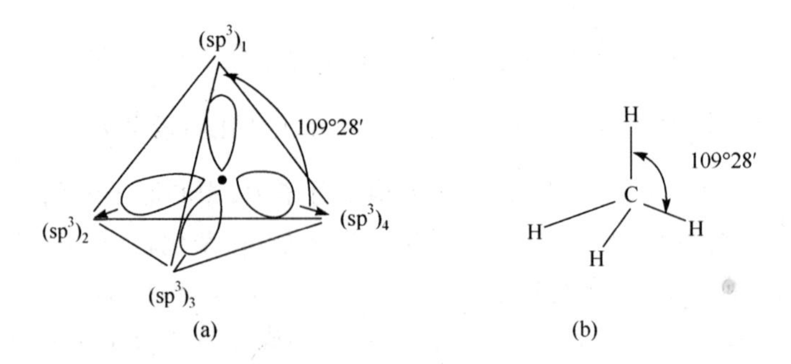

图 4-20　sp^3 杂化(a)与 CH_4 分子的几何构型(b)

SiH_4、NH_4^+ 分子中的中心原子 Si、N 都是 sp^3 杂化，分子呈正四面体形。此外其他饱和烷烃中的 C 原子也是 sp^3 杂化。

4）不等性 sp^3 杂化

中心原子的价电子结构决定着中心原子的杂化类型，不能从分子式的形式来判断中心原子的杂化类型。例如 BF_3 是 sp^2 杂化，分子呈平面三角形，而 NH_3 分子呈三角锥型，分子中键的夹角的是 107°18′，与中心原子 sp^2 杂化的分子相差太大。事实上，NH_3 分子的中心原子 N 也是采取 sp^3 杂化，只不过参加杂化的 s 轨道上有一对电子，杂化后各杂化轨道所含 s 轨道和 p 轨道成分不相等，这种杂化称为不等性 sp^3 杂化。N 原子的价电子结构是 $2s^2 2p^3$，4 个杂化轨道中有一个杂化轨道被孤对电子所占据，其他三个杂化轨道上各有一个电子，和氢原子的 1s 轨道重叠形成 N—H σ 键。与其他三个参与成键的杂化轨道相比较，孤对电子所占据的杂化轨道所含的 s 轨道成分多、p 轨道成分少，它也更靠近原子核。在孤对电子的排斥作用下，N—H 键的键角不是等性 sp^3 杂化的 109°28′，而是 107°18′。杂化轨道呈四面体（注意：不是正四面体）分布，而分子是三角锥形[图 4-21(a)]。

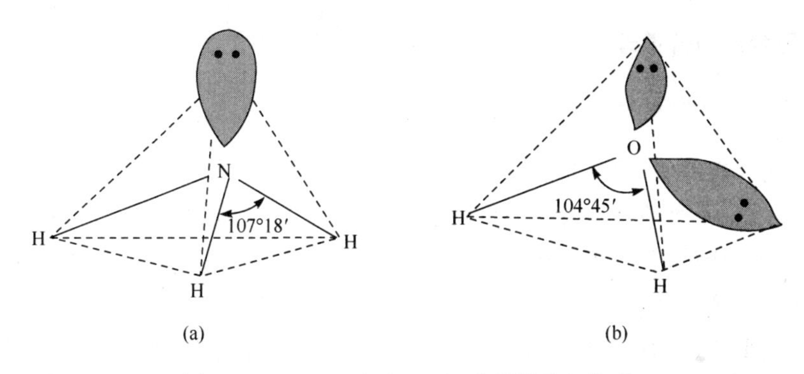

图 4-21　NH_3(a)与 H_2O(b)分子的几何构型

和 NH_3 分子类似的是 H_2O 分子，H_2O 分子的中心原子 O 也采取不等性 sp^3 杂化。不同的是，O 原子的价电子结构是 $2s^2 2p^4$，有两对孤对电子占据两个杂化轨道，另两个杂化轨道上只有一个单电子，和氢原子的 1s 轨道重叠形成 O—H σ 键。在两对孤对电子的排斥作用下，H_2O 分子的 O—H 键角更偏离等性 sp^3 杂化的 109°28′，而是 104°45′。杂化轨道呈四面体形分布，而分子是“V”形[图 4-21(b)]。

应该指出，杂化轨道是指原子在成键时为适应成键需要而形成的。除了上述 ns、np 可以进行杂化外，nd、$(n-1)d$ 原子轨道也可以参与杂化成键。具体进行的杂化类型应视具体的成键要求而定。原子轨道的杂化有利于形成 σ 键，对形成 π 键不利。但杂化轨道形成 σ 键，并不影响 π 键的形成。例如 CO_2 分子（图 4-22），C 原子的 sp 杂化轨道和 O 原子的 2p 轨道形成 σ 键后，C 原子未杂化的 2 个 p 轨道仍能分别和 2 个 O 原子剩下的 2p 轨道形成 π 键（图 4-22）。

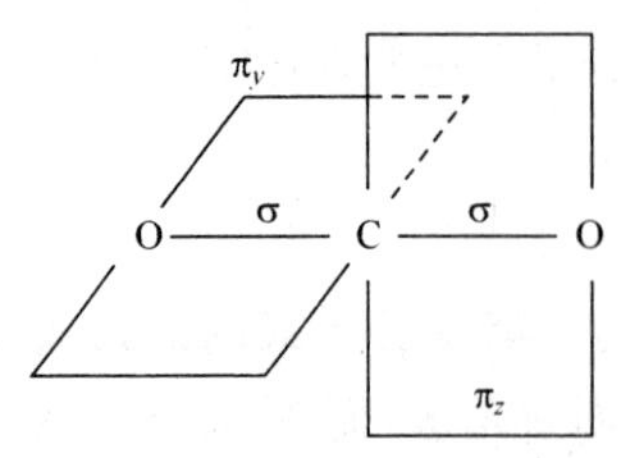

图 4-22　CO_2 分子的空间结构

可根据下述原则判断中心原子的杂化方式

$$H=L+M$$

式中，M 为中心原子与周围原子形成的键的数目，两个原子间有且只有一个键；L 为中心原子的孤对电子对数（思考一下如何确定）；H 为中心原子的杂化轨道数，杂化轨道数与杂化方式是一一对应的，见表 4-9。

表 4-9　杂化轨道类型、空间构型关系及实例

杂化类型	sp	sp^2	sp^3	sp^3d	sp^3d^2
杂化的原子轨道数	2	3	4	5	6
杂化轨道的数目	2	3	4	5	6
杂化轨道间的夹角	180°	120°	109°28′	120°,90°,180°	90°,180°
空间构型	直线形	三角形	四面体形	三角双锥形	八面体形
实例	$BeCl_2$,$HgCl_2$	BF_3,NO_3^-	CH_4,ClO_4^-	PCl_5	SF_6,SiF_6^{2-}

4.2.3　配合物的价键理论

1. 配位化合物简介

配位化合物（配合物）曾称络合物，是一类比较复杂的分子，一般是指由中心原子（过渡金属原子或离子）（具有空的价轨道）与若干配体（有孤对电子或 π 键的分子或阴离子）以配位键结合而成的化合物。配位化合物的中心原子和配体组成内界，其他部分为外界。例如，硫酸四氨合铜（Ⅱ）分子式为$[Cu(NH_3)_4]SO_4$（配合物的命名一般遵循中文 IUPAC 命名法，有兴趣的同学可查阅相关工具书，本书不再赘述），方括号内的部分是内界，方括号外的部分是外界。外界在水中容易电离成简单离子，而内界较稳定。Cu 为中心原子，提供空轨道，中心原子的价态要在名称中以罗马字符标出。NH_3是配体，提供孤对电子。在 NH_3 中 N 是与中心原子直接相连的原子，称为配位原子。一个配合物分子中配位原子的个数称为配位数。根据配合物中心原子的个数可将其分为单核配合物和多核配合物，如硫酸四氨合铜（Ⅱ）只有一个中心原子，因此是单核配合物，而九羰基合二铁$[(CO)_3Fe(CO)_3Fe(CO)_3]$等则为多核配合物。也可根据每个配体上的配位原子数将配体分为单齿配体和多齿配体，如每个 NH_3 上只有一个配原子，因此它是单齿配体，而乙二胺 $H_2NCH_2CH_2NH_2$ 等是双齿配体，配位原子是两个 N 原子。

由于配合物具有复杂的结构和多样的性质，近年来广受研究者注意。人们可以广泛选择中心原子和配体，从而合成大量的新配合物（图 4-23 是一种新化合物的分子和晶体结构图）。由结构决定性质，性质反映结构的原理我们知道，这些新配合物中必将涌现大量有用的新材料。

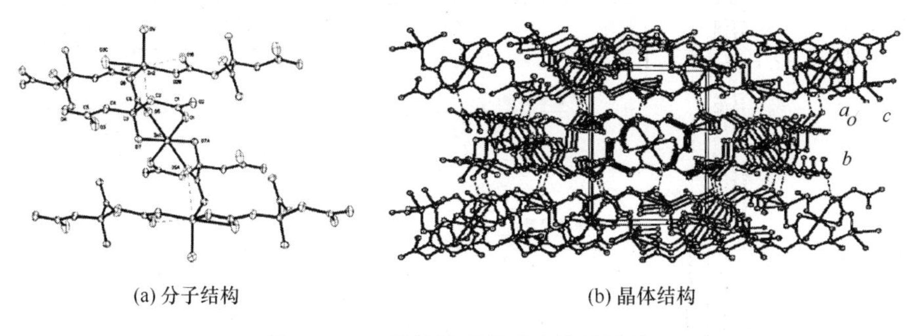

(a) 分子结构　　(b) 晶体结构

图 4-23　二维柠檬酸锌配合物的结构

2. 配合物价键理论的要点

配合物的化学键理论是指中心离子与配体之间的成键理论，目前主要有配合物的静电理论(EST)、价键理论(VBT)、晶体场理论(CFT)、分子轨道理论(MOT)和配位场理论(coordination field theory)四种。这里将简要介绍一下价键理论。价键理论最早由鲍林提出，后经他人改进充实而逐步形成。配合物的价键理论的要点如下：

(1) 中心离子与配体之间以配位键相结合。

(2) 由配位原子提供的孤对电子填入由中心离子提供的空价轨道而形成 σ 配键。

(3) 中心离子空的价轨道所采取的杂化方式决定了配离子的空间构型。

3. 配离子的空间构型与杂化方式的关系

配离子的空间构型是指配体在中心离子(或原子)周围的排列方式，它与中心离子所提供的杂化轨道类型密切相关。表 4-10 列举了中心离子常见的杂化轨道类型与配离子的空间构型的关系。

表 4-10　中心离子杂化轨道类型与配离子的空间构型的关系

配位数	配离子	电子构型	杂化方式	空间构型
2	$[Ag(NH_3)_2]^+$	●●●●● ¦○ ○¦ ○○ d　s　p	sp	直线形
3	$[Cu(CN)_3]^{2-}$	●●●●● ¦○ ○○¦ ○ d　s　p	sp^2	平面三角形

续表

配位数	配离子	电子构型	杂化方式	空间构型
4	$[NiCl_4]^{2-}$	●●●●● [○ ○○○] (d s p)	sp^3	正四面体形
4	$[Ni(CN)_4]^{2-}$	●●●● [○ ○ ○○] ○ (d s p)	dsp^2	平面正方形
5	$[Fe(CO)_5]$	●●●● [○ ○ ○○○] (d s p)	dsp^3	三角双锥形
6	$[FeF_6]^{3-}$	●●●●● [○ ○○○ ○○]○○○ (d s p d)	sp^3d^2	正八面体形
6	$[Fe(CN)_6]^{3-}$	●●●[○○ ○ ○○○] ○○○○○ (d s p d)	d^2sp^3	正八面体形

由表 4-10 可见，$[NiCl_4]^{2-}$ 与 $[Ni(CN)_4]^{2-}$ 配位数同为 4，中心离子的空轨道杂化方式却不相同，空间构型也各异。其原因是：Ni^{2+} 为 $3d^8$ 构型，在 $[NiCl_4]^{2-}$ 中，Ni^{2+} 中 3d 轨道的 8 个电子按洪德规则排列，3d 轨道全部被电子占据，只能采用最外层的 4s、4p 空轨道进行 sp^3 杂化，因此空间构型为正四面体；在 $[Ni(CN)_4]^{2-}$ 中，3d 轨道中的 8 个电子集中排布，空出了 1 个 3d 轨道，故采用 1 个 3d、1 个 4s、2 个 4p 空轨道进行 dsp^2 杂化，空间构型为平面正方形。

$[FeF_6]^{3-}$ 与 $[Fe(CN)_6]^{3-}$ 配位数同为 6，空间构型虽然都是正八面体，但杂化方式不相同，其原因是：Fe^{3+} 为 d^5 构型，在 $[FeF_6]^{3-}$ 中，Fe^{3+} 上的 5 个 d 电子分散排布，3d 轨道全部被占据，只能采用 4s、4p、4d 空轨道进行 sp^3d^2 杂化；在 $[Fe(CN)_6]^{3-}$ 中，Fe^{3+} 上的 5 个 3d 电子集中排布，空出 2 个 3d 轨道，与 4s、4p 空轨道一起进行 d^2sp^3 杂化。

如果中心离子在形成配位键时，进行杂化的空轨道全部为外层空轨道（如 $[NiCl_4]^{2-}$ 和 $[FeF_6]^{3-}$），这种配合物就称为外轨型配合物；如果中心离子在形成配位键时，有次外层的 d 轨道参与杂化（如 $[Ni(CN)_4]^{2-}$ 和 $[Fe(CN)_6]^{3-}$），这种配合物就称为内轨型配合物。

至于什么时候 d 电子会发生重排，要看配位原子的电负性大小。当配位原子电负性较大时，不容易给出电子对，中心原子 d 电子不发生重排，使用外轨成键，配合物稳定性差。反之，当配位原子电负性较小时，容易给出电子对，迫使中心原子 d 电子发生重排，使用内轨成键，配合物较稳定。

4. 配合物的磁性

磁性(magnetism)是配合物的重要性质之一，一般物质的磁性主要由电子运动来表现，它和原子、分子或离子的未成对电子数有直接关系。若分子或离子中所有的电子都已配对，同一个轨道上自旋相反的两个电子所产生的磁矩因大小相同、方向相反而互相抵消。这种物质置于磁场中会削弱外磁场的强度，故称为反磁性物质。反之，当分子或离子中存在未成对电子时，成单电子旋转所产生的磁矩不会被抵消，这种磁矩会在外磁场作用下取向，从而加强外磁场的强度，这种物质称为顺磁性物质。

由于物质的磁性主要来自于自旋未成对电子，显然顺磁性物质中未成对电子数目越大，磁矩(magnetic moment)越大，并符合下列关系：

$$\mu_m = \sqrt{n(n+2)}\mu_B \tag{4-13}$$

式中，n 为体系中未成对电子数；μ_m 为磁矩；μ_B 为玻尔磁子(Bohr magneton，B. M.)，$\mu_B = 9.274\times10^{-24}\ J \cdot T^{-1}$，由实验测出物质的磁矩 μ_m，便可由式(4-14)计算出配合物中未成对电子数 n。配合物的磁矩的理论值 μ_m 与其未成对电子数 n 的对应关系见表 4-11。

表 4-11　配合物的磁矩的理论值与未成对电子数 n 的关系

n	1	2	3	4	5
μ_m/μ_B	1.73	2.83	3.87	4.90	5.92

由于配合物的磁性与配合物内部未成对电子数有直接关系，可以通过测定配合物磁矩，间接推测中心离子内层 d 电子是否发生电子重排，从而判断配合物属于内轨型还是外轨型。

【例 4-2】　实验测得$[Fe(CN)_6]^{3-}$的磁矩为 $2.3\mu_B$，试推测中心离子的杂化方式、配离子的空间构型，判断是内轨型配合物还是外轨型配合物。

解　已知$[Fe(CN)_6]^{3-}$的中心离子 Fe^{3+} 属于 d^5 电子构型，如果 d 电子分占不同的 d 轨道，成单电子数 $n=5$，其磁矩的理论值应为 $5.92\mu_B$；如果 d 电子集中排列，成单电子数 $n=1$，其磁矩的理论值应为 $1.73\mu_B$。实验测得$[Fe(CN)_6]^{3-}$的磁矩为 $2.3\mu_B$，与 $1.73\mu_B$ 更接近，可以判断 Fe^{3+} 的 5 个 d 电子集中排列，空出了 2 个 d 轨道。因此中心离子 Fe^{3+} 采取 d^2sp^3 杂化，配离子的空间构型为正八面体，属于内轨型配合物(图 4-24)。

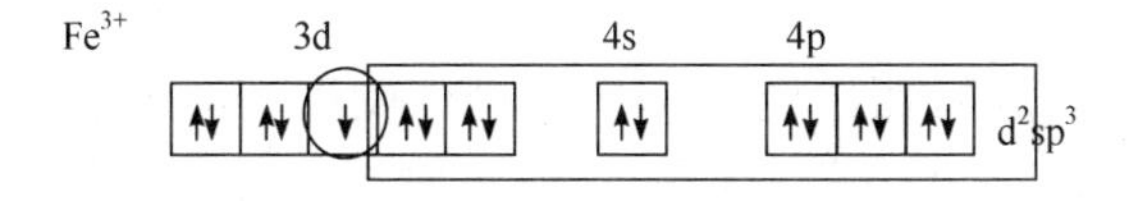

图 4-24　$[Fe(CN)_6]^{3-}$ 中心离子的杂化方式

4.3　晶体结构

4.3.1　晶体的结构特征

固体物质可分为晶体与非晶体两大类,其中绝大多数是以晶体的形式存在的。我们日常生活中所接触到的食用盐和糖就是晶体,绝大多数矿物质如石英、金刚石等和实验室中的固体化学试剂也都是晶体。尽管这些物质从组成到结构千差万别,但它们有一个共同特点,就是内部结构中的原子、离子或分子(统称为粒子)在空间中呈现有规律的三维重复排列,并贯穿于整个晶体中。这种重复的有序性称为晶体内部的长程有序性,它决定了晶体与非晶体的本质不同。图 4-25 为天然石英晶体照片及晶体石英和非晶体玻璃体的结构。从石英的结构示意图中可以找出重复的周期结构,而类似于玻璃体的非晶体内部,粒子的排列没有周期性的规律,是和液体一样杂乱无章地分布。

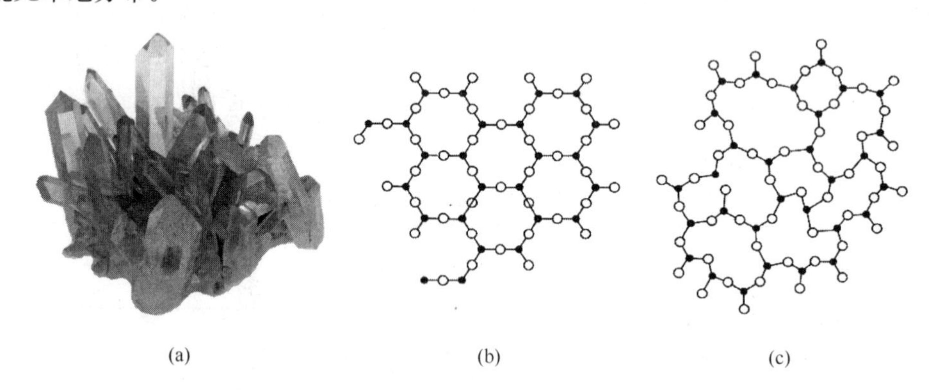

图 4-25　天然石英晶体照片(a)、晶体石英(b)和非晶体玻璃体(c)的结构

由于晶体结构内部的长程有序性,晶体具有下列共同性质:

(1) 规则的几何外形。晶体在生长过程中自发地形成晶面,晶面与晶面相交最后形成多面体外形。同一种晶体由于生长条件不同,所得到的晶体外形不完全一样,但各晶面间相应的夹角恒定不变,这条规律称为晶面角守恒定律。它是晶体学中的重要定律之一,是早期鉴别各种矿石的依据。晶体的这种宏观特性取决于晶体内部微观的周期性结构。

(2) 固定的熔点。晶体加热到达熔点时,在完成相转变之前晶体的温度保持恒定不变,不会因继续加热而升高。直到晶体完全熔化后,液体温度才开始上升。

(3) 晶体性质各向异性。晶体中各个方向排列的粒子间的间距和取向不同,不同方向上具有不同的物理性质,如力学性质(硬度、弹性模量等)、热学性质(热膨胀系数、导热系数等)、电学性质(介电常数、电导率等)、光学性质(吸收系数、折射率等)。

例如，在云母片上涂层薄石蜡，用烧热的钢针触云母片的反面，便会以接触点为中心，逐渐融化成椭圆形，说明云母在不同方向上导热系数不同。石墨在沿层方向上的电导率是与层垂直方向上的电导率的1万多倍。

(4) 晶体具有特定的对称性。晶体内部粒子的周期性排列使得晶体的内部微观结构及晶体的理想外形都具有对称特征。这些对称元素包括对称中心、对称轴、对称面等，晶体的分类就是按其对称性不同而来的。

1. 晶胞和晶胞参数

晶胞是保持晶体对称性的最小重复单元，为平行六面体，含有晶体最基本的重复内容，通过晶胞在空间平移、无间隙地堆砌，可以得到整个晶体。平行六面体的三个方向选作三个基矢 $\boldsymbol{a}$、$\boldsymbol{b}$、$\boldsymbol{c}$，矢量 $\boldsymbol{a}$、$\boldsymbol{b}$、$\boldsymbol{c}$ 的长度即平行六面体的边长 a、b、c。三个矢量的长度 a、b、c 及它们间的夹角 α、β、γ 称为晶胞参数。通常根据矢量 $\boldsymbol{a}$、$\boldsymbol{b}$、$\boldsymbol{c}$ 选择晶体的坐标 x、y、z，使它们分别和矢量 $\boldsymbol{a}$、$\boldsymbol{b}$、$\boldsymbol{c}$ 平行。一般三个晶轴按右手定则关系安排：伸出三根手指，食指代表 x 轴，中指代表 y 轴，大拇指代表 z 轴，如图4-26所示。

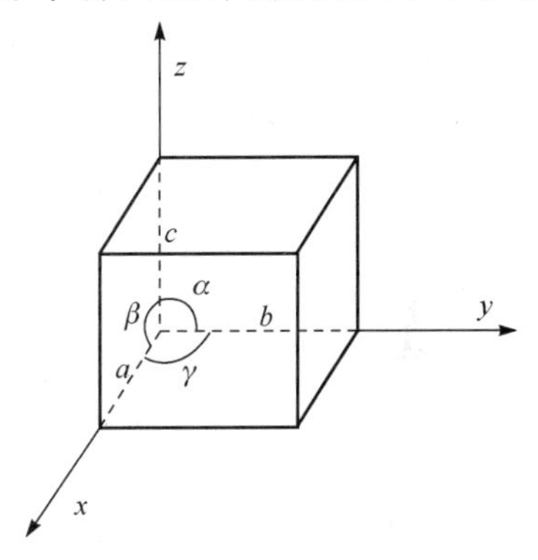

图4-26　晶胞示意图

2. 晶系

尽管世界上晶体有千万种，但根据晶胞的特征可将晶体分为7个晶系，见表4-12。它们是立方晶系、四方晶系、正交晶系、三方晶系、六方晶系、单斜晶系、三斜晶系。

表4-12　晶体晶系及实例

晶系	晶胞参数		实例
立方	$a=b=c$	$\alpha=\beta=\gamma=90°$	NaCl，CaF_2，ZnS，Cu
四方	$a=b\neq c$	$\alpha=\beta=\gamma=90°$	SiO_2，MgF_2，$NiSO_4$，Sn
正交	$a\neq b\neq c$	$\alpha=\beta=\gamma=90°$	K_2SO_4，$BaCO_3$，$HgCl_2$，I_2
六方	$a=b\neq c$	$\alpha=\beta=90°,\gamma=120°$	SiO_2(石英)，AgI，CuS，Mg
三方	$a=b=c$	$\alpha=\beta=\gamma<120°(\neq 90°)$	Al_2O_3，$CaCO_3$(方解石)，As，Bi
单斜	$a\neq b\neq c$	$\alpha=\gamma=90°,\beta\neq 90°$	$KClO_3$，$K_3[Fe(CN)_6]$，$Na_2B_4O_7$
三斜	$a\neq b\neq c$	$\alpha\neq\beta\neq\gamma\neq 90°$	$CuSO_4\cdot 5H_2O$，$K_2Cr_2O_7$

4.3.2　金属键理论与金属晶体

根据组成晶体的粒子种类及粒子之间的相互作用力的不同，可将晶体分为金属晶体、离子晶体、原子晶体、分子晶体四种基本类型。此外还有混合类型晶体，它兼有两种及两种类型以上的晶体特征。

金属晶体中的粒子为金属原子，粒子间作用力为金属键。在 118 种元素中，金属元素有 96 种，占近五分之四。尽管从熔点到硬度，各种金属晶体的差别很大，但它们许多共同的性质，如具有金属光泽，有良好的导电性、导热性、压延性等，这些性质都和金属结构、金属键有关。

金属元素的电子层结构特征是：它们的最外层电子数比较少，绝大多数仅为 1 或 2。在金属的晶格中，每个原子的周围有 8～12 个相邻原子，用共价键理论很难想象金属晶体中原子间的结合力。为了说明金属键的本质，目前主要发展起来的两种理论是自由电子理论和金属能带理论，这里简要介绍自由电子理论。

金属键的自由电子理论认为，在固态或液态金属中，价电子可以自由地从一个原子移动到另一个原子，好像这些自由电子被所有金属原子或离子(指那些失去了价电子的原子)所共用。这些共用电子把许多金属原子(离子)黏结在一起形成金属键。对金属键有两种形象的描述，一种是金属原子或离子之间有电子气在自由流动，另一种是金属原子或离子沉浸在电子的海洋中。图 4-27 是金属晶体中金属键的示意图。金属键的本质是静电引力，因此没有方向性和饱和性。

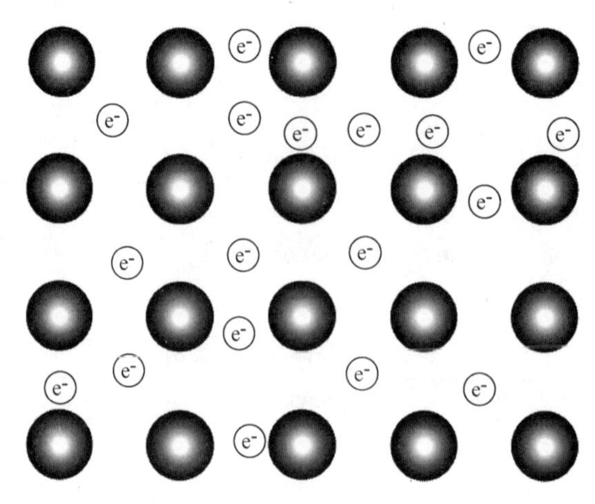

图 4-27　金属自由电子海模型

金属键的自由电子理论可以定性地解释金属的一些物理性质：

(1) 金属中金属离子与自由电子之间属静电作用，所以金属晶体具有紧密堆积结构，密度一般比较大。

(2) 金属晶体中自由电子在外电场作用下做定向运动，所以具有导电性。晶格上的原子或离子在格点上做一定幅度的振动，这种振动对电子的流动起着阻碍作用，加上阳离子对电子的吸引，构成了金属特有的电阻。加热时由于振动加强，电子运动受阻加大，因而一般随温度的升高，金属电阻增大。

(3) 自由电子在晶体中自由运动,加上与金属原子或离子的不断碰撞,将能量从热端带到冷端,所以有传热性。

(4) 自由电子容易吸收可见光的能量,由低能级跃迁到高能级,当电子再回到低能级时,又以可见光的形式将能量放出,因而金属多具有金属光泽。

(5) 金属具有紧密堆积结构,又由于自由电子与正离子的静电作用在整个晶体范围内的分布是均匀的,因此金属的一部分在外力作用下相对另一部分发生位移时,只要这种位移不至于使原子核间的平均距离有显著改变,就不会破坏金属键。所以金属具有良好的延展性。

4.3.3　离子键理论与离子晶体

X 射线研究结果表明,组成晶体的各种粒子在空间上规则地重复排列,形成晶格。在晶格结点上交替排列着正、负离子的晶体是离子晶体。离子晶体中正、负离子之间以静电作用力相结合。这种正、负离子间的静电作用力称为离子键。在固态下,离子被局限在晶格的有限位置上振动,因而绝大多数离子晶体几乎不导电,但在熔融的状态能够导电。

1. 离子键理论

1916 年,德国科学家科塞尔(A. Kossel)在玻尔原子结构理论的启发下,根据稀有气体原子具有稳定结构的事实,提出了离子键理论,较好地说明了离子键的形成及其特征。

1) 离子键的形成

在一定的条件下,当电负性相差比较大的活泼非金属原子与活泼金属原子相互接近时,活泼金属原子倾向于失去最外层的价电子,而活泼非金属原子倾向于接受电子,分别形成具有稀有气体原子稳定电子构型的正离子和负离子。正、负离子相互吸引形成离子键。以 NaCl 形成过程为例。

(1) 电子转移形成离子:

$$Na - e^- \longrightarrow Na^+ \qquad Cl + e^- \longrightarrow Cl^-$$

电子构型变化:

$$2s^2 2p^6 3s^1 \longrightarrow 2s^2 2p^6 \qquad 3s^2 3p^5 \longrightarrow 3s^2 3p^6$$

这样形成的 Na^+ 和 Cl^- 分别具有 Ne 和 Ar 的稀有气体原子的电子结构而稳定存在。

(2) 离子键的形成。在离子键形成过程中,系统总能量 E 随正、负离子间距离 R 的变化关系如图 4-28 所示。

当 R 无穷大,正、负离子间基本上不存在作用力时,系统的能量选为零点(纵坐标的零点)。从图 4-28 可以看到,当离子间距离 R 比较大时,离子间以静电引力为主,离子间距离越小,系统能量越低,越稳定。当离子间距达到平衡距离 R_0 时,系统

能量降到最低点 E_0。此时正、负离子各自在平衡位置上振动，形成离子键。当离子间的距离小于 R_0、进一步靠近时，原子核与原子核之间、核外电子与核外电子之间的排斥力急剧增加，导致系统能量骤然上升。这种情况下，系统不稳定，又回到平衡状态下。

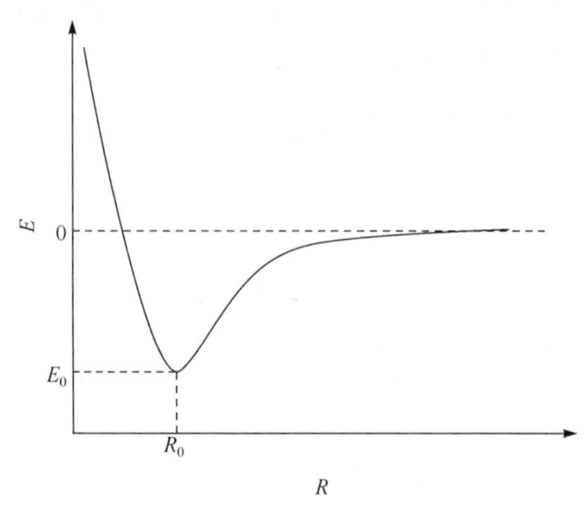

图 4-28 离子键能量曲线

2）离子键的本质与特点

离子键的本质是静电引力。在离子键的形成过程中，我们可以看到，只有当正、负离子间距达到平衡距离时，才能靠静电引力形成稳定的离子键。在离子键模型中，可以近似地将正、负离子的电荷分布看作球形对称，根据库仑定律，可以得到正离子（带电荷 q^+）、负离子（带电荷 q^-）间的作用力

$$F = q^+ \cdot q^- / R_0^2$$

因此，离子电荷越高，离子间的平衡距离越小，离子间的引力越大，形成的离子键越强。

离子键的特点是没有方向性和饱和性。由于离子的电荷分布是球形对称，离子可以从各个方向吸引带有相反电荷的离子，并且这种作用力只与离子间距离有关，与作用的方向无关，不存在哪个方向更为有利的问题。离子键没有饱和性，是指在空间允许的条件下，尽可能多地吸引带相反电荷的离子，形成尽可能多的离子键，并沿三维空间伸展，形成巨大的离子晶体。

当然，离子键没有饱和性，并不是意味着一个离子周围结合的异号离子数目是任意的。例如 NaCl 晶体中，在每个 Na^+ 周围排列着 6 个 Cl^-，这是由于空间条件的限制，更多的 Cl^- 将会增加 Cl^- 之间的排斥力，系统不稳定。同样在每个 Cl^- 周围也只排列 6 个 Na^+。

3）离子键的离子性百分数与元素的电负性

当两元素的电负性差足够大时，它们之间易形成离子键。两元素的电负性相差越大，原子间的电子转移越容易发生，形成的离子键的离子性越强。但实验证明，即使是电负性最小的铯与电负性最大的氟形成的离子键，其离子性也只有 92%。这告

诉我们，离子间不是纯粹的静电作用，仍有部分原子轨道重叠，体现出一定的共价性，而且随着电负性差的减小，键的离子性成分也逐渐减小。通常用离子性百分数来表示键的离子性和共价性的相对大小。图 4-29 是几种具体的 AB 型离子化合物单键离子性百分数与电负性差值关系的直观坐标图，图中的圆点是旁边相应化合物中单键离子性的实验测定值。从图 4-29 中可以看出，当两元素的电负性差值为 1.7 时，单键的离子性百分数约为 50%，可认为单键是离子键。例如，氯和钠的电负性差值为 2.23，所以 NaCl 晶体中键的离子性百分数为 71%，是典型的离子型化合物。当两元素间的电负性小于 1.7 时，则可判断它们之间主要形成共价键，该物质为共价化合物。

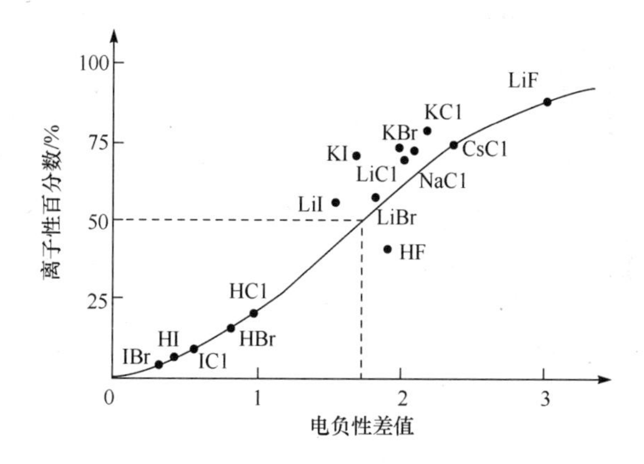

图 4-29　单键离子性的百分数与电负性差值

当然电负性差值 1.7 只是作为一个参考值，并不能作为判断离子键与共价键的一个绝对标准。例如，氟与氢的电负性差值为 1.78，但 H—F 键仍是共价键。

2. 离子晶体的结构形式

在离子晶体中，晶胞中的质点为正离子和负离子，质点间的结合力为离子键。由于各种正、负离子的大小不同，离子半径比以及配位数(粒子周围与其直接相连的粒子数)不同，离子晶体中正、负离子的空间排布也不同，得到不同类型的离子晶体。下面主要讨论 AB 型(正、负离子电荷绝对值相等)离子晶体常见的几种结构形式。

1) NaCl 型

NaCl 型晶胞形状是立方晶系，正、负离子都是八面体配位(图 4-30)，配位数都为 6。

一个晶胞中

Cl^- 离子数：$8\times\frac{1}{8}$(顶点Cl^-)$+6\times\frac{1}{2}$(面心Cl^-)$=4$

Na^+ 离子数：$12\times\frac{1}{4}$(棱心Na^+)$=4$

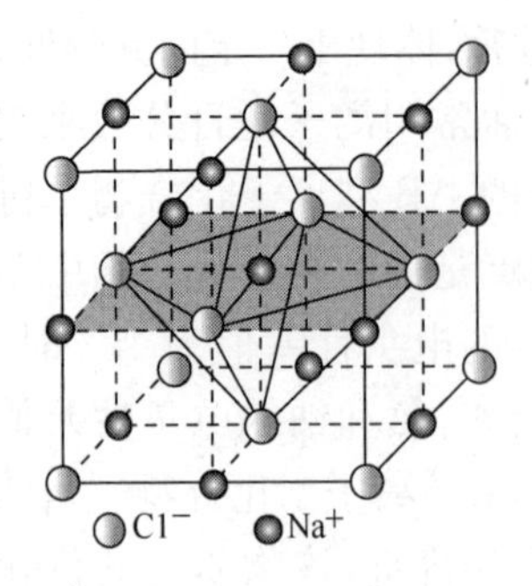

图 4-30　NaCl 型离子晶体

角顶上的每个离子被 8 个晶胞所共有，每个顶点原子只算 1/8。同样，晶面上的离子被两个晶胞共有，棱上离子被 4 个晶胞所有，只能分别计算为 1/2 和 1/4。因此 NaCl 晶胞中含有 4 个 Cl^- 和 4 个 Na^+。KCl、LiF、NaBr、CaS 等都属于 NaCl 型晶体，其正、负离子半径比一般为 0.414～0.732(NaCl，0.564)。

2) CsCl 型

CsCl 型晶胞形状是立方晶系，晶胞中含有正、负离子各 1 个(图 4-31)。正、负离子的配位数都为 8。CsBr、TlCl、NH_4Cl、NH_4I、CsI 等都属于 CsCl 型，其正、负离子半径比一般为 0.732～1。

3) 立方 ZnS 型

ZnS 型晶体有立方晶系与六方晶系两种晶形，图 4-32 是 ZnS 的立方晶系晶胞。正、负离子都是四面体配位，配位数都为 4。晶胞中含有正、负离子各 4 个。BeO、ZnSe、AgI、BN、CuCl、ZnO 等都属于 ZnS 型，其正、负离子半径比通常为 0.225～0.414。

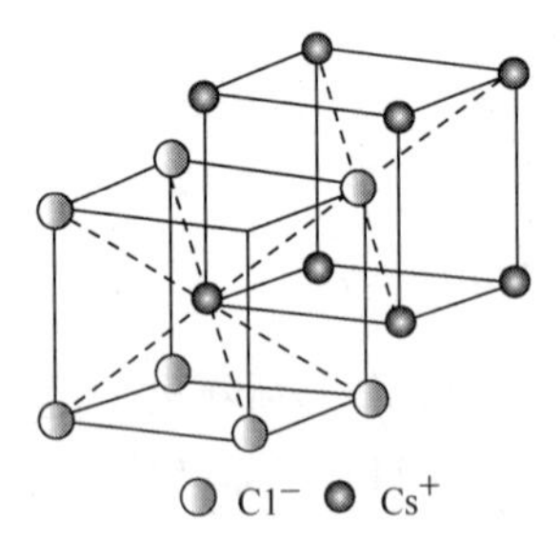

图 4-31　CsCl 型离子晶体

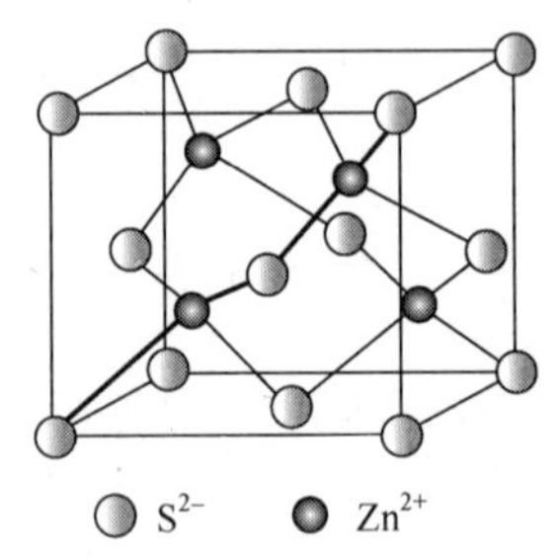

图 4-32　ZnS 型离子晶体

3. 离子键强度与离子晶体的晶格能

在常温下，离子化合物大多数以晶体的形式存在。离子晶体的稳定性与离子键的强度有关，常用晶体的晶格能大小来度量离子键的强弱。晶格能是指在标准状态下破坏 1 mol 离子晶体使之成为自由的气态正、负离子时所需要的能量，用 U 表示，单位为 $kJ \cdot mol^{-1}$。

在晶体类型相同时，晶格能与正、负离子电荷成正比，与它们之间的距离 R_0 成反比，即 $U \propto \frac{Z_+ Z_-}{R_0}$。离子化合物的晶格能越大，正、负离子的结合力越强，相应晶体的熔点越高，硬度越大，压缩系数和热膨胀系数越小。表 4-13 列出常见 NaCl 型离子化合物的熔点、硬度随离子电荷及 R_0 的变化情况，其中离子电荷的影响最突出。

表 4-13　离子电荷、R_0 对晶格能、熔点、硬度的影响

NaCl 型离子化合物	$Z_+=Z_-$	R_0/pm	晶格能 U/(kJ · mol^{-1})	熔点/℃	莫氏硬度
NaF	1	231	923	993	3.2
NaCl	1	279	786	801	2.5
NaBr	1	298	747	747	<2.5
NaI	1	323	704	661	<2.5
MgO	2	210	3791	2852	6.5
CaO	2	240	3401	2614	4.5
SrO	2	257	3223	2430	3.5
BaO	2	256	3054	1918	3.3

表 4-14 列出碱土金属碳酸盐的热分解温度，从 Be^{2+} 到 Ba^{2+}，随着离子半径增大，晶体的热稳定性(热分解温度)不但不降低，反而增强。

这种反常的性质变化规律可用离子极化理论解释。

表 4-14　碱土金属碳酸盐的热分解温度

离子晶体	$BeCO_3$	$MgCO_3$	$CaCO_3$	$SrCO_3$	$BaCO_3$
热分解温度/℃	100	540	960	1289	1360
r_+/pm	35	66	99	112	134

4.3.4　离子极化与键型变异

我们在讨论离子晶体时，把正、负离子近似地看作球形电荷。实际上这是一种理想情况，在离子晶体中不论是正离子还是负离子，都处在其他离子所构成的电场中，而产生不同程度的变形，进而影响离子晶体的性质。

1. 离子的极化作用和变形性

当离子为球形时，核外电子云所构成的负电荷中心重合于原子核的正电荷中心。但是当正、负离子相互接近而产生作用力时，正离子吸引负离子核外电子而排斥其核，负离子则吸引正离子核而排斥其电子，结果是离子本身的正、负电荷中心不再重合，如图 4-33 所示。这种在外电场或异号离子的作用下，离子内的正、负电荷中心发生偏移不再重合的现象称为极化。一种离子使异号离子极化而变形的作用，称为该离子的极化作用。被异号离子极化而发生电子云变形的性能，称为该离子的变形性，也称可极化性。

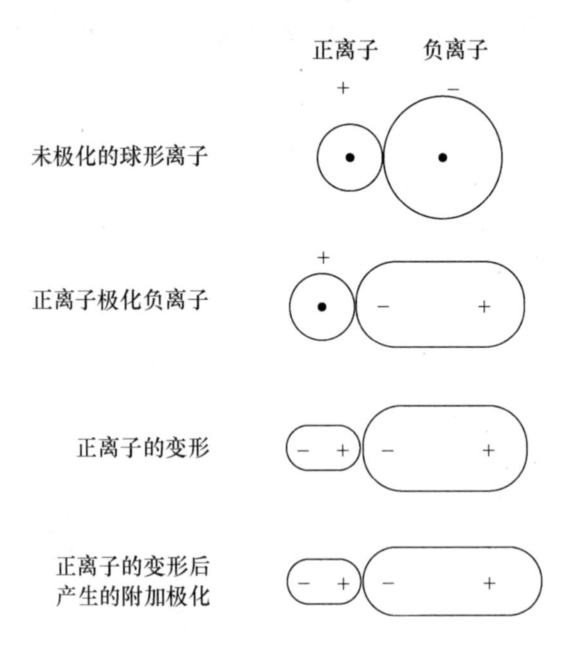

图 4-33　正、负离子相互极化作用

在离子相互极化的过程中，正、负离子都具有双重性：作为电场，能使周围异电荷离子极化而变形，体现出极化作用；同时作为被极化的对象，在邻近异号电荷的作用下，本身被极化而变形。但是并不是所有离子具有同等程度的极化作用和变形性，一般来说，原子在失去电子而成为正离子后，半径减小，对核外电子的作用力比较强，在极化过程中主要起极化作用。而负离子的半径比较大，外层有较多的电子，在正离子的极化作用下容易变形，所以在极化过程中主要是考虑其变形性。但是当正离子的变形性较大时，就需要考虑负离子对正离子的极化作用，这种附加极化作用将使极化作用进一步增强，如图 4-33 所示。

1）离子极化能力的影响因素

除了高电荷的复杂负离子，如SO_4^{2-}、PO_4^{3-} 等具有一定的极化能力外，负离子的极化能力很弱，通常不考虑。正离子的极化能力受离子电荷、离子半径和离子构型的影响。

（1）离子的正电荷越多，半径越小，离子的极化作用越强，如 $Ba^{2+} < Mg^{2+}$，$La^{3+} < Al^{3+}$，$Na^{+} < Mg^{2+} < Al^{3+}$。

（2）如果电荷相等、半径相近，则离子的极化能力取决于离子的外层电子构型。

离子的外层电子构型是指原子得到或失去电子形成离子时的外层电子结构。对于简单的负离子（如 Cl^-、F^-、O^{2-} 等），其最外层都具有稳定的 8 电子结构。对于正离子来说，除了 8 电子构型外，还有其他多种构型，见表 4-15。

表 4-15　离子的外层电子构型

类型		最外层电子构型	举例	元素所在区域
稀有气体电子构型——8(或 2)电子构型		ns^2，ns^2np^6	Be^{2+}，F^-，K^+，Sr^+，I^-，Fr^+	s 区，p 区
非稀有气体电子构型	9～17 电子构型	$ns^2np^6nd^{1\sim9}$	Cr^{3+}，Mn^{2+}，Cu^{2+}，Fe^{2+}，Fe^{3+}，Ti^{3+}，V^{3+}，Hg^{2+}	d 区，ds 区
	18 电子构型	$ns^2np^6nd^{10}$	Zn^{2+}，Ag^+，Hg^{2+}，Cu^+，Cd^{2+}	ds 区
	18+2 电子构型	$(n-1)s^2(n-1)p^6(n-1)d^{10}ns^2$	Ga^{2+}，Sn^{2+}，Sb^{3+}，Pb^{2+}，Bi^{3+}	p 区

当离子的电荷相同和半径相近时，离子极化能力相对强弱的关系是

18 电子构型、18+2 电子构型>9～17 电子构型>8 电子构型

例如，$r(Hg^{2+})=102$ pm，$r(Ca^{2+})=100$ pm，但 Hg^{2+} 的极化作用大于 Ca^{2+}。其原因有两个：一是 d 电子云的分布特征造成的，其屏蔽作用小；二是 d 电子云本身容易变形，因此 d 电子的极化和附加极化作用都要比相同电荷、相同半径的 8 电子构型离子的极化和附加极化作用大。

2 电子构型的离子(如 Li^+、Be^{2+})和 H^+ 的半径很小，与 18 电子构型、18+2 电子构型的离子一样，也具有较强的极化能力。

2) 离子的变形性

(1) 对于外层电子构型相同的离子，半径越大、负电荷越多的离子变形性越大。例如

$$Cs^+>Rb^+>K^+>Na^+>Li^+$$

$$I^->Br^->Cl^->F^-$$

$$O^{2-}>F^->Ne>Na^+>Mg^{2+}>Al^{3+}>Si^{4+}$$

(2) 对于外层电子构型不规则的正离子，如 18 电子构型、18+2 电子构型、9～17 电子构型的正离子，变形性都要比规则的 8 电子构型的正离子大得多。这是由于 d 电子容易变形。

(3) 尽管有较大的半径，复杂负离子的变形性还是比较小，并且中心离子的氧化值越高，变形性越小。这是由于复杂负离子内部原子间相互结合紧密并形成了对称性极强的原子团。现将一些负离子及水的变形性排列如下：

一价负离子　$I^->Br^->Cl^->CN^->OH^->H_2O>NO_3^->F^->ClO_4^-$

二价负离子　$S^{2-}>O^{2-}>CO_3^{2-}>H_2O>SO_4^{2-}$

综上所述，最容易变形的是体积大的负离子和电荷较少的、外层电子构型不规则的正离子；最不容易变形的是半径小、电荷多的稀有气体型的正离子，如 Be^{2+}、Al^{3+}、Si^{4+} 等。离子的极化对物质的性质和结构有很大的影响。

2. 离子极化对键型、晶形及物质性质的影响

1) 离子极化对化学键的影响

在正、负离子结合形成离子化合物时，如果离子间完全没有极化作用，则它们之

间的化学键属于纯粹离子键。但是如前面所讲的，几乎不存在百分之百的离子键。正、负离子间或多或少存在着极化作用，离子极化使离子的电子云变形并相互重叠(图4-34)，导致在原有的离子键上附加一些共价键成分，正、负离子的核间距缩短。

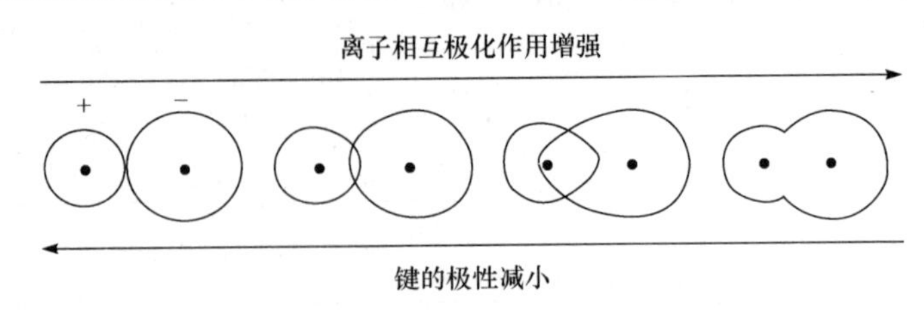

图 4-34　离子键向共价键的过渡

离子相互极化程度越大，共价键成分就越多。共价键也可看成离子键极化的极限。最典型的例子如表 4-16 中卤化银，Ag^+ 是 18 电子构型，具有很强的极化能力，从 AgF 典型的离子键，经过 AgCl、AgBr，最后过渡到 AgI 的共价键。

表 4-16　离子极化引起卤化银性质的变化

晶体	AgF	AgCl	AgBr	AgI
离子半径之和/pm	259	307	322	342
实测键长/pm	246	277	288	281
键型	离子键	过渡型	过渡型	共价键
晶体构型	NaCl	NaCl	NaCl	ZnS
配位数	6	6	6	4
溶解度/($mol \cdot dm^{-3}$)	易溶	1.34×10^{-5}	7.07×10^{-7}	9.11×10^{-9}
颜色	白色	白色	淡黄	黄

2）离子极化对化合物性质的影响

离子极化对化学键类型产生了影响，因而对相应化合物的性质也产生一定的影响。表 4-16 列出了离子极化引起卤化银一些性质的变化。

(1) 金属化合物晶形的转变。由于离子极化，离子电子云相互重叠，键的共价成分增加，实测键长较正、负离子半径之和小，晶体向配位数较小的构型转变。例如银的卤化物，从 AgF 到 AgI，晶体构型由六配位的 NaCl 型过渡到四配位的 ZnS 型。再如 CdS，$r_+/r_-=97\ pm/184\ pm=0.53>0.414$，CdS 晶体理应是 NaCl 型，即六配位，实际上是四配位的 ZnS 型。这说明由于离子极化，电子云进一步重叠而使晶体中真实的 r_+/r_- 比值变小。

(2) 化合物的溶解度。离子晶体大多易溶于水，当离子极化引起化学键向共价键转化时，晶体的溶解度相应降低。例如卤化银中，从 AgF 到 AgI ，溶解度依次降低，AgI 的溶解度最小。

(3) 对熔点、沸点的影响。离子晶体的熔点、沸点一般比较高，当存在离子极化时，往往导致离子晶体向分子晶体过渡，使晶体的熔点、沸点下降。极化作用越强，晶体的熔点、沸点越低。例如 NaCl、$MgCl_2$、$AlCl_3$ 的熔点分别为 801 ℃、714 ℃、192 ℃，这是由于离子的极化作用大小是 $Al^{3+}>Mg^{2+}>Na^{+}$，NaCl 是典型的离子化合物，而 $AlCl_3$ 接近于共价化合物。

(4) 对氢氧化物酸碱性的影响。一般来说，金属元素的氧化物呈碱性，非金属元素的氧化物呈酸性，可由中心元素电负性判断，也可由 $\sqrt{Z/r}$ 的值加以判定，见表 4-17。

表 4-17　元素电负性与化合物酸碱性的关系

电负性	<1.1	1.1～1.6	1.6～1.9	1.9～2.5	2.5～3.0	3.0～4.0
酸碱性	强碱性	碱性	两性	酸性	强酸性	超强酸
$\sqrt{Z/r}$	<0.22				>0.32	

产生这种变化规律的原因可由 ROH 规则加以解释，如图 4-35 所示。$R(OH)_x$ 型化合物可以按两种方式解离：

Ⅰ　R—O 键断裂　碱式解离

Ⅱ　O—H 键断裂　酸式解离

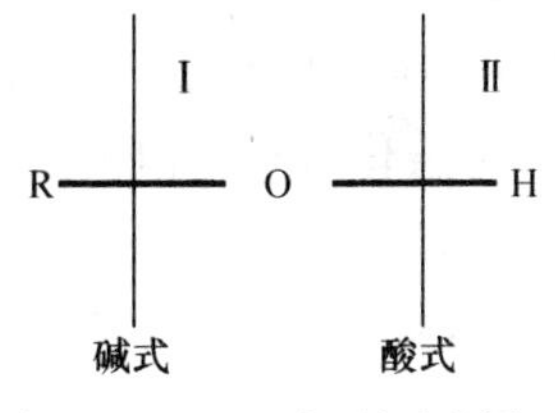

图 4-35　ROH 规则示意图

若简单地把 R、O、H 都看成离子，考虑正离子 R^{x+} 和 H^{+} 分别与 O^{2-} 之间的作用力。如果 R^{x+} 的电荷数越多，半径越小，则 R^{x+} 吸 O^{2-} 斥 H^{+} 的能力越大(极化作用越强，R—O 键越强，O—H 键越弱)，越易发生酸式解离，酸性越强，碱性越弱。当 R 为低价态(≤+2)金属元素(如 s 区和 d 区低价态离子)时，其氢氧化物多呈碱性；当 R 为中间价态(+2～+4)时，其氢氧化物常显两性，如 Zn^{2+}、Al^{3+} 等的氢氧化物；当 R 为非金属元素时，由于氧化值较高，其氢氧化物(含氧酸)显示酸性。

应该说明的是，离子极化学说在无机化学中有多方面的应用，是离子键理论的重要补充，但是由于在无机化合物中离子性化合物毕竟只是一部分，所以应用此理论时要注意其局限性。

4.3.5　原子晶体和混合型晶体

1. 原子晶体

在原子晶体中，占据在晶格结点上的粒子是原子，结点上的原子之间通过共价键相互结合在一起。典型的原子晶体是金刚石(图 4-36)。在金刚石中，每个碳原子都有四个 sp^3 杂化轨道，碳原子的配位数为 4，碳原子之间以 sp^3-sp^3 σ 键相连接，形成正四面体。在原子晶体中不存在独立的小分子，整个晶体可看成一个大分子，晶体多大，分子也就多大，所以没有确定的相对分子质量。

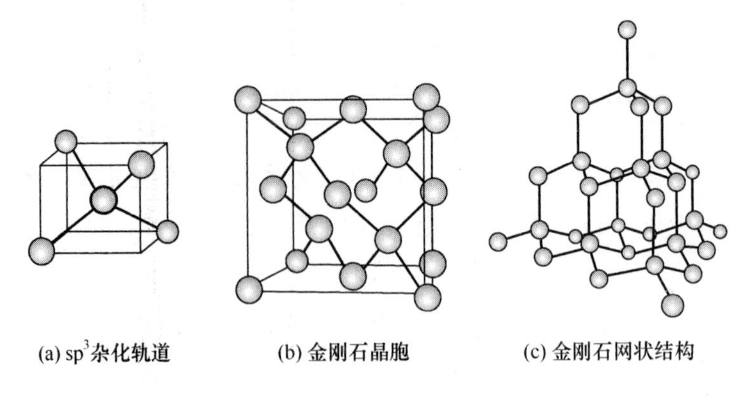

图 4-36　金刚石原子晶体

原子外层电子数较多的单质常属原子晶体，如ⅣA 族的 C、Si、Ge 等。此外半径小、性质相似的元素组成的化合物，也就是周期系ⅢA、ⅣA、ⅤA 族元素彼此间形成的化合物及它们的部分氧化物，如碳化硅（SiC）、氮化铝（AlN）、石英（SiO_2）等，也是原子晶体。石英晶体结构如图 4-37 所示。它的基本结构单元是硅氧四面体，Si 原子是 sp^3 杂化，位于在四面体的中心位置，硅氧四面体之间是通过共顶点氧原子相连。在石英晶体中，硅、氧的配位数分别为 4 和 2。因此“SiC”、“SiO_2”等化学式仅代表晶体中各种元素原子数的比例。属于原子晶体的非金属单质的化学式，用它们的元素符号表示。

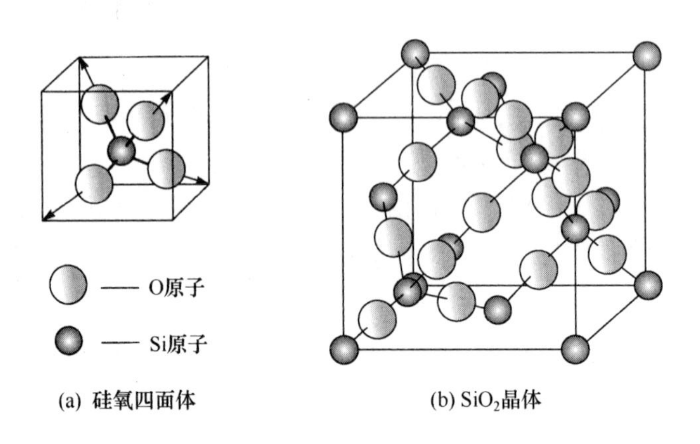

图 4-37　SiO_2 的晶体结构

由于原子晶体中晶格间的共价键比较牢固，键的强度高，所以原子晶体的化学稳定性好，具有很高的熔点、沸点，如金刚石的熔点高达 3930 K。原子晶体硬度大，延展性很小，热膨胀系数小，性脆。由于原子晶体晶格上是原子，不存在离子，所以原子晶体在固态和熔融态下都不导电，一般是电绝缘体。但是某些原子晶体如硅、锗、砷化镓通过掺杂可作为半导体材料。

2. 混合型晶体

除了分子晶体、离子晶体、原子晶体和金属晶体之外，还有一种混合型晶体。在混合型晶体中，晶格上的结点之间存在两种或两种以上的结合力。石墨是典型的混合型晶体，如图 4-38 所示。石墨晶体可以看成是由一层一层碳原子堆砌起来的。层与层之间的间隔是 340 pm，而层内碳原子之间的距离是 142 pm。层间距离较大，仅以微弱的范德华力相结合，片层之间容易滑动。在每层之内，每个碳原子是 sp^2 杂化，以三个 sp^2 杂化轨道与另外三个相邻碳原子形成三个 sp^2-sp^2 σ 键，键角 120°；六个碳原子在同一平面上形成一个正六边形的环，并由此延伸形成整个片层结构。在形成三个 σ 键后，每个碳原子上还有一个垂直于平面、未参加杂化的 p 轨道。这些 p 轨道以“肩并肩”的形式重叠，在整个片层内形成一个 π 键。这种由多个原子共同形成的 π 键称为大Π键，是一个非定域键，成键电子（多个）在整个原子层上运动。这些可在离域 π 键上自由运动的离域电子，类似于金属晶体中的自由电子，离域 π 键相当于金属键，所以石墨层方向上的电导率很大，外观上也具有金属光泽。石墨在工业上常用作电极、固体润滑剂。

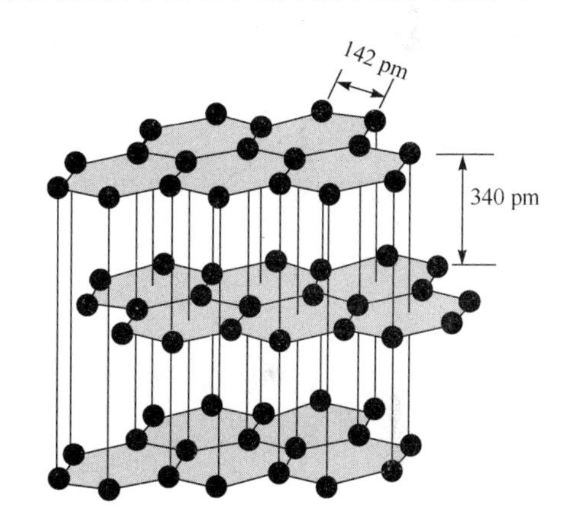

图 4-38　石墨的混合型晶体结构

属于混合型晶体的还有层状晶体，如云母、黑磷、碘化钙、碘化镁、碘化镉、氮化硼（BN，有白色石墨之称）。链状晶体石棉也属于混合型晶体。石棉的主要成分是硅酸盐，链中 Si 和 O 之间以共价键结合，硅氧链之间填以较小的阳离子如 Na^+、K^+ 等，以离子键相结合。链间的离子键不如链内的共价键强，所以石棉容易成纤维状。云母也是硅酸盐，与石棉相似，不同的是整个层内是硅氧以共价键结合，层间是离子键结合。

4.3.6　分子间力与分子晶体

气态分子在一定条件下可以凝聚成液体，液体在一定条件下又可以凝聚成固体，这说明分子与分子之间存在着相互吸引的作用力。这种分子间作用力的概念是荷兰物理学家范德华早在 1930 年研究真实气体的行为时提出来的，所以后来这种力称为分子间力或范德华力。分子间力的强度弱于化学键，一般只有几至几十 $kJ \cdot mol^{-1}$，但它与决定物质化学性质的化学键不同，主要影响物质的物理性质，如熔点、沸点、气化热、熔化热、溶解度、黏度、表面张力等。

1930 年伦敦用量子力学原理阐明范德华力的本质仍是电性引力。为了说明分子间力的由来，先介绍分子的偶极矩和极化率。

1. 分子的偶极矩与极化率

1）分子的极性和偶极矩

任何分子都是由带正电荷的原子核和带负电荷的电子组成，分子是电中性的。但是不同的分子，其正、负电荷在分子中的分布不一样。如果我们把分子中正电荷分布的重心称为“正电荷中心”、把负电荷重心称为“负电荷中心”，就会发现，有些分子的正、负电荷中心是重合，而有些分子的正、负电荷中心不重合。正、负电荷中心重合的分子称为非极性分子，正、负电荷中心不重合的分子形成一对偶极，称为极性分子。

在极性分子中，分子极性的大小用偶极矩(μ)来衡量。偶极矩的概念是德拜在 1912 年提出的，他将偶极矩 μ 定义为：分子中电荷中心（正电荷中心电荷 δ^+ 或负电荷中心电荷 δ^-）上的电荷 δ 与正负电荷中心间距离 d 的乘积(图 4-39 和式 4-14)。

$$\mu=\delta\times d \tag{4-14}$$

偶极矩是矢量，其方向为从正电荷中心到负电荷中心，单位为 C・m (库・米)。

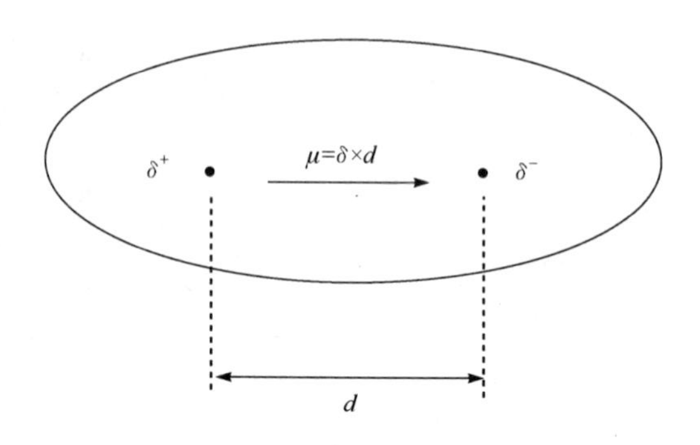

图 4-39　分子的偶极矩

分子的极性与分子中共价键的极性密切相关。两种不同元素的原子之间形成共价键时，共用电子总会偏向电负性较大的元素原子一方，形成极性键。只有同一元素的两原子之间的共价键才是非极性键。非极性键组成的分子如 S_8、P_4，是非性分子。在极性分子中一般都存在极性共价键，而有极性共价键的分子则不一定是极性分子，见表 4-18 部分分子的偶极矩。

表 4-18　部分分子的偶极矩

分子式	偶极矩/($\times10^{-30}$ C·m)	分子几何构型	分子式	偶极矩/($\times10^{-30}$ C·m)	分子几何构型
H_2	0	直线	SO_2	5.28	V形
N_2	0	直线	$CHCl_3$	3.63	四面体
CO_2	0	直线	C_2H_5OH	5.61	—
CS_2	0	直线	CH_3COOH	5.71	—
CH_4	0	正四面体	HF	6.34	直线
CCl_4	0	正四面体	HCl	3.60	直线
H_2S	3.63	V形	HBr	2.67	直线
H_2O	6.17	V形	HI	1.40	直线
NH_3	4.90	三角锥	H_2O_2	7.03	—
BF_3	0	平面三角形	O_3	1.67	V形

化学家史话

德　拜

德拜(P. J. W. Debye，1884—1966)，荷兰裔美籍物理学家、化学家。1884 年 3 月 24 日生于荷兰马斯特里赫特，1900 年进德国亚琛工业大学学习，1908 年在慕尼黑大学获博士学位，曾在瑞士苏黎世大学、荷兰乌得勒支大学、德国格丁根大学和莱比锡大学等任教授，1934 年到柏林主持改建威廉皇家协会物理研究所，第二次世界大战爆发后不久，纳粹当局要他加入德国国籍，他断然拒绝，并于 1940 年去美国，任康奈尔大学化学系主任直到 1950 年退休。1935 年，由于德拜在晶体 X 射线衍射和分子偶极矩理论方面的杰出贡献获得诺贝尔化学奖。

德拜早期从事固体物理的研究工作。1912 年他改进了爱因斯坦的固体比热容公式，得出在常温时服从杜隆-珀蒂定律，在超低温 $T\rightarrow0$ K 时和 T^3 成正比的正确比热容公式。他在导出这个公式时引进了德拜温度的概念。每种固体都有自己的德拜温度值。1916 年他和谢乐(P. Scherrer)一起发展了劳厄的 X 射线晶体结构测定方法，他采用粉末状的晶体代替较难制备的大块晶体。粉末状晶体样品经 X 射线照射后在照相底片上可得到同心圆环的衍射图样(被称为德拜-谢乐环)，它可用来鉴定样品的成分，并可决定晶胞大小。

德拜在分子偶极矩和分子结构理论方面也有重要的贡献。他定量地研究了溶质与溶剂分子间的相互作用，解释了浓溶液中的一些反常现象。他在分子极化方面的工作使人们对分子中原子排列的认识有了飞跃。在溶液理论中，他引入一个被称为德拜长度的特征长度，描述了一个正离子的电场所能影响到电子的最远距离。德拜长度现在已成为溶液理论和等离子体物理中的一个基本物理量。

德拜于 1946 年加入美国国籍，一生中获得过 16 所大学的名誉学位，成为 20 多个国家和地区的科学院院士，曾获吉布斯、尼科尔斯、普里斯特里等重要奖章。其主要著作收入《德拜全集》中。德拜于 1966 年在纽约的伊萨卡逝世，享年 83 岁。

对于双原子分子,键的极性与分子的极性一致。同核双原子分子如 H_2、Cl_2、O_2 等,都是非极性分子;异核双原子分子如 HBr、CO、NO 等,则是极性分子,并且键的极性越大,分子的极性也越大。

对于多原子分子,其极性要通过分析讨论来确定。分子的极性不仅与键的极性有关,还与分子的空间构型有关。例如,SO_2 和 CO_2 分子中 S═O 键和 C═O 键都是极性键,但是因为 CO_2 是直线形结构,键的极性相互抵消,正、负电荷重心重叠,所以 CO_2 是非极性分子。相反,SO_2 为 V 形结构,正、负电荷重心不能重合,因而 SO_2 是极性分子。从表 4-18 可以看出,结构高度对称(如直线形、平面正三角形、正四面体形)的多原子分子的偶极矩为零,为非极性分子,而结构不对称(如 V 形、四面体形、三角锥形)的多原子分子的偶极矩不为零,为极性分子。

实际上,偶极距是通过实验测得的,也可根据偶极矩数值验证和推断某些分子的几何构型。例如,NH_3 和 BCl_3 都是四原子分子,这类分子的空间结构一般有两种:平面三角形和三角锥形。实验测得它们分子的偶极矩为 $\mu(NH_3)=4.90\times10^{-30}$ C·m 和 $\mu(BCl_3)=0$。由此可以推测,在 NH_3 分子中的 N 原子和三个 H 原子不在同一平面上,不会是平面三角形结构。而 BCl_3 分子没有极性,四个原子可以处于同一平面上。因此,NH_3 分子具有三角锥形结构,而 BCl_3 分子是平面三角形结构。

2) 分子的变形性和极化率

在外电场的作用下,分子和离子一样,其内部电荷分布将发生相应的变化,这种变化称为分子的变形性。非极性分子在外加电场中,分子中带正电荷的核将向电场负极的方向偏移,而核外的电子云则偏向电场正极方向,结果使原来的非极性分子产生了一对偶极,这个过程称为分子的极化过程。在外电场的影响(诱导)下产生的偶极矩,称为诱导偶极矩。若取消外电场,分子重新恢复为非极性分子。

不仅是非极性分子,极性分子在外电场的作用下也会进一步变形产生诱导偶极矩。分子的变形性大小可用极化率 α 来表示,极化率 α 也反映了分子外层电子云的可移动性或可变性,其数值可由实验测定。随着相对分子质量的增大以及电子云弥散,分子极化率 α 值相应增大。以同周期同族元素的有关分子为例,从 He 到 Xe,从 HCl 到 HI,从上到下,分子的变形性增大。

2. 分子间力——范德华力

范德华力包括:取向力、诱导力和色散力,现分述如下。

1) 取向力

极性分子本身存在的偶极,称为固有偶极或永久偶极。气态时,极性分子在空间中无规则地运动着,其偶极的排列也是没有规律。凝聚状态时,由于同极相斥、异极相吸,固有偶极之间的作用使得极性分子的排列受到周围其他分子排列的影响,在空间中存在一定的取向限制,如图 4-40(a)所示。这种由于极性分子固有偶极的取向而产生的分子间相互作用力，称为取向力。取向力只存在于极性分子之间，其大小主要取决于分子的固有偶极矩。固有偶极矩越大，极性分子之间的取向力越大。

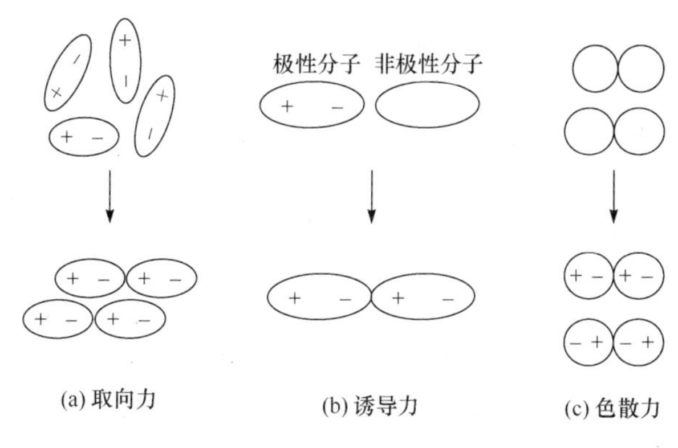

图 4-40　分子之间的作用力

2）诱导力

当极性分子与非极性分子相邻时，在极性分子固有偶极电场的作用下，非极性分子受诱导而变形极化产生诱导偶极，这种固有偶极与诱导偶极之间的相互作用称为诱导力，如图 4-40(b)所示。诱导力与分子的固有偶极矩、分子的变形性有关。偶极矩越大，分子的极化率越大，诱导力越大。诱导力除存在于极性分子与非极性分子之间，还存在于极性分子之间。因为极性分子相互靠近，在发生取向的同时，相互之间也互为电场使对方变形极化，在固有偶极的基础上再产生诱导偶极。

3）色散力

非极性分子没有固有偶极矩，但存在着瞬时偶极矩。因为分子内电子在不停地运动，原子核在不停地振动，因而在某一瞬间，分子内的正、负电荷中心会发生不重合，产生瞬时偶极矩。瞬时偶极矩之间的作用力称为色散力，如图 4-40(c)所示。

尽管每个分子的瞬时偶极矩存在时间很短，但电子和原子核的运动使瞬时偶极矩不断产生，分子间的瞬时偶极矩之间的作用力始终统计性地大量存在，而成为分子间的一种主要作用力。

色散力产生于核与电子的瞬时相对位移，不仅存在于非极性分子之间，也存在于极性分子与非极性分子、极性分子与极性分子之间。它主要与分子的变形性有关，分子的变形性越大，色散力越强。

取向力、诱导力和色散力都是分子间的引力，统称分子间力，也称范德华力。分子间力的作用范围为 300～500 pm，小于 300 pm 时分子斥力迅速增加，大于 500 pm 时分子间力显著衰减。分子间力的本质是电性作用力，既无方向性，也无饱和性。表 4-19列出了部分共价分子间作用能的分配。

表 4-19　部分共价分子间作用能的分配

分子	偶极矩 /(×10⁻³⁰ C·m)	取向力 /(kJ·mol⁻¹)	诱导力 /(kJ·mol⁻¹)	色散力 /(kJ·mol⁻¹)	总计 /(kJ·mol⁻¹)
Ar	0	0.000	0.000	8.50	8.50
CO	0.39	0.003	0.008	8.75	8.76
HI	1.40	0.025	0.113	25.87	26.00
HBr	2.67	0.69	0.502	21.94	23.11
HCl	3.60	3.31	1.00	16.82	21.14
NH_3	4.90	13.31	1.55	14.95	29.60
H_2O	6.17	36.39	1.93	9.00	47.32

对大部分分子而言，色散力占主导地位，只有极性很大、变形性很小的分子（如H_2O），取向力才占主要地位，诱导力一般很小。三种分子间力大小顺序一般为

$$色散力 \gg 取向力 > 诱导力$$

分子间力对物质的物理性质影响很大。分子间力越大，物质的熔点、沸点越高，硬度越大。由于色散力一般是主要的分子间力，对结构相似的同系列物质，通过比较相对分子质量的大小，就可以比较其熔点、沸点的高低。例如，F_2、Cl_2、Br_2、I_2分子的熔点、沸点依次升高。

3. 氢键

卤化氢是极性分子，分子间存在着取向力、诱导力和色散力。从表 4-19 中可以看到，其主要作用力是色散力。从 HCl 到 HI，色散力增大，分子间力增强，因此它们的熔点、沸点逐渐升高。但是，HF 的熔点、沸点反常地高，是个例外。这主要是由于 HF 分子除了正常的分子间力之外，分子间还存在着氢键。和 HF 相似的还有氧族氢化物中的 H_2O、氮族氢化物中的 NH_3，其熔点、沸点变化趋势如图 4-41 所示。

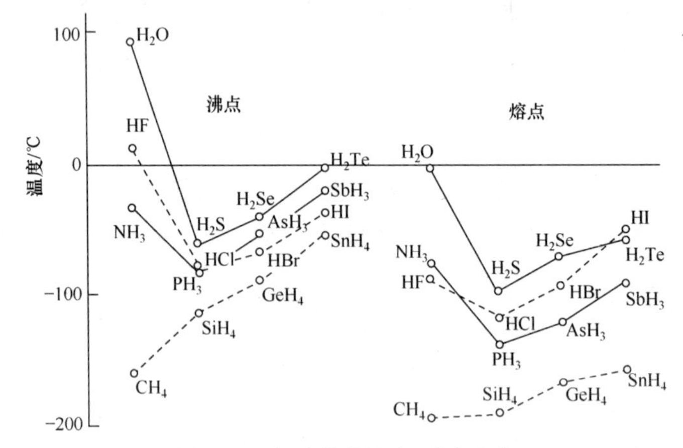

图 4-41　氢化物的熔点、沸点变化

1）键的形成

理论上处理氢键的方法概括起来主要有静电模型、价键法和分子轨道法，其中以静电模型最为简单，在此我们以氢键的静电模型为基础来讨论氢键的形成。

H 的电负性为 2.1，F 的电负性为 4.0，两元素的电负性相差很大。在固体 HF 分子晶体中，H 原子和 F 原子形成的共价键是强极性共价键，共用电子对强烈偏向 F 原子而使 H 原子几乎成为裸露的原子核，F 原子带部分负电荷。HF 分子中 H 原子带有部分正电荷，与另一 HF 分子中电负性大的 F 原子中任一孤对电子产生静电作用力，如图 4-42 所示。这种力称为氢键，用“…”表示。这样在整个 HF 晶体中，分子间的作用力得到加强，导致固体 HF 存在反常高的熔点。HF 分子间的氢键也存在于液体 HF 分子间。

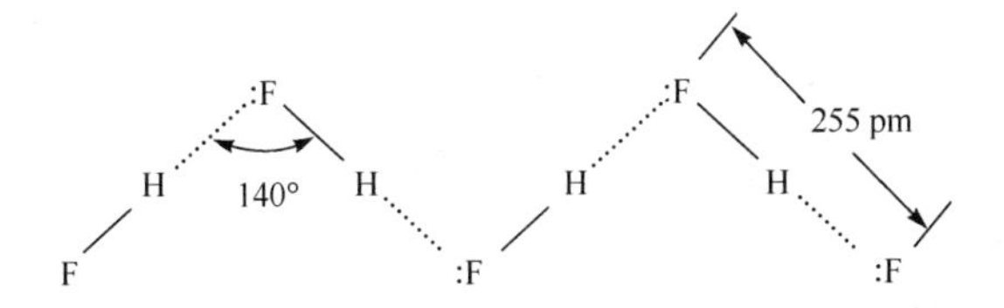

图 4-42　固体 HF 分子晶体中的分子间氢键

从静电模型中可以看到，分子欲形成氢键必须具备两个基本条件：一是分子中必须有一个与电负性很大、半径很小的元素原子 X 形成强极性键的氢原子；二是分子中必须有电负性很大、原子半径很小、带有孤对电子的元素原子。

氢键的组成可以表示为 X—H…Y 的形式，X、Y 都是半径小、电负性高的元素（如 F、O、N 等元素）原子，并且 Y 原子还有孤对电子。氢键的键长是指 X 和 Y 间的距离（X—H…Y），H 与 Y 间的距离比范德华半径之和小、比共价半径之和大。氢键强度可用氢键的键能衡量。氢键的键能是指将两个分子间形成氢键的 1 mol 聚集体解离成两个各为 1 mol 单分子所需的能量，即将 1 mol X—H…Y—R 解离为 1 mol X—H 和 1 mol Y—R 所需的能量。氢键的强弱与 X 和 Y 原子的电负性、半径有关，电负性大、半径小，则氢键强。氢键的键能一般为 20～40 $kJ \cdot mol^{-1}$，和范德华力相差不大，比化学键能小一个数量级，所以氢键也可以看成另一种分子间力。表 4-20 列出了几种常见氢键的键能和键长。

表 4-20　常见氢键的键能和键长

氢键	键能/($kJ \cdot mol^{-1}$)	键长/pm	化合物
F—H…F	28.0	255	HF
O—H…O	18.8	276	H_2O
N—H…F	20.9	268	NH_4F
N—H…O	16.2	286	$CH_3CONHCH_3$（在 CCl_4 中）
N—H…N	5.4	338	NH_3

如果有机化合物也满足氢键存在的条件，如有机羧酸、醇、胺等，则有机分子间也存在氢键。例如，分子间氢键使得甲酸是以二聚体的形式存在，如图 4-43 所示。

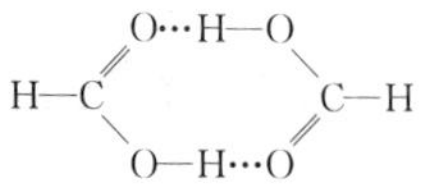

图 4-43 甲酸二聚体

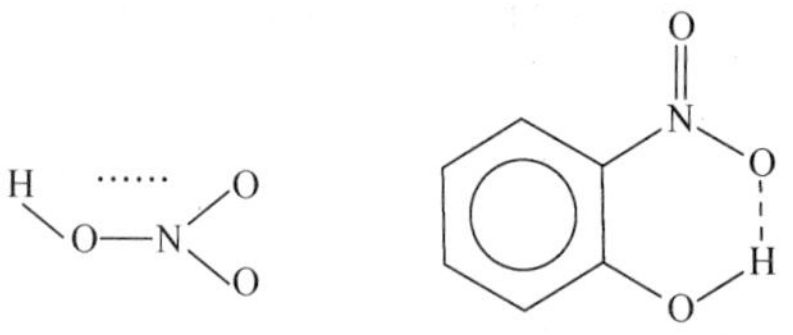

(a) 硝酸 (b) 邻硝基苯酚

图 4-44 分子内氢键

除在分子间能形成氢键外，在分子内也能形成分子内的氢键，如硝酸、邻硝基苯酚等(图 4-44)。分子内氢键多见于有机化合物中。分子内氢键的形成会导致一个多原子环形成，这种多原子环以五元环、六元环最稳定。

氢键的特点是具有方向性和饱和性，这一点与共价键相同。对于 X—H…Y 形式的分子间氢键，由于 H 原子体积小，为了减少 X 和 Y 之间的斥力，它们尽量远离，氢原子两边键的键角接近 180°，X、H、Y 成三点一线，体现出氢键的方向性。同时因为氢原子的体积小，它与较大的 X、Y 接触后，在氢原子周围空间就难以容纳另一个较大体积的原子，所以氢键中氢的配位数一般为 2，这就是氢键的饱和性。

2) 氢键对物质性质的影响

(1) 对熔点、沸点的影响。分子间氢键的形成使物质熔点、沸点升高。氢键的存在使液体气化和固体液化时必须增加额外的能量去破坏分子间的氢键。而分子内氢键的形成一般使物质的熔点、沸点降低，这是因为分子内氢键的形成会使分子变形性降低，导致分子间力下降。例如，邻硝基苯酚[图 4-44(b)]能形成分子内氢键，其沸点为 45 ℃。不能形成分子内氢键的间硝基苯酚和对硝基苯酚，其沸点分别为 96 ℃和 114 ℃。

(2) 对溶解度的影响。在极性溶剂中，如果溶质分子与溶剂分子之间形成氢键，将有利于溶质分子的溶解，如 HF、NH_3 极易溶于水，甲醇、乙醇可以以任意比例溶于水。间硝基苯酚、对硝基苯酚比邻硝基苯酚更容易溶于极性溶剂。

(3) 对密度的影响。液体分子间存在氢键，其密度增大。例如，甘油、磷酸、浓硫酸都是因为分子间存在氢键，通常为黏稠状的液体。温度越低，形成的氢键越多，密度越大。

水是一个例外，它在 4 ℃ 时密度最大。这是因为在 4 ℃以上时，分子的热运动是主要的，使水的体积膨胀，密度减小；在 4 ℃ 以下时，分子间的热运动降低，形成氢键的倾向增加，形成分子间氢键越多，分子间的空隙越大。当水结成冰时，全部水分子都以氢键连接，每个氢原子都参与形成氢键，每个氧原子周围都有四个氢(除两个共价键外，每个氧可另外形成两个氢键)，结果使每个水分子周围有四个水分子，按四面体分布，形成空旷的结构，密度减小，如图 4-45 所示。

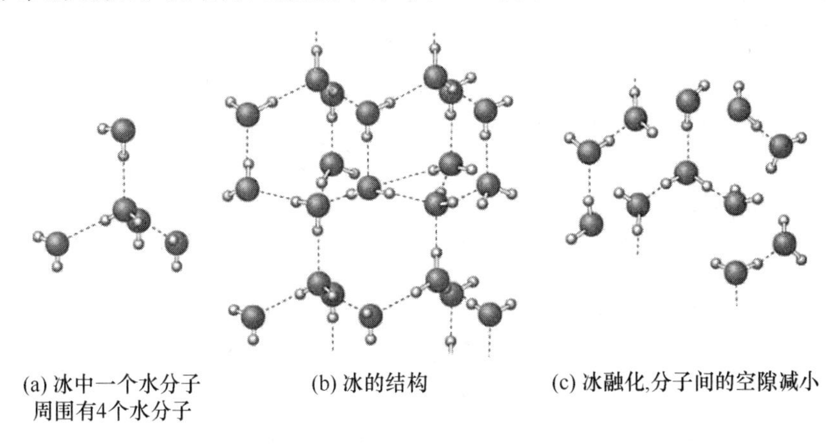

图 4-45　冰中的氢键与冰的结构

氢键对生物体有十分重要的作用，许多生物分子的高级构型是由氢键决定的。脱氧核糖核酸(DNA)是生物遗传的物质基础，通过分子中碱基形成氢键配对，DNA 的两条多肽链组成双螺旋结构。包括氢键在内的分子间的弱相互作用力在丰富多彩的生命进程中扮演着十分重要的角色。

4. 分子晶体

分子晶体是晶格上为共价分子的晶体。如图 4-46 所示，在分子晶体中，分子内部原子之间是以共价键结合，而分子占据着晶体格点位置，格点间的作用力是分子间力，包括分子间氢键。分子间力比较弱，因此分子晶体具有熔点、沸点比较低，硬度小的特点。

4.3.7　晶体结构对物质性质的影响

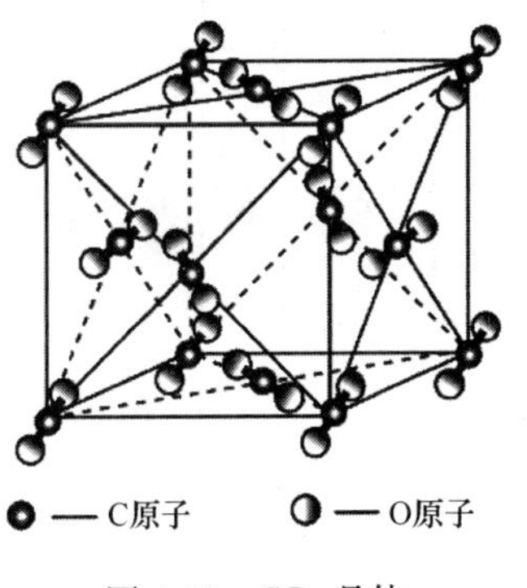

图 4-46　CO_2 晶体

迄今为止，人类发现的元素有 118 种，其中地球上天然存在的元素有 92 种，其余为人造元素。118 种元素中金属元素有 96 种，非金属元素有 22 种。有些元素的性质介于金属与非金属之间，如位于周期表 p 区从硼到砹的对角线上的硼、硅、砷、锑和砹等元素，称为半金属或类金属。但无论是金属、半金属，还是非金属，它们单质的性质都与其晶体结构相关。图 4-47、

图 4-48 和图 4-49 给出了单质的熔点、沸点和硬度，这些物理性质都取决于它们的晶体类型、晶格中粒子间的作用力和晶格能。表 4-21 列出了主族元素和零族元素单质的晶体类型。

	IA	IIA	IIIB	IVB	VB	VIB	VIIB	VIII			IB	IIB	IIIA	IVA	VA	VIA	VIIA	0
1	H_2 −259.14																H_2 −259.14	He −272.2
2	Li 180.54	Be 1278											B 2079	C 3550	N_2 −209.86	O_2 −218.4	F_2 −219.82	Ne −218.67
3	Na 97.81	Mg 618.8											Al 660.37	Si 1410	P(白) 41.1	S(菱) 112.8	Cl_2 −100.98	Ar −109.8
4	K 63.65	Ca 839	Sc 1541	Ti 1660	V 1890	Cr 1857	Mn 1244	Fe 1535	Co 1495	Ni 1455	Cu 1083.4	Ag 419.58	Ga 29.78	Ge 937.4	As(灰) 817	Se(灰) 217	Br_2 −7.2	Kr −156.6
5	Rb 38.89	Sr 769	Y 1522	Zr 1852	Nb 2468	Mo 2610	Tc 2172	Ru 2310	Rh 1966	Pd 1554	Ag 961.93	Cd 320.9	In 156.61	Sn 231.9681	Sb 630.74	Te 449.5	I_2 113.5	Xe −111.9
6	Cs 28.40	Ba 725	La 918	Hf 2227	Ta 2996	W 3410	Re 3180	Os 2700	Ir 2410	Pt 1772	Au 1064.43	Hg −38.842	Tl 303.3	Pb 327.502	Bi 271.3	Po 254	At 302	Rn −71

图 4-47　单质的熔点(℃)

	IA	IIA	IIIB	IVB	VB	VIB	VIIB	VIII			IB	IIB	IIIA	IVA	VA	VIA	VIIA	0
1	H_2 −252.87																H_2 −252.87	He −268.934
2	Li 1342	Be 2970											B 2550	C 3830~3930	N_2 −195.8	O_2 −182.962	F_2 −219.62	Ne −246.048
3	Na 882.9	Mg 1090											Al 2467	Si 2355	P(白) 280	S 444.674	Cl_2 −34.6	Ar −185.7
4	K 760	Ca 1484	Sc 2836	Ti 3287	V 3380	Cr 2672	Mn 1962	Fe 2750	Co 2870	Ni 2732	Cu 2567	Zn 907	Ga 2403	Ge 2830	As(灰) 613	Se(灰) 684.9	Br_2 58.78	Kr −152.30
5	Rb 686	Sr 1384	Y 3338	Zr 4377	Nb 4742	Mo 5560	Tc 4877	Ru 3900	Rh 3727	Pd 2970	Ag 2212	Cd 765	In 2080	Sn 2270	Sb 1950	Te 989.8	I_2 184.35	Xe −107.1
6	Cs 669.3	Ba 1640	La 3464	Hf 4602	Ta 5425	W 5660	Re 5627	Os >5300	Ir 4130	Pt 3827	Au 2808	Hg 356.68	Tl 1457	Pb 1740	Bi 1560	Po 962	At 337	Rn −61.8

图 4-48　单质的沸点(℃)

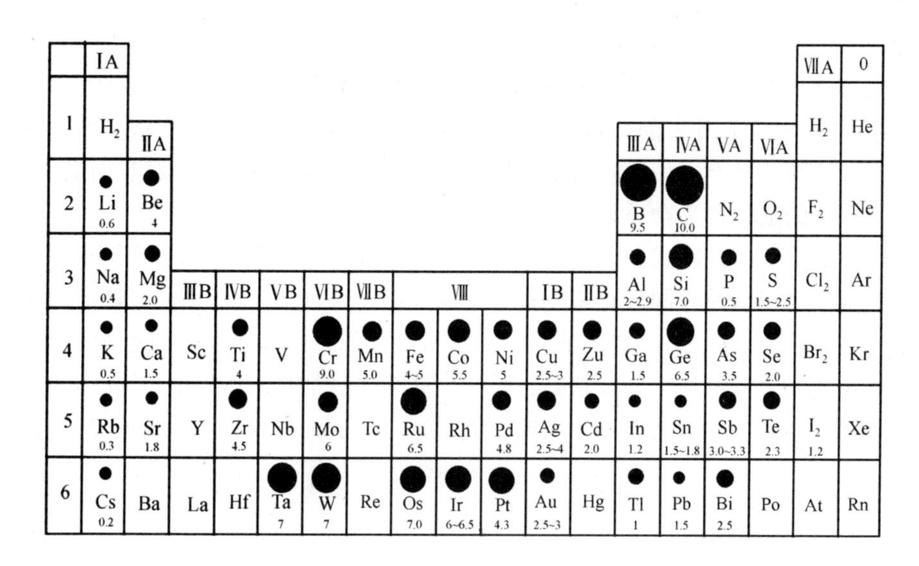

图 4-49　单质的硬度

表 4-21　主族元素和零族元素单质的晶体类型

ⅠA	ⅡA	ⅢA	ⅣA	ⅤA	ⅥA	ⅦA	0
H_2 分子							He 分子
Li 金属	Be 金属	B 近原子	C 金刚石，原子石墨，层状	N_2 分子	O_2 分子	F_2 分子	Ne 分子
Na 金属	Mg 金属	Al 金属	Si 原子	P 分子，层状	S 分子，链状	Cl_2 分子	Ar 分子
K 金属	Ca 金属	Ga 金属	Ge 原子	As 分子，层状	Se 分子，链状	Br_2 分子	Kr 分子
Rb 金属	Sr 金属	In 金属	Sn 原子，金属	Sb 分子，层状	Te 链状	I_2 分子	Xe 分子
Cs 金属	Ba 金属	Tl 金属	Pb 金属	Bi 层状，近金属	Po 金属	At	Rn 分子

同一周期元素的单质，从左到右，由典型的金属晶体过渡到原子晶体和分子晶体。例如，第三周期中，钠、镁、铝都是典型的金属晶体，但这三种元素的原子半径逐渐减小，参与成键的价电子数逐渐增加，金属键的键能逐渐增大，因而熔点、沸点等也逐渐升高。硅是非金属，由于原子轨道 sp^3 杂化而形成原子晶体，整个晶体由共价键连接，晶格较牢固，熔点、沸点高。但随后的元素的未配对价电子数逐渐减少，不能再以 sp^3 杂化而形成原子晶体，而是形成分子晶体，晶体中微粒间的作用力骤然变小，单质的熔点、沸点急剧降低。

4.3.8　晶体缺陷与非整比化合物

1. 晶体的缺陷

具有完整空间点阵结构的晶体为理想晶体，而实际的晶体都在不同的程度上存在一定的缺陷。晶体中一切偏离理想的点阵结构都称为晶体缺陷。按几何形式划分可分为点缺陷、线缺陷、面缺陷和体缺陷等。

当晶格结点上缺少某些粒子(离子、原子或分子)时,产生空位,或在晶格间隙位置上存在粒子,或有外来的杂质粒子取代晶格上原来粒子而占据在晶格上等,都构成点缺陷。点缺陷又有空位缺陷与杂质缺陷之分,空位缺陷属于本征缺陷,而由于外来杂质所产生的缺陷称为杂质缺陷。

杂质缺陷也有间隙式和取代式两种。微量杂质缺陷的存在破坏了点阵结构,使缺陷周围的电子能级不同于正常位置原子周围的能级,可以赋予晶体以特定的光学、电学和磁学性质。例如,半导体的掺杂,含 Ag^+ 的 ZnS 晶体用于彩色电视荧光屏中的蓝色荧光粉等。晶体中的线缺陷、面缺陷、体缺陷等都对晶体的生长、晶体的性质,特别是对晶体的力学性质有着很大的影响,是固体化学、材料科学等讨论研究的重要内容。

2. 非整比化合物

在计量化合物中引入一种或两种杂质离子,造成了化合物不再具有化学整比性,但仍然必须维持整个晶体的电中性。这样,当引入与本体价态不同的离子时,为了维持电中性就必须通过某些离子在晶格中空位或形成间隙离子来满足。以正离子杂质缺陷形成为例:

(1) 外来杂质离子的电荷高于原基质晶体中被替代离子的电荷。显然,发生这种替代杂质缺陷时,会造成晶体局部正电荷过剩。为了维持整个晶体的电中性,可以通过三种方式来达到:

(a) 在替代的同时出现被替代离子的空位。

(b) 形成与被替代离子电荷相反的异号离子的填隙来平衡过剩电荷。

(c) 在替代的同时,发生外来正离子的电荷低于原基质晶体中替代离子的电荷的双(并)重替代。

例如,用 Cd^{2+} 替代 AgCl 晶体中的 Ag^+,每取代一个 Ag^+ 就剩余一个正电荷,相应地可以通过出现一个 Ag^+ 空位[图 4-50(a)],或通过一个间隙阴离子来满足电中性原则[图 4-50(b)]。

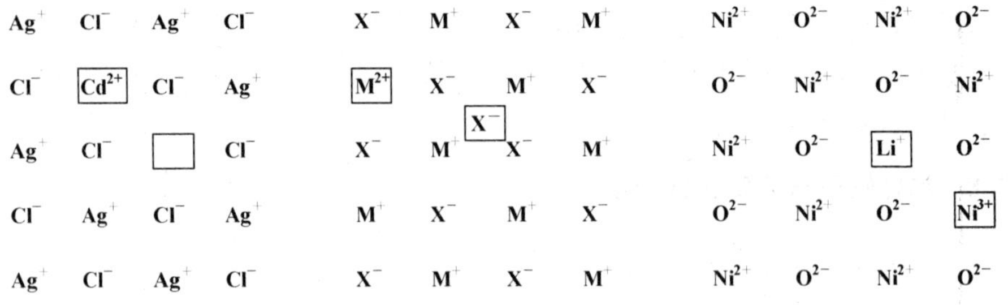

图 4-50 高价正离子替代低价正离子形成缺陷的情况

在这两种取代中，第一种情形比较普遍。第二种很少见，目前只发现 UO_2 中有这种替代杂质形成。第三种情形是一个高价杂质正离子和一个低价杂质正离子同时取代基质晶体中的正离子，构成双(并)重取代杂质缺陷，正如图 4-50(c)中所示 NiO 的情况。由于在氧气氛中，Ni^{2+} 可以氧化为 Ni^{3+} 形成杂质缺陷，这时通过加入 Li^{+} 替代 Ni^{2+} 来保持电中性。这样，通过加入 Li^{+} 的量来控制 Ni^{2+} 的氧化，称为价态控制取代杂质。

(2) 外来杂质正离子的价态低于原基质晶体正离子的价态。显然，发生这种替代杂质缺陷时，每替代一个正离子就会富余一个负电荷，总体造成晶体局部负电荷过剩。为了维持整个晶体的电中性，也可以通过三种方式来达到：

(a) 在替代的同时出现负离子的空位。

(b) 形成间隙正离子来平衡过剩电荷。

(c) 发生替代的同时还发生外来杂质离子的电荷高于原基质晶体中替代离子的电荷的双重替代。

例如，立方晶体 ZrO_2 作为快离子导体常加入稳定剂 CaO，这时 Ca^{2+} 替代 Zr^{4+} 是通过出现 O^{2-} 空位来平衡电荷。硅石 SiO_2 和铝硅酸锂形成固溶体时，部分 Al^{3+} 替代 Si^{4+}，这时需要 Li^{+} 进入间隙位置。每进行一个 Al^{3+} 替代 Si^{4+}，就需要一个 Li^{+} 进入间隙位置。

类似地，对于负离子的取代，也会出现类似的情况来满足电中性。具体情形不再赘述。

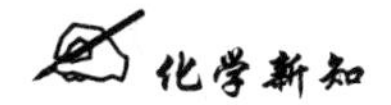

准　晶

准晶是一种介于晶体和非晶体之间的固体。准晶具有完全有序的结构，然而又不具有晶体所应有的平移对称性，因而可以具有晶体所不允许的宏观对称性。准晶是具有准周期平移格子构造的固体，其中的原子常呈定向有序排列，但不做周期性平移重复，其对称要素包含与晶体空间格子不相容的对称(如 5 次对称轴)。

1982 年，以色列科学家谢赫特曼(D. Shechtman)用电子显微镜测定了他自己合成的一块铝锰合金的衍射图像，发现是正十边形的对称结构，这是对寻常晶体来说不可能存在的对称性，因为从数学上很容易证明不可能用正十边形(或者简化到正五边形)去周期性地铺满平面。谢赫特曼认为这是一种全新的晶体，它的特点就是只具有准周期性，也就是“准晶”。曾一度被 *Applied Physics Letters* 编辑拒稿的这一文章最终被 *Physical Review Letters* 发表。但是当时只有少数科学家接受这是一种新晶体。关键在于，谢赫特曼实验使用的是电子显微镜，而晶体学界的标准实验工具是更为精确的 X 射线，他们不太信任电子显微镜的结果。不能用 X 射线的原因是生长出来的晶体太小。一直到 1987 年终于有人生长出来足够大的准晶体，用 X 射线拍摄了更好的图像，科学家中的“主流”才接受了准晶。经典晶体学中，无论是 14 种布拉维点阵还是 230 种空间群，均不不允许有五次对称，因为五次对称会破坏空间点阵的平移对称性，即不可能用五边形布满二维平面，也不可能用二十面体填满三维空间。准晶的发现颠覆了这种观念，准晶的特点之一就是五次对称性。其实，矿石界的蛋白石、有机化学中的硼环化合物、生物学中的病毒，都显示出五次对称特征，而数学家早已为准晶做好了理论铺垫，1974 年，英国人彭罗斯(R. Penrose)便在前人工作基础上提出了一种以两种四边形的拼图铺满平面的解决方案，如图 4-51 所示。对于谢赫特曼的准晶体衍射图案和彭罗斯的拼图来说，都有一种迷人的性质，就是在它们的形态中隐藏着美妙的数学常数 τ，即黄金分割数 1.618…。彭罗斯拼图以一胖一瘦两种四边形(内角分别为 72°、108°和 36°、144°)镶拼而成，两种四边形的数量之比正好是 τ；同样，在准晶中原子之间的距离之比也往往趋近于这个值。接着，1981～1982 年麦凯(A. MacKay)把彭罗斯的概念推广到三维空间，两种三十面体穿插起来得到二十面体对称性，并用光学变换仪得出五次对称的光学衍射图。

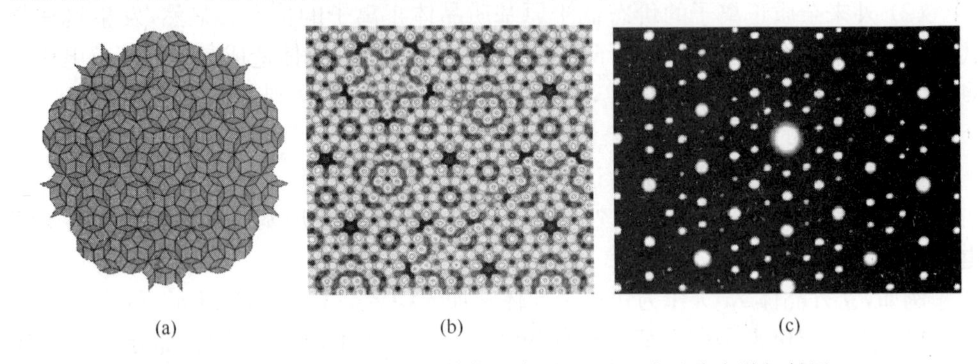

(a)　　(b)　　(c)

图 4-51　彭罗斯拼图(a)、准晶结构示意图(b)及五次对称光学衍射图(c)

五次对称性和准晶的发现对传统晶体学产生了强烈的冲击，它为物质微观结构的研究增添了新的内容，为新材料的发展开拓了新的领域。2009 年 7 月 15 日，据美国 *Science* 杂志在线新闻报道，自从科学家在 25 年之前首次制造出这种物质以来，他们一直在探索自然界是否也有能力形成这种物质。为了找到答案，研究人员在那些包含有形成准晶的物质(铝、铜和铁)的岩石中展开了搜索。一个计算机程序最终帮助科学家缩小了范围——他们在一种名为 Khatyrkite 的岩石中找到了准晶(图 4-52)。这一发现也使得准晶被划入了一种真实存在的矿物质。研究人员在 *Science* 杂志上报道了这一发现。瑞典皇家科学院于 2011 年 10 月 5 日宣布，将 2011 年诺贝尔化学奖授予以色列科学家谢赫特曼，以表彰他"发现了准晶"这一突出贡献。瑞典皇家科学院称，准晶的发现从根本上改变了以往化学家对物质结构的理解。

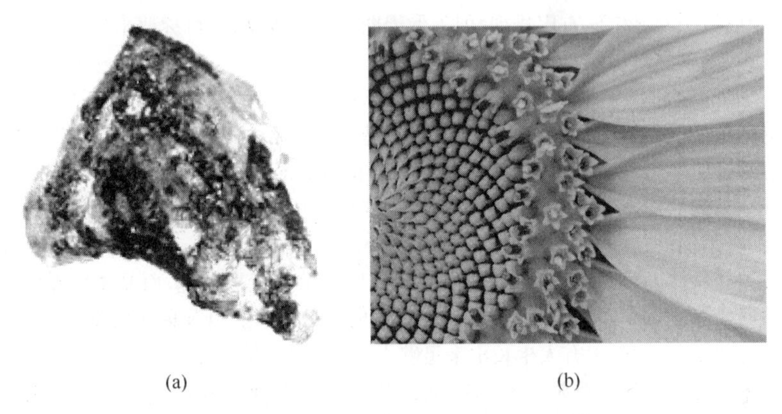

(a)　　(b)

图 4-52　Khatyrkite 岩石(a)及自然界中其他准晶现象(b)

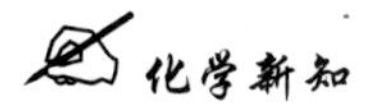

碳的新型同素异形体

作为生命基本元素的碳，其单质除传统石墨和金刚石两种结构外，新型的同素异形体不断被发现。

1985 年英国化学家克罗托博士和美国科学家斯莫利在莱斯大学用高功率激光轰击石墨的办法制备出稳定的 C_{60} 和 C_{70} 原子簇分子，由于其分子结构与建筑学家富勒(B. Fuller)的建筑作品很相似，故命名为富勒烯，也称巴克球或巴基球。1991 年、1992 年又相继发现了巴基管(碳纳米管)和巴基葱，统称富勒烯。

C_{60} 的结构经德国物理学家克列希默(Kratschmer)等测得。如图 4-53 所示，它包含 60 个 C 原子，由 12 个五元环和 20 个六元环构成足球形状。进一步的研究表明，C_{60} 六元环上的每个碳原子均以双键与其他碳原子结合，形成类似苯环的结构，它的 σ 键不同于石墨中 sp^2 杂化轨道形成的 σ 键，也不同于金刚石中 sp^3 杂化轨道形成的 σ 键，是以 $sp^{2.28}$ 杂化轨道(s 成分为 30%，p 成分为 70%)形成的 σ 键。C_{60} 的 π 键垂直于球面，含有 10% 的 s 成分、90% 的 p 成分。由于 C_{60} 的共轭 π 键是非平面的，环电流较小，芳香性较差，故显示不饱和双键的性质，易于发生加成、氧化等反应，现已合成了大量的 C_{60} 衍生物。

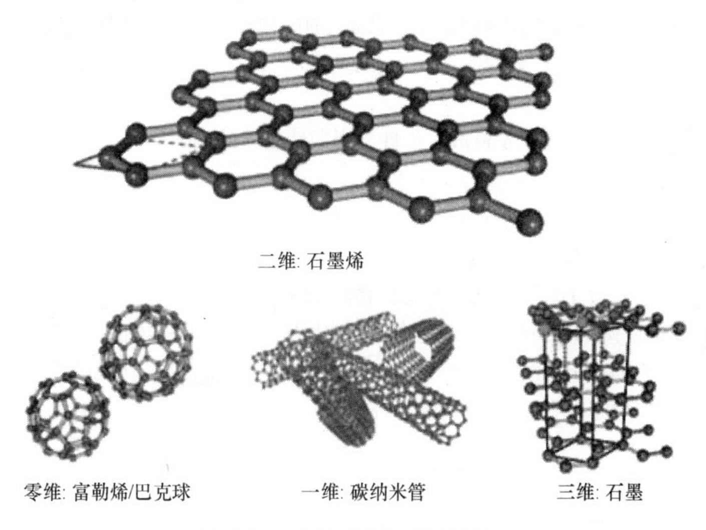

图 4-53　碳的新型同素异形体

由于克罗托、科尔、斯莫利三位科学家在富勒烯研究中的杰出贡献，他们共同荣获了 1996 年的诺贝尔化学奖。

在富勒烯研究推动下，1991 年一种更加奇特的碳结构——碳纳米管被日本电子公司(NEC)的饭岛博士发现。碳纳米管又称巴基管，是一种具有特殊结构(径向尺寸为纳米量级，轴向尺寸为微米量级，管两端基本上都封口)的一维量子材料。碳纳米管主要由呈六边形排列的碳原子构成数层到数十层的同轴圆管。层与层之间保持固定的距离，约 0.34 nm，直径一般为 2～20 nm。碳纳米管可分为单壁碳纳米管和多壁碳纳米管。碳纳米管具有良好的力学性能、导电性、导热性和光学性能，是理想的聚合物复合材料的增强剂。

石墨烯(graphene)是一种由碳原子构成的单层片状结构的新材料，是一种由碳原子以 sp^2 杂化轨道组成六角形呈蜂巢晶格的平面薄膜，是只有一个碳原子厚度的二维材料。石墨烯一直被认为是假设性的结构，无法单独稳定存在，直至 2004 年英国曼彻斯特大学物理学家海姆和诺沃肖洛夫成功地从石墨中分离出石墨烯，并因此共同获得 2010 年诺贝尔物理学奖。

石墨烯的出现在科学界激起了巨大的波澜，石墨烯具有非同寻常的导电性能、超出钢铁数十倍的强度和极好的透光性，有望在现代电子科技领域引发一轮革命。在石墨烯中，电子能够极为高效地迁移，而传统的半导体和导体(如硅和铜)远没有石墨烯表现得好。由于电子和原子的碰撞，传统的半导体和导体用热的形式释放了一些能量，一般的电脑芯片以这种方式浪费了 72%～81%的电能，石墨烯则不同，它的电子能量不会被损耗，这使它具有了非比寻常的优良特性。

本章小结

本章第 1 节主要介绍原子结构及核外电子的特性。核外电子属于微观粒子，具有不同于宏观物体的“量子化”和“波粒二象性”特征，并表现出不确定关系，所以只能用统计力学的方法即薛定谔方程对核外电子进行研究，并用方程的解——波函数描述其能量状态。

核外电子的量子化特征表现为核外电子能量的不连续性，用四个量子数的特定组合可以对应于核外电子的一种能量状态。用波函数(原子轨道)的图像可以表示核外电子的运动状态随半径和角度的变化关系，同理用电子云的图像可以表示核外电子出现的概率密度随半径和角度的变化关系。

核外电子结构的周期性变化是造成元素性质周期性变化的根本原因，元素的性质包括原子半径、电离能和电负性等。

本章第 2 节用近代的量子力学观点讨论了共价化合物的共价键理论和相应分子的结构。基于价层原子轨道相互重叠成键的现代价键理论以及在此基础上发展起来的杂化轨道理论，用于说明共价键的特点、类型、分子的空间构型和配合物的磁性等。

固体物质分为晶体和非晶体物质，本章第 3 节以晶体结构的基本知识为基础，通过分析晶体中粒子间作用力的性质，阐述了晶体的空间结构类型以及对物质性质的影响，具体包括：离子键与离子晶体的构型，金属键，分子间力、氢键与分子晶体的性质。

The structure of atoms and the properties of the extranuclear electron are introduced in the first section of this chapter. Electron shows quantized and wave-particle duality as well as uncertainty relation all because electron belongs to microscopic particle whose characteristics are different from those of macroscopic substance. Thus only statistical mechanics method, Schrödinger equation was used to research on orbital electrons, and equation-wave function was used to describe their energy state.

Quantization of extranuclear electron is characterized by its discrete energies by using of a specific combination of the four quantum numbers correspond to an orbital electron energy state. The image of wave function (atomic orbital) reveals the change relationship of the motion of orbital electron with the radius and angle. While the image of electron cloud shows the relationship of the probability density of orbital electron varies with the radius and angle.

The periodic changes in orbital electron configuration of atom are the root causes periodic nature of the element. The periodic properties of element including atomic radii, ionization energy, electronegativity, were discussed in the chapter too.

Covalent bonding theories and relative molecular geometry are discussed in the second section of this chapter. In modern valence-bond (VB) theory, it is postulated that bonds result from the sharing of electrons in overlapping orbitals of different atom. Electrons shared by the atoms are localized in the bonds between the two atoms involved. The VB theory describes the characteristics and types of covalent bonds and hybrid-orbital theory resulting from VB theory can help to account for the characteristics and type of covalent bonds, the geometry of a molecule and magnetic properties of complexes, and so on.

Solid materials are either crystalline or amorphous (noncrystalline). The atoms, ions, or molecules in crystal are ordered in well-defined arrangement, while there is no orderly structure about the particles in the amorphous. The structure and the interaction of the particles in crystal, and their effects on the material properties are discussed in the third section of this chapter. The details are ionic bonds and ionic crystals, metallic bonds, and molecule action, hydrogen bond and their actions on the properties of molecular crystal.

复习思考题

4-1　谈谈玻尔理论的失败之处。

4-2　与能量有关的量子数有哪些?

4-3　了解原子轨道和电子云的图形有什么意义。

4-4　找出元素周期表中你认为电子排布不符合电子排布三原则的元素。

4-5　29 号元素的电子排布式如何?

4-6　想一想原子半径的周期性变化与电离能的周期性变化有什么联系?

4-7　路易斯理论的缺点是什么?

4-8　价键理论的量子力学基础是什么? 价键理论与路易斯理论在本质上有什么不同? 为什么价键理论又称电子配对理论?

4-9　价键理论揭示了共价键的哪些本质问题? 如何理解共价键的方向性和饱和性? 在价键理论中,什么是 σ 键、π 键?

4-10　哪些物理量可以表征化学键的属性? 都有什么用途?

4-11　杂化轨道理论较价键理论最大的突破是什么?

4-12　sp 杂化、sp^2 杂化、sp^3 杂化的杂化轨道形状及其正负号为什么相似或相同? 这种形状对成键有什么影响?

4-13　什么是等性杂化? 什么是不等性杂化? 它们对分子的空间构型有什么影响?

4-14　配合物价键理论的要点是什么? 如何判断配合物的磁性?

4-15　晶体和非晶体有哪些不同的性质? 晶体和非晶体的本质区别是什么?

4-16　为什么金属晶体中金属原子可以获得高的配位数?

4-17　为什么说没有百分之百的离子键?

4-18　离子晶体的导电性与金属比有什么不同？

4-19　离子极化理论的要点是什么？离子极化对离子晶体的结构和性质有什么影响？

4-20　什么是极性键？什么是非极性键？什么是极性分子？含有极性键的分子是否都是极性分子？

4-21　分子间的范德华力包含哪几种力？氢键是否属于范德华力？氢键的特点是什么？

4-22　什么是分子内氢键？什么是分子间氢键？哪种氢键对物质的熔沸点影响较大？

习　题

4-1　选择题

(1) 下列各组量子数，不正确的是　　(　　)

A. $n=2, l=1, m=0, m_s=-1/2$　　B. $n=3, l=0, m=1, m_s=1/2$

C. $n=2, l=1, m=1, m_s=1/2$　　D. $n=3, l=2, m=\ 2, m_s=-1/2$

(2) 角量子数 $l=2$ 的某一电子，其磁量子数 m　　(　　)

A. 只有一个数值　　B. 可以是三个数值中的任一个

C. 可以是五个数值中的任一个　　D. 可以有无限多少数值

(3) 下列说法中符合泡利不相容原理的是　　(　　)

A. 在同一原子中，不可能有四个量子数完全相同的电子

B. 在原子中，具有一组相同量子数的电子不能多于两个

C. 原子处于稳定的基态时，其电子尽先占据最低的能级

D. 在同一电子亚层上，各个轨道上的电子分布应尽先占据不同的轨道，且自旋平行

(4) 下列基态离子中，具有 $3d^7$ 电子构型的是　　(　　)

A. Mn^{2+}　　B. Fe^{2+}　　C. Co^{2+}　　D. Ni^{2+}

(5) 基态原子的第六电子层只有 2 个电子，第五电子层上电子数目为　　(　　)

A. 8　　B. 18　　C. 8-18　　D. 8-32

(6) 和 Ar 具有相同电子构型的原子或离子是　　(　　)

A. Ne　　B. Na^+　　C. F^-　　D. S^{2-}

(7) 基态时，4d 和 5s 均为半充满的原子是　　(　　)

A. Cr　　B. Mn　　C. Mo　　D. Tc

(8) 在下列离子的基态电子构型中，未成对电子数为 5 的离子是　　(　　)

A. Cr^{3+}　　B. Fe^{3+}　　C. Ni^{2+}　　D. Mn^{3+}

(9) 基态原子有 6 个电子处于 $n=3, l=2$ 的能级，其未成对的电子数为　　(　　)

A. 4　　B. 5　　C. 3　　D. 2

(10) 下列卤化物中，离子键成分大小顺序正确的是　　(　　)

A. CsF>RbCl>KBr>NaI　　B. CsF>RbBr>KCl>NaF

C. RbBr>CsI>NaF>KCl　　D. KCl>NaF>CsI>RbBr

(11) 下列说法中错误的是　　(　　)

A. 杂化轨道有利于形成 σ 键

B. 杂化轨道均参加成键

C. 采取杂化轨道成键，更能满足轨道最大重叠原理

D. 采取杂化轨道成键，能提高原子成键能力

(12) BF_4^- 中，B原子采用的杂化轨道是　(　　)

A. sp　B. sp^2　C. sp^3　D. 不等性 sp^3

(13) 下列关于杂化轨道理论的说法中正确的是　(　　)

A. 杂化轨道理论是在分子轨道理论基础上发展起来的

B. 成键过程中，中心原子能量相近的各原子轨道组合起来，形成一个新的原子轨道

C. 形成杂化轨道的数目等于参加杂化的各原子轨道数目之和

D. 未杂化的原子轨道与杂化轨道的能量是相同的

(14) 一般金属有银白色光泽，其原因是金属　(　　)

A. 一般是整体　B. 存在自由电子　C. 密度大　D. 价电子少

4-2　填空题

(1) 决定原子等价轨道数目的量子数是________，决定多电子原子的原子轨道能量的量子数是________。

(2) 第五周期有________种元素，因为第________能级组最多可容纳________个电子，该能级组的电子填充顺序是____________。

(3) 位于第四周期的A、B、C、D四种元素，其价电子数依次为1、2、2、7，其原子序数按A、B、C、D的顺序增大。已知A和B的次外层电子数为8，C和D的次外层电子数为18，由此可以推断四种元素的符号是________。其中C和D所形成的化合物的化学式应为________。

(4) 外层电子构型满足下列条件之一是哪一类或哪一个元素？① 具有2个p电子：________；② 有2个 $n=4$、$l=0$ 的电子，6个 $n=3$、$l=2$ 的电子：________；③ 3d全充满，4s只有1个电子的元素：________。

(5) 下列元素的符号是：① 属零族，但没有p电子________；② 在4p能级上有1个电子________；③ 开始填充4d能级________；④ 价电子构型为 $3d^{10}4s^1$ ________。

(6) 如①所示填充空白：① Na($Z=11$)，$1s^2 2s^2 2p^6 3s^1$；② (　)(　)，$1s^2 2s^2 2p^6 3s^2 3p^3$；③ Zr($Z=40$)，[Kr]4d(　)$5s^2$；④ Te($Z=52$)，[Kr]4d(　)$5s^2 5p^4$；⑤ Bi($Z=83$)，[Xe]4f(　)5d(　)6s(　)6p(　)。

4-3　试讨论下列每一提法是否正确。

(1) 所有高熔点物质都是离子型的。

(2) 化合物的沸点随着相对分子质量的增加而增加。

(3) 将离子型固体溶于水得到的溶液都是电的良导体。

4-4　指出下列各组量子数中，哪几组不可能存在。

(1) 3,2,2,1/2　(2) 3,0,1,1/2　(3) 2,2,2,2　(4) 1,0,0,0

4-5　分别用4个量子数表示P原子的5个电子的运动状态：$3s^2 3p^3$。

4-6　已知元素在周期表中的位置，写出它们的外层电子构型和元素符号。

(1) 第四周期ⅣB族：(　)　(2) 第四周期ⅦB族：(　)

(3) 第五周期ⅦA族：(　)　(4) 第六周期ⅢA族：(　)

4-7　以下各“亚层”哪些可能存在？包含多少轨道？

(1) 2s　(2) 3f　(3) 4p　(4) 2d　(5) 5d

4-8　画出下列原子的价电子的轨道图：V、Si、Fe，这些原子各有几个未成对电子？

4-9　某元素 A 能直接与ⅦA 族中某元素 B 反应生成 A 的最高氧化值的化合物 AB_x，在此化合物中 B 的含量为 83.5%，而在相应的氧化物中，氧的质量占 53.3%。AB_x 为无色透明液体，沸点为 57.6 ℃，对空气的相对密度约为 5.9。试回答：(1) 元素 A、B 的名称；(2) 元素 A 属第几周期、第几族；(3) 最高价氧化物的化学式。

4-10　已知某元素的最外层有 4 个价电子，它们的 4 个量子数(n、l、m、m_s)分别是(4,0,0,+1/2)，(4,0,0,1/2)，(3,2,0,+1/2)，(3,2,1,+1/2)，则元素原子的价电子组态是什么？是什么元素？

4-11　说明下列等电子离子的半径值在数值上为什么有差别。

(1) F^-(133 pm)与 O^{2-}(136 pm)

(2) Na^+(98 pm)、Mg^{2+}(74 pm)与 Al^{3+}(57 pm)

4-12　解释下列现象。

(1) Na 的 I_1 小于 Mg 的，但 Na 的 I_2 却大大超过 Mg 的。

(2) Be 原子的 I_1～I_4 各级电离能分别为 899 kJ · mol^{-1}、1757 kJ · mol^{-1}、1.484×10^4 kJ · mol^{-1}、2.100×10^4 kJ · mol^{-1}，解释各级电离能逐渐增大并有突跃的原因。

4-13　给出价电子结构为(A) $3s^2 3p^1$，(B) $3s^2 3p^2$，(C) $3s^2 3p^3$ 和(D) $3s^2 3p^4$ 原子的第一电离能的大小顺序，并说明原因。

4-14　用杂化轨道理论说明下列化合物由基态原子形成分子的过程(图示法)，并判断分子的空间构型和分子极性。

$HgCl_2$，BF_3，$SiCl_4$，CO_2，NCl_3，H_2S

4-15　将下列原子按指定性质大小的顺序排列，并申述理由。

(1) 电离能：Mg　Al　P　S

(2) 原子半径：F　Cl　N　C

(3) 电负性：P　S　Ge　As

4-16　BF_3 是平面三角形构型，而 NF_3 是三角锥形构型，试用杂化轨道理论给予解释。

4-17　用杂化轨道理论说明 H_2O 分子为什么是极性分子。

4-18　按键的极性从大到小的顺序排列下列每组键。

(1) C—F，O—F，Be—F　　(2) N—Br，P—Br，O—Br　　(3) C—S，B—F，N—O

4-19　根据磁矩，判断下列配合物中心离子的杂化方式、几何构型，并指出它们属于哪类配合物(内/外轨型)。

(1) $[Cd(NH_3)_4]^{2+}$　$\mu_m=0$　　(2) $[Ni(CN)_4]^{2-}$　$\mu_m=0$

(3) $[Co(NH_3)_6]^{3+}$　$\mu_m=0$　　(4) $[FeF_6]^{3-}$　$\mu_m=5.9\mu_B$

4-20　指出下列物质哪些是金属晶体，哪些是离子晶体，哪些是共价键晶体(又称原子晶体)，哪些是分子晶体。

Au(s)，AlF_3(s)，Ag(s)，B_2O_3(s)，BCl_3(s)，$CaCl_2$(s)，H_2O(s)，BN(s)，C(石墨)，$H_2C_2O_4$(s)，Fe(s)，SiC(s)，CuC_2O_4(s)，KNO_3(s)，Al(s)，Si(s)

4-21　判断下列各组化合物中哪一化合物的化学键具有更强的极性。

(1) H_2O，H_2S　　(2) CCl_4，$SiCl_4$　　(3) NH_3，PCl_3

(4) Na_2O，Ag_2O　　(5) ZnO，ZnS　　(6) $AlCl_3$，BF_3

4-22　写出下列各组离子的电子排布式，并指出它们的外层电子属哪种构型[$2e^-$、$8e^-$、$18e^-$、

$(18+2)e^-$、$(9\sim17)e^-$]，判断各组极化力的大小。

(1) Na^+，Ca^{2+}　　(2) Pb^{2+}，Bi^{3+}　　(3) Ag^+，Hg^{2+}

(4) Ni^{2+}，Fe^{3+}　　(5) Li^+，Be^{2+}

4-23　根据离子极化理论解释下列两组化合物的溶解度大小变化。

(1) $CuCl>CuBr>CuI$　　(2) $AgF>AgCl>AgBr>AgI$

4-24　试用离子极化讨论，虽然 Cu^+ 与 Na^+ 的离子半径相近，但 NaCl 在水中易溶(20 ℃时每 100 g 水中可以溶解 36.0 g NaCl)，而 CuCl 在水中难溶[$K_{sp}^{\ominus}(CuCl)=1.7\times10^{-7}$]。

4-25　根据石墨的结构，试说明利用石墨作电极和作润滑剂各与它的晶体中哪一部分结构有关。

4-26　下列物质处于凝聚态时分子间有哪几种作用力？

He (l)，I_2(s)，CO_2(s)，$CHCl_3$(l)，NH_3(l)，C_2H_5OH (l)，BCl_3(l)，H_2O(l)

4-27　对下列各组物质的沸点差异给出合理解释。

(1) HF (20 ℃)与 HCl (−85 ℃)

(2) $TiCl_4$(136 ℃)与 LiCl (1360 ℃)

(3) CH_3OCH_3(25 ℃)与 CH_3CH_2OH (79 ℃)

4-28　试对下列物质熔点的变化规律进行解释。

物质	NaCl	$MgCl_2$	$AlCl_3$	$SiCl_4$	PCl_3	SCl_2	Cl_2
熔点/℃	801	708	192	−70	−91	−78	−101

4-29　下列分子中哪些是非极性的，哪些是极性的？指出分子的极性与其空间构型的关系。

$BeCl_2$，BCl_3，H_2S，HCl，CCl_4，$CHCl_3$

4-30　画出下列物质的结构图，指出化学键的类型。哪些分子中有 π 键？分子是否有极性？

H_2，HCl，H_2O，CS_2，NH_3，NaF，C_2H_4，Cu

4-31　二甲醚和乙醇成分相同，但前者的沸点为 250 K，后者的沸点为 351.5 K，为什么？

4-32　试用离子极化的观点说明 $ZnCl_2$(488 K)的熔点为什么低于 $CaCl_2$(1055 K)。

(北京科技大学　车　平)

主要参考书目

北京大学化学系普通化学原理教学组. 1996. 普通化学原理习题解答. 北京:北京大学出版社
布里斯罗 R. 1998. 化学的今天和明天. 华彤文,等译. 北京:科学出版社
卜平宇,夏泉. 2009. 普通化学. 2 版. 北京:科学出版社
大连理工大学普通化学教研组. 2004. 大学普通化学. 5 版. 大连:大连理工大学出版社
大连理工大学无机化学教研室. 2006. 无机化学. 5 版. 北京:高等教育出版社
邓建成,王学业,周元清,等. 2005. 工科普通化学教学的改革与实践. 化工高等教育,1:32-34
傅献彩,沈文霞,姚天扬,等. 2005. 物理化学. 5 版. 北京:高等教育出版社
傅献彩. 1999. 大学化学(上、下册). 北京:高等教育出版社
华彤文,陈景祖,等. 2005. 普通化学原理. 3 版. 北京:北京大学出版社
黄孟健. 1989. 无机化学答疑. 北京:高等教育出版社
李健美,李利民. 1993. 法定计量单位在基础化学中的应用. 北京:中国计量出版社
李聚源,张耀君. 2005. 普通化学简明教程. 北京:化学工业出版社
李娜,周洪英,薛永刚,等. 2009. 浅谈土木工程专业普通化学的教学改革. 化工高等教育,6:82-84
梁渠. 2009. 普通化学. 北京:科学出版社
刘又年. 2013. 无机化学. 2 版. 北京:科学出版社
马家举. 2012. 普通化学. 北京:化学工业出版社
彭笑刚. 2012. 物理化学讲义. 北京:高等教育出版社
普里高津. 1987. 从混沌到有序. 上海:上海译文出版社
曲保中,朱炳林,周伟红. 2012. 新大学化学. 3 版,北京:科学出版社
山冈望. 1995. 化学史传. 2 版. 廖正衡,等译. 北京:商务印书馆
申泮文. 2001. 理科化学大一"普通化学"的改革思考. 大学化学,16(1):37-39
宋天佑,程鹏,王杏桥. 2004. 无机化学(上、下册). 北京:高等教育出版社
宋心琦. 2000. 普通化学课程的出路何在. 大学化学,15(1):10-14
天津大学无机化学教研室. 2010. 无机化学. 4 版. 北京:高等教育出版社
王夔. 2005. 化学原理和无机化学. 北京:北京大学医学出版社
王明华,许莉. 2002. 普通化学习题解答. 北京:高等教育出版社
王明华. 2002. 普通化学. 5 版. 北京:高等教育出版社
温鸣,吴庆生,姚天明. 2009. 实例引导与实践促动相结合普通化学教学探讨. 大学化学,24(5):14-16
吴守玉,高兴华. 1993. 化学史图册. 北京:高等教育出版社
徐端钧. 2012. 新编普通化学. 2 版. 北京:科学出版社
徐伟明,俞敏强,章鹏飞. 2013. 碳化学的中心教学法在大学普通化学教学中的运用. 大学化学,28(1):10-12
闫红亮,李新学,董彬,等. 2013. 好的开始是成功的一半——大学普通化学新课的导入方法. 时代

教育,1:13
严宣申,王长富.1999.普通无机化学.2版.北京:北京大学出版社
杨建军,王美红.2002.诺贝尔百年大典.呼和浩特:内蒙古少年儿童出版社
袁翰青,应礼文.2000.化学重要史实.北京:人民教育出版社
约翰A祖霍基.2004.化学原理——了解原子和分子的世界.北京:机械工业出版社
张翠玲,常青,赵保卫,等.2011.多角度全方位提高普通化学教学质量.高等理科教育,1:109-111
张晖.2007.国外新近出版的几本大学普通化学教材.大学化学,22(3):61-66
浙江大学普通化学教研组.2011.普通化学.6版.北京:高等教育出版社
朱令之,杨芳,杨津.2012.普通化学教学与中学化学的衔接问题初探.化工高等教育,6:81-84
Brown T L, LeMay H E Jr, Burstein B E. 2008. Chemistry: The Central Science. 11th ed. London: Prentice Hall
Petrucci R H, Harwood W S, Herring F G. 2004. General Chemistry: Principles and Modern Applications. 8th ed. 北京:高等教育出版社
Gray T. 2011. 视觉之旅:神奇的化学元素. 陈沛然译. 北京:人民邮电出版社

附　录

附表 1　国际相对原子质量表(1997)[$A_r(^{12}C)=12$]

序数	元素		相对原子质量	序数	元素		相对原子质量	序数	元素		相对原子质量
	名称	符号			名称	符号			名称	符号	
1	氢	H	1.00794(7)	38	锶	Sr	87.62(1)	75	铼	Re	186.207(1)
2	氦	He	4.002602(2)	39	钇	Y	88.90585(2)	76	锇	Os	190.23(3)
3	锂	Li	6.941(2)	40	锆	Zr	91.224(2)	77	铱	Ir	192.217(3)
4	铍	Be	9.012182(3)	41	铌	Nb	92.90638(2)	78	铂	Pt	195.078(2)
5	硼	B	10.811(7)	42	钼	Mo	95.94(1)	79	金	Au	196.96655(2)
6	碳	C	12.0107(8)	43	锝*	Tc	(98)	80	汞	Hg	200.59(2)
7	氮	N	14.00674(7)	44	钌	Rn	101.07(2)	81	铊	Tl	204.3833(2)
8	氧	O	15.9994(3)	45	铑	Rh	102.90550(2)	82	铅	Pb	207.2(1)
9	氟	F	18.9984032(5)	46	钯	Pd	106.42(1)	83	铋	Bi	208.98038(2)
10	氖	Ne	20.1797(6)	47	银	Ag	107.8682(2)	84	钋*	Po	(210)
11	钠	Na	22.989770(2)	48	镉	Cd	112.411(8)	85	砹*	At	(210)
12	镁	Mg	24.3050(6)	49	铟	In	114.818(3)	86	氡*	Rn	(222)
13	铝	Al	26.981538(2)	50	锡	Sn	118.710(7)	87	钫*	Fr	(223)
14	硅	Si	28.0855(3)	51	锑	Sb	121.760(3)	88	镭*	Ra	(226)
15	磷	P	30.973761(2)	52	碲	Te	127.60(3)	89	锕*	Ac	(227)
16	硫	S	32.066(6)	53	碘	I	126.90447(3)	90	钍*	Th	232.0381(1)
17	氯	Cl	35.4527(9)	54	氙	Xe	131.29(2)	91	镤*	Pa	231.03588(2)
18	氩	Ar	39.948(1)	55	铯	Cs	132.90545(2)	92	铀*	U	238.0289(1)
19	钾	K	39.0983(1)	56	钡	Ba	137.327(7)	93	镎*	Np	(237)
20	钙	Ca	40.078(4)	57	镧	La	138.9055(2)	94	钚*	Pu	(244)
21	钪	Sc	44.955910(8)	58	铈	Ce	140.116(1)	95	镅*	Am	(243)
22	钛	Ti	47.867(1)	59	镨	Pr	140.90765(2)	96	锔*	Cm	(247)
23	钒	V	50.9415(1)	60	钕	Nd	144.24(3)	97	锫*	Bk	(247)
24	铬	Cr	51.9961(6)	61	钷*	Pm	(145)	98	锎*	Cf	(251)
25	锰	Mn	54.938049(9)	62	钐	Sm	150.36(3)	99	锿*	Es	(254)
26	铁	Fe	55.845(2)	63	铕	Eu	151.964(1)	100	镄*	Fm	(257)
27	钴	Co	58.933200(9)	64	钆	Gd	157.25(3)	101	钔*	Md	(258)
28	镍	Ni	58.6934(2)	65	铽	Tb	158.92534(2)	102	锘*	No	(259)
29	铜	Cu	63.546(3)	66	镝	Dy	162.50(3)	103	铹*	Lr	(260)
30	锌	Zn	65.39(2)	67	钬	Ho	164.93032(2)	104	*	Unq(Rf)	(261)
31	镓	Ga	69.723(4)	68	铒	Er	167.26(3)	105	*	Unp(Db)	(262)
32	锗	Ge	72.61(2)	69	铥	Tm	168.93421(2)	106	*	Unh(Sg)	(263)
33	砷	As	74.92160(2)	70	镱	Yb	173.04(3)	107	*	Uns(Bh)	(264)
34	硒	Se	78.96(3)	71	镥	Lu	174.967(1)	108	*	Uno(Hs)	(265)
35	溴	Br	79.904(1)	72	铪	Hf	178.49(2)	109	*	Une(Mt)	(268)
36	氪	Kr	83.80(1)	73	钽	Ta	180.9479(1)	110	*	Uun	(269)
37	铷	Rb	85.4678(3)	74	钨	W	183.84(1)	111	*	Uuu	(272)

注：表中相对原子质量引自 1997 年国际相对原子质量表，以$^{12}C=12$为标准。末位数准确度标于括号内。加*者为放射性元素，加括号的相对原子质量为放射性元素最长寿命同位素的质量数。

附表 2　法定计量单位

本书采用我国法定计量单位。国际单位制是法定计量单位的基础，为了正确使用国家标准 GB 3100—1993《国际单位制及其应用》，现将有关问题简单说明如下。

1. 国际单位制(SI)的基本单位和常用的导出单位

量		单位		
名称	符号	名称	符号	定义式
长度	l	米	m	
质量	m	千克	kg	
时间	t	秒	s	
电流	I	安[培]	A	
热力学温度	T	开[尔文]	K	
物质的量	n	摩[尔]	mol	
发光强度	I_v	坎[德拉]	cd	
频率	ν	赫[兹]	Hz	s^{-1}
能量	E	焦[耳]	J	$kg \cdot m^2 \cdot s^{-2}$
力	F	牛[顿]	N	$kg \cdot m \cdot s^{-2} = J \cdot m^{-1}$
压力	p	帕[斯卡]	Pa	$kg \cdot m^{-1} \cdot s^{-2} = N \cdot m^{-2}$
功率	P	瓦[特]	W	$kg \cdot m^2 \cdot s^{-3} = J \cdot s^{-1}$
电荷量	Q	库[仑]	C	$A \cdot s$
电位、电压、电动势	U	伏[特]	V	$kg \cdot m^2 \cdot s^{-3} \cdot A = J \cdot A \cdot s^{-1}$
电阻	R	欧[姆]	Ω	$kg \cdot m^2 \cdot s^{-3} \cdot A^{-2} = V \cdot A^{-1}$
电导	G	西[门子]	S	$A \cdot V^{-1} = kg^{-1} \cdot m^{-2} \cdot s^3 \cdot A^2 = \Omega^{-1}$
电容	C	法[拉]	F	$C \cdot V^{-1} = A^2 \cdot s^4 \cdot kg^{-1} \cdot m^{-2} = A \cdot s \cdot V^{-1}$

2. SI 单位制的词头

因数	词头名称	词头符号	因数	词头名称	词头符号
10^{15}	拍[它]	P(peta)	10^{-1}	分	d(deci)
10^{12}	太[拉]	T(tera)	10^{-2}	厘	c(centi)
10^{9}	吉[咖]	G(giga)	10^{-3}	毫	m(milli)
10^{6}	兆	M(mega)	10^{-6}	微	μ(micro)
10^{3}	千	k(kilo)	10^{-9}	纳[诺]	n(nano)
10^{2}	百	h(hecto)	10^{-12}	皮[可]	p(pico)
10^{1}	十	da(deca)	10^{-15}	飞[母托]	f(femto)

3. 一些常用非推荐单位、导出单位与国际单位制的换算

物理量	换算单位
长度	1 Å(埃)$=10^{-10}$ m，1 in(英寸)$=2.54\times10^{-2}$ m，1 fo(英尺)$=0.3048$ m
体积	1 L(升)$=1$ dm^3
质量	1 市斤$=0.5$ kg，1 市两$=50$ g，1 b(磅)$=0.454$ kg，1 oz(盎司)$=28.3\times10^{-3}$ kg
	1 u(原子质量单位)$\approx1.660540\times10^{-27}$ kg
压力	1 atm$=760$ mmHg$=1.01325\times10^{5}$ Pa
温度	T(K)$=t$(℃)$+273.15$
能量	1 cal$=4.184$ J，1 eV(电子伏特)$\approx1.602\,177\times10^{-19}$ J，1 erg$=10^{-7}$ J
电量	1 esu(静电单位库仑)$=3.335\times10^{-10}$ C
其他	R(摩尔气体常量)$=1.986$ $cal\cdot mol^{-1}\cdot K^{-1}=0.08206$ $L^{-1}\cdot atm\cdot mol^{-1}\cdot K^{-1}$
	$=8.314$ $J\cdot mol^{-1}\cdot K^{-1}=8.314$ $kPa\cdot L\cdot mol^{-1}\cdot K^{-1}$
	1 D(德拜)$=3.334\times10^{-30}$ C·m(库仑·米)
	1 cm^{-1}(波数)$=1.986\times10^{-23}$ J$=11.96$ $J\cdot mol^{-1}$

附表 3　一些基本常数

量	符号	数值与量纲	量	符号	数值与量纲
真空电磁波速	c_0	299792458 $m\cdot s^{-1}$	阿伏伽德罗常量	N_A	6.022×10^{23} mol^{-1}
真空介电常数	ε_0	8.854×10^{-12} $F\cdot m^{-1}$	摩尔气体常量	R	8.314 $J\cdot mol^{-1}\cdot K^{-1}$
引力常数	G	6.673×10^{-11} $N\cdot m^2\cdot kg^{-2}$	玻耳兹曼常量	k	1.380658×10^{-23} $J\cdot K^{-1}$
普朗克常量	h	6.626×10^{-34} J·s	法拉第常量	F	9.6485×10^{4} $C\cdot mol^{-1}$
元电荷	e	1.602×10^{-19} C	真空磁导率	μ_0	1.256637×10^{-6} $H\cdot m^{-1}$
电子静质量	m_e	9.109×10^{-31} kg	精细结构常数	α	7.29735308×10^{-3}
质子静质量	m_p	1.6726×10^{-27} kg	原子质量单位	m_u	1.66054×10^{-27} kg
里德伯常量	R_∞	1.097373153×10^{7} m^{-1}			

附表 4　常见物质在 $T=298.15$ K 时的标准热力学函数

物质	$\Delta_f H_m^\ominus$/ ($kJ\cdot mol^{-1}$)	$\Delta_f G_m^\ominus$/ ($kJ\cdot mol^{-1}$)	$S_m^\ominus$/ ($J\cdot mol^{-1}\cdot K^{-1}$)
Ag(s)	0	0	42.55
* Ag^+(aq)	105.6	77.1	72.7
$AgNO_3$(s)	−124.39	−33.41	140.92
AgCl(s)	−127.068	−109.789	96.2

续表

物质	$\Delta_f H_m^\ominus$/(kJ • mol^{-1})	$\Delta_f G_m^\ominus$/(kJ • mol^{-1})	$S_m^\ominus$/(J • mol^{-1} • K^{-1})
AgBr(s)	−100.37	−96.90	107.1
AgI(s)	−61.84	−66.19	115.5
Ag_2CO_3(s)	−505.8	−436.8	167.4
Ag_2O(s)	−31.05	−11.20	121.3
Al_2O_3(s,刚玉)	−1675.7	−1582.3	50.92
* Ba(s)	0	0	62.4
* Ba^{2+}(aq)	−537.6	−560.8	9.6
* $BaCl_2$(s)	−855.0	−806.7	123.7
* $BaSO_4$(s)	−1473.2	−1362.2	132.2
Br_2(g)	30.907	3.110	245.463
Br_2(l)	0	0	152.231
* C(s,金刚石)	1.9	2.9	2.4
* C(s,石墨)	0	0	5.7
CO(g)	−110.525	−137.168	197.674
CO_2(g)	−393.509	−394.359	213.74
CS_2(s)	117.36	67.12	237.84
* Ca(s)	0	0	41.6
* Ca^{2+}(aq)	−542.8	−553.6	−53.1
CaC_2(s)	−59.8	−64.9	69.96
$CaCl_2$(s)	−795.8	−748.1	104.6
$CaCO_3$(s,方解石)	−1206.92	−1128.79	92.9
CaO(s)	−635.09	−604.03	37.75
* $Ca(OH)_2$(s)	−985.2	−897.5	83.4
Cl_2(g)	0	0	223.066
* Cl^-(aq)	−167.2	−131.2	56.5
* Cu(s)	0	0	33.2
* Cu^{2+}(aq)	64.8	65.5	−99.6
CuO(s)	−157.3	−129.7	42.63
$CuSO_4$(s)	−771.36	−661.8	109.0
Cu_2O(s)	−168.6	−146.0	93.14
F_2(g)	0	0	202.78
* F^-(aq)	−332.6	−278.8	−13.8

续表

物质	$\Delta_f H_m^\ominus$/(kJ·mol^{-1})	$\Delta_f G_m^\ominus$/(kJ·mol^{-1})	$S_m^\ominus$/(J·mol^{-1}·K^{-1})
* Fe(s)	0	0	27.3
* Fe^{2+}(aq)	−89.1	−78.9	−137.7
* Fe^{3+}(aq)	−48.5	−4.7	−315.9
$Fe_{0.974}O$(s,方铁矿)	−266.27	−245.12	57.49
FeO(s)	−272.0	−251	61
FeS_2(s)	−178.2	−166.9	52.93
Fe_3O_4(s)	−1118.4	−1015.4	146.4
Fe_2O_3(s)	−824.2	−742.2	87.40
H_2(g)	0	0	130.684
* H^+(aq)	0	0	0
HCl(g)	−92.307	−95.299	186.908
HF(g)	−271.1	−273.2	173.779
HBr(g)	−36.40	−53.45	198.695
HI(g)	26.48	1.70	206.594
H_2O(g)	−241.818	−228.572	188.825
H_2O(l)	−285.830	−237.129	69.91
H_2S(g)	−20.63	−33.56	205.79
H_2O_2(l)	−187.78	−120.35	109.6
H_2O_2(g)	−136.31	−105.57	232.7
Hg(l)	0	0	76.02
Hg(s,红色斜方晶)	−90.83	−58.539	70.29
Hg(s,黄色晶体)	−90.46	−58.409	71.1
I_2(g)	62.438	19.327	260.69
I_2(s)	0	0	116.135
* I^-(aq)	−55.2	−51.6	111.3
* K(s)	0	0	64.7
* K^+(aq)	−252.4	−283.3	102.5
KI(s)	−327.900	−324.892	106.32
KCl(s)	−436.747	−409.14	82.59
KNO_3(s)	−494.63	−394.86	133.05
* Mg(s)	0	0	32.7
* Mg^{2+}(aq)	−466.9	−454.8	−138.1

续表

物质	$\Delta_f H_m^\ominus$/(kJ·mol^{-1})	$\Delta_f G_m^\ominus$/(kJ·mol^{-1})	$S_m^\ominus$/(J·mol^{-1}·K^{-1})
* $MgO(s)$	−601.6	−569.3	27.0
* $MnO_2(s)$	−520.0	−465.1	53.1
* $Mn^{2+}(aq)$	−220.8	−228.1	−73.6
$N_2(g)$	0	0	191.61
$NH_3(g)$	−46.11	−16.45	192.45
$NH_3(aq)$	−80.29	−26.50	111.29
$NH_4Cl(s)$	−314.43	−202.87	94.6
$(NH_4)_2SO_4(s)$	−1180.85	−901.67	220.1
$NO(g)$	90.25	86.55	210.761
$NO_2(g)$	33.18	51.31	240.06
$N_2O(g)$	82.05	104.20	219.85
$N_2O_4(g)$	9.16	97.89	304.29
$N_2O_5(g)$	11.3	115.1	355.7
* $Na(s)$	0	0	51.3
* $Na^+(aq)$	−240.1	−261.9	59.0
$NaCl(s)$	−411.153	−384.138	72.13
$NaOH(s)$	−425.609	−379.494	64.455
$Na_2CO_3(s)$	−1130.68	−1044.44	137.98
$NaHCO_3(s)$	−950.81	−851.0	101.7
$O_2(g)$	0	0	205.138
$O_3(g)$	142.7	163.2	238.93
* $OH^-(aq)$	−230.0	−157.2	−10.8
$PCl_3(g)$	−287.0	−267.8	311.78
$PCl_5(g)$	−374.9	−305.0	364.58
S(s,正交)	0	0	31.80
$SO_2(g)$	−296.830	−300.194	248.22
$SO_3(g)$	−395.72	−371.06	256.76
SiO_2(s,α-石英)	−910.94	−856.64	41.84
* $Zn(s)$	0	0	41.6
* $Zn^{2+}(aq)$	−153.9	−147.1	−112.1
$ZnO(s)$	−348.28	−318.30	43.64
$CH_4(g)$	−74.81	−50.72	186.264

续表

物质	$\Delta_f H_m^\ominus$/(kJ·mol^{-1})	$\Delta_f G_m^\ominus$/(kJ·mol^{-1})	$S_m^\ominus$/(J·mol^{-1}·K^{-1})
C_2H_6(g)	−84.68	−32.82	229.60
C_3H_8(g)	−103.85	−23.37	270.02
C_4H_{10}(g)正丁烷	−126.15	−17.02	310.23
C_4H_{10}(g)异丁烷	−134.52	−20.75	294.75
C_5H_{12}(g)正戊烷	−146.44	−8.21	349.06
C_5H_{14}(g)异戊烷	154.47	−14.65	343.20
C_6H_{14}(g)正己烷	−167.19	−0.05	388.51
C_7H_{16}(g)庚烷	−187.78	8.22	428.01
C_8H_{18}(g)辛烷	−208.45	16.66	466.84
C_2H_2(g)	226.73	209.20	200.94
C_2H_4(g)	52.26	68.15	219.56
C_3H_6(g)环丙烷	53.30	104.46	237.55
C_6H_{12}(g)环己烷	−123.14	31.92	298.35
C_6H_{10}(g)环己烯	−5.36	106.99	310.86
C_6H_6(g)	82.93	129.73	269.31
C_6H_6(l)	49.04	124.45	173.26
CH_3OH(g)	−200.66	−161.96	239.81
CH_3OH(l)	−238.66	−166.27	126.8
HCHO(g)	−108.57	−102.53	218.77
HCOOH(l)	−424.72	−361.35	128.95
C_2H_5OH(g)	−235.10	−168.49	282.70
C_2H_5OH(l)	−277.69	−174.78	160.7
CH_3CHO(l)	−192.30	−128.12	160.2
CH_3COOH(l)	−484.5	−389.9	159.8
CH_3COOH(g)	−432.25	−374.0	282.5
** H_2NCONH_2(s)尿素	−333.19	−197.15	104.60
** $C_6H_{12}O_6$(s)葡萄糖	−1274.45	−910.52	212.13
** $C_{12}H_{22}O_{11}$(s)蔗糖	−2221.70	−1544.31	360.24

注：表中无机物质和C_1与C_2有机物质的数据录自美国国家标准局. NBS化学热力学性质表，SI单位表示的无机物质和C_1与C_2有机物质选择值. 刘天和，赵梦月译. 北京：中国标准出版社，1998。

C_3与C_3以上有机物质的数据录自 Stull D R, Westrum E F, Sinke G C. The Chemical Thermodynamics of Organic Compounds. New York: John Wiley & Sons Inc., 1969。

带“*”号的数据录自 Lide D R. Handbook of Chemistry and Physics. 80th ed. New York: CRC Press, 1999～2000. 5-1～5-60。

带“**”号的数据录自 Wilhoit R C. Thermodynamic Properties of Biochemical Substances. New York: Academic Press Inc., 1969。

附表 5　某些物质在 T=298.15 K 时的标准摩尔燃烧焓

物质	$\Delta_c H_m^\ominus$/(kJ·mol^{-1})	物质	$\Delta_c H_m^\ominus$/(kJ·mol^{-1})
H_2(g)	−285.83	CH_3OH(l)甲醇	−726.51
C(s,石墨)	−393.51	C_2H_5OH(l)乙醇	−1366.82
CO(g)	−282.98	$(CH_3)_2O$(g)二甲醚	−1460.46
CH_4(g)	−890.36	$(C_2H_5)_2O$(l)乙醚	−2723.62
C_2H_2(g)	−1299.58	$(C_2H_5)_2O$(g)	−2751.06
C_2H_4(g)	−1410.94	C_5H_{12}(l)	−3509.0
C_2H_6(g)	−1559.83	C_6H_6(l)	−3267.6
HCHO(g)甲醛	−570.77	$C_{17}H_{35}COOH$(s)硬脂酸	−11281.0
CH_3CHO(g)乙醛	−1192.49	$C_6H_{12}O_6$(s)葡萄糖	−2803.0
CH_3CHO(l)	−1166.38	$C_{12}H_{22}O_{11}$(s)蔗糖	−5640.9
CH_3COOH(l)乙酸	−874.2	$CO(NH_2)_2$(s)尿素	−631.7
HCOOH(l)甲酸	−254.62	$CH_3COOC_2H_5$(l)	−2254.21
$H_2(COO)_2$(s)草酸	−245.6		

数据主要录自 Lide D R. Handbook of Chemistry and Physics. 80th ed. New York:CRC Press,1999～2000. 5-89。

附表 6　常见弱酸弱碱的解离常数(298.15 K)

弱酸	解离常数 $K_a^\ominus$
H_3AsO_4	$K_{a_1}^\ominus=5.7\times10^{-3}$;$K_{a_2}^\ominus=1.7\times10^{-7}$;$K_{a_3}^\ominus=2.5\times10^{-12}$
H_3AsO_3	$K_{a_1}^\ominus=5.9\times10^{-10}$
$HAsO_2$	$K_a^\ominus=6.0\times10^{-10}$
H_3BO_3	$K_a^\ominus=5.8\times10^{-10}$
HOBr	$K_a^\ominus=2.6\times10^{-9}$
H_2CO_3	$K_{a_1}^\ominus=4.2\times10^{-7}$;$K_{a_2}^\ominus=4.7\times10^{-11}$
HCN	$K_a^\ominus=5.8\times10^{-10}$
H_2CrO_4	$K_{a_1}^\ominus=9.55$;$K_{a_2}^\ominus=3.2\times10^{-7}$
HClO	$K_a^\ominus=2.8\times10^{-8}$
$HClO_2$	$K_a^\ominus=1.0\times10^{-2}$
HF	$K_a^\ominus=6.9\times10^{-4}$
HIO	$K_a^\ominus=2.4\times10^{-11}$
HIO_3	$K_a^\ominus=0.16$
H_5IO_6	$K_{a_1}^\ominus=4.4\times10^{-4}$;$K_{a_2}^\ominus=2\times10^{-7}$;$K_{a_3}^\ominus=6.3\times10^{-13}$

续表

弱酸	解离常数 $K_a^\ominus$
HNO_2	$K_a^\ominus=6.0\times10^{-4}$
NH_3	$K_a^\ominus=2.4\times10^{-5}$
NH_4^+	$K_a^\ominus=5.56\times10^{-10}$
H_2O_2	$K_{a_1}^\ominus=2.0\times10^{-12}$
H_3PO_4	$K_{a_1}^\ominus=6.7\times10^{-3}$；$K_{a_2}^\ominus=6.2\times10^{-8}$；$K_{a_3}^\ominus=4.5\times10^{-13}$
$H_4P_2O_7$	$K_{a_1}^\ominus=2.9\times10^{-2}$；$K_{a_2}^\ominus=5.3\times10^{-3}$
H_3PO_3	$K_{a_1}^\ominus=5.0\times10^{-2}$；$K_{a_2}^\ominus=2.5\times10^{-7}$
H_2SO_4	$K_{a_2}^\ominus=1.0\times10^{-2}$
H_2SO_3	$K_{a_1}^\ominus=1.7\times10^{-2}$；$K_{a_2}^\ominus=6.0\times10^{-8}$
H_2SiO_3	$K_{a_1}^\ominus=1.7\times10^{-10}$；$K_{a_2}^\ominus=1.6\times10^{-12}$
H_2Se	$K_{a_1}^\ominus=1.5\times10^{-4}$；$K_{a_2}^\ominus=1.1\times10^{-15}$
H_2S	$K_{a_1}^\ominus=1.3\times10^{-7}$；$K_{a_2}^\ominus=7.1\times10^{-15}$
H_2SeO_4	$K_{a_2}^\ominus=1.2\times10^{-2}$
H_2SeO_3	$K_{a_1}^\ominus=2.7\times10^{-2}$；$K_{a_2}^\ominus=5.0\times10^{-8}$
HSCN	$K_a^\ominus=0.14$
$H_2C_2O_4$	$K_{a_1}^\ominus=5.4\times10^{-2}$；$K_{a_2}^\ominus=5.4\times10^{-5}$
HCOOH	$K_a^\ominus=1.8\times10^{-4}$
HAc	$K_a^\ominus=1.76\times10^{-5}$
$ClCH_2COOH$	$K_a^\ominus=1.4\times10^{-3}$
$Cl_2CHCOOH$	$K_a^\ominus=5.0\times10^{-2}$
Cl_3CCOOH	$K_a^\ominus=0.23$
$^+NH_3CH_2COOH$(氨基乙酸盐)	$K_{a_1}^\ominus=4.5\times10^{-3}$；$K_{a_2}^\ominus=2.5\times10^{-10}$
$CH_3CHOHCOOH$(乳酸)	$K_a^\ominus=1.4\times10^{-4}$
C_6H_6OH(苯酚)	$K_a=1.1\times10^{-19}$
$C_6H_4(COOH)_2$（邻苯二甲酸，结构式：苯环上邻位两个 —COOH）	$K_{a_1}^\ominus=1.1\times10^{-3}$；$K_{a_2}^\ominus=3.9\times10^{-6}$
CH(OH)COOH | CH(OH)COOH	$K_{a_1}^\ominus=9.1\times10^{-4}$；$K_{a_2}^\ominus=4.3\times10^{-5}$
CH_2COOH | C(OH)COOH | CH_2COOH	$K_{a_1}^\ominus=7.4\times10^{-4}$；$K_{a_2}^\ominus=1.7\times10^{-6}$；$K_{a_3}^\ominus=4.0\times10^{-7}$
O=C—C=C—C—C(H)(OH)—CH_2OH（环内 O 连接首个 C 与 C—H；取代基 OH OH H OH）	$K_{a_1}^\ominus=5.0\times10^{-5}$；$K_{a_2}^\ominus=1.5\times10^{-10}$
EDTA	$K_{a_1}^\ominus=1.0\times10^{-2}$；$K_{a_2}^\ominus=2.1\times10^{-3}$； $K_{a_3}^\ominus=6.9\times10^{-7}$；$K_{a_4}^\ominus=5.9\times10^{-11}$

续表

弱碱	解离常数 $K_b^\ominus$
$NH_3 \cdot H_2O$	$K_b^\ominus = 1.8 \times 10^{-5}$
N_2H_4(联氨)	$K_b^\ominus = 9.8 \times 10^{-7}$
NH_2OH(羟氨)	$K_b^\ominus = 9.1 \times 10^{-9}$
CH_3NH_2(甲胺)	$K_b^\ominus = 4.2 \times 10^{-4}$
$C_2H_5NH_2$(乙胺)	$K_b^\ominus = 5.6 \times 10^{-4}$
$(CH_3)_2NH$(二甲胺)	$K_b^\ominus = 1.2 \times 10^{-4}$
$(C_2H_5)_2NH$(二乙胺)	$K_b^\ominus = 1.3 \times 10^{-8}$
$C_6H_5NH_2$(苯胺)	$K_b^\ominus = 4 \times 10^{-10}$
$H_2NCH_2CH_2NH_2$	$K_{b_1}^\ominus = 8.5 \times 10^{-5}$；$K_{b_2}^\ominus = 7.1 \times 10^{-8}$
$HOCH_2CH_2NH_2$(乙醇胺)	$K_b^\ominus = 3.2 \times 10^{-5}$
$(HOCH_2CH_2)_3N$(三乙醇胺)	$K_b^\ominus = 5.8 \times 10^{-7}$
$(CH_2)_6N_4$(六次甲基四胺)	$K_b^\ominus = 1.4 \times 10^{-9}$
N(吡啶环结构式)	$K_b^\ominus = 1.7 \times 10^{-9}$

附表 7　某些配离子的标准稳定常数 $K_f^\ominus$(298.15 K)

配离子	稳定常数($K_f^\ominus$、β_n)	$\lg\beta_n$	配离子	稳定常数($K_f^\ominus$、β_n)	$\lg\beta_n$
$[AgCl_2]^-$	1.10×10^{5}	5.04	$[Au(CN)_2]^-$	2.00×10^{38}	38.30
$[AgBr_2]^-$	2.14×10^{7}	7.33	$[Ba(EDTA)]^{2-}$	6.03×10^{7}	7.78
$[AgI_2]^-$	4.80×10^{10}	10.68	$[Be(EDTA)]^{2-}$	2×10^{9}	9.3
$[Ag(NH_3)]^+$	2.07×10^{3}	3.32	$[BiCl_4]^-$	7.96×10^{6}	6.90
$[Ag(NH_3)_2]^+$	1.11×10^{7}	7.05	$[BiCl_6]^{3-}$	2.45×10^{7}	7.39
$[Ag(CN)_2]^-$	1.26×10^{21}	21.10	$[BiBr_4]^-$	5.92×10^{7}	7.77
$[Ag(SCN)_2]^-$	3.72×10^{7}	7.57	$[BiI_4]^-$	8.88×10^{14}	14.95
$[Ag(S_2O_3)_2]^{3-}$	3.16×10^{13}	13.5	$[Bi(EDTA)]^-$	6.3×10^{22}	22.80
$[Ag(en)_2]^+$	5.0×10^{7}	7.70	$[Ca(EDTA)]^{2-}$	1.00×10^{11}	11.00
$[Ag(EDTA)]^-$	2.1×10^{7}	7.32	$[Cd(NH_3)_4]^{2+}$	1.32×10^{7}	7.12
$[Ag(Ac)_2]^-$	4.37	0.64	$[Cd(CN)_4]^{2-}$	6.03×10^{18}	18.78
$[Al(OH)_4]^-$	3.31×10^{33}	33.52	$[Cd(OH)_4]^{2-}$	1.20×10^{9}	9.08
$[AlF_6]^{3-}$	6.92×10^{19}	19.84	$[CdBr_4]^{2-}$	5.0×10^{3}	3.70
$[Al(EDTA)]^-$	1.29×10^{16}	16.11	$[CdCl_4]^{2-}$	6.31×10^{2}	2.80
$[Al(C_2O_4)_3]^{3-}$	2.00×10^{16}	16.30	$[CdI_4]^{2-}$	2.57×10^{5}	5.41

续表

配离子	稳定常数($K_f^\ominus$、β_n)	$\lg\beta_n$	配离子	稳定常数($K_f^\ominus$、β_n)	$\lg\beta_n$
$[Cd(en)_3]^{2+}$	1.23×10^{12}	12.09	$[Fe(C_2O_4)_3]^{4-}$	1.66×10^{5}	5.22
$[Cd(EDTA)]^{2-}$	2.51×10^{16}	16.40	$[Fe(C_2O_4)_3]^{3-}$	1.58×10^{20}	20.20
$[Co(NH_3)_4]^{2+}$	1.16×10^{5}	5.06	$[Fe(EDTA)]^{2-}$	2.14×10^{14}	14.33
$[Co(NH_3)_6]^{2+}$	1.29×10^{5}	5.11	$[Fe(EDTA)]^{-}$	1.70×10^{24}	24.23
$[Co(NH_3)_6]^{3+}$	1.59×10^{35}	35.2	$[FeHPO_4]^{+}$	2.2×10^{9}	9.35
$[Co(NCS)_4]^{2-}$	1.00×10^{3}	3.00	$[Fe(en)_3]^{2+}$	5.01×10^{9}	9.70
$[Co(EDTA)]^{-}$	1.00×10^{36}	36	$[Fe(tart)_3]^{3-}$	3.1×107^{9}	7.49
$[Co(en)_3]^{2+}$	8.71×10^{13}	13.94	$[HgCl_4]^{2-}$	1.17×10^{15}	15.07
$[Co(en)_3]^{2+}$	4.90×10^{48}	48.69	$[HgI_4]^{2-}$	6.76×10^{29}	29.83
$[Cr(OH)_4]^{-}$	7.80×10^{29}	29.89	$[Hg(SCN)_4]^{2-}$	1.70×10^{21}	21.23
$[Cr(EDTA)]^{-}$	1.00×10^{23}	23.00	$[Hg(CN)_4]^{2-}$	2.51×10^{41}	41.4
$[CuCl_2]^{-}$	6.91×10^{4}	6.84	$[Hg(EDTA)]^{2-}$	6.31×10^{21}	21.80
$[CuCl_3]^{2-}$	4.55×10^{5}	5.66	$[Mg(EDTA)]^{2-}$	4.37×10^{8}	8.64
$[CuI_2]^{-}$	7.1×10^{8}	8.85	$[Mn(EDTA)]^{2-}$	6.31×10^{17}	13.80
$[Cu(SO_3)_2]^{3-}$	4.13×10^{8}	8.62	$[Ni(NH_3)_6]^{2+}$	5.50×10^{8}	8.74
$[Cu(NH_3)_4]^{2+}$	2.09×10^{13}	13.32	$[Ni(en)_3]^{2+}$	2.14×10^{18}	18.33
$[Cu(P_2O_7)_2]^{6-}$	8.24×10^{8}	8.92	$[Ni(CN)_4]^{2-}$	2.00×10^{31}	31.3
$[Cu(C_2O_4)_2]^{2-}$	7.9×10^{8}	8.9	$[Ni(EDTA)]^{2-}$	3.63×10^{18}	18.56
$[Cu(CN)_2]^{-}$	9.98×10^{23}	24.00	$[PbCl_3]^{-}$	1.70×10^{3}	3.23
$[Cu(CN)_3]^{2-}$	4.21×10^{28}	28.62	$[Pb(Ac)_4]^{2-}$	3.16×10^{8}	8.50
$[Cu(NCS)_4]^{3-}$	8.66×10^{9}	9.94	$[Pb(EDTA)]^{2-}$	2.00×10^{18}	18.30
$[Cu(CN)_4]^{2-}$	2.00×10^{30}	30.30	$[SnF_6]^{2-}$	1.0×10^{25}	25
$[Cu(Ac)_4]^{2-}$	1.54×10^{3}	3.20	$[Sn(EDTA)]^{2-}$	1.26×10^{22}	22.1
$[Cu(thio)_3]^{+}$	1.00×10^{13}	13	$[Zn(NH_3)_4]^{2+}$	2.88×10^{9}	9.46
$[Cu(EDTA)]^{2-}$	5.01×10^{18}	18.70	$[Zn(CN)_4]^{2-}$	5.01×10^{16}	16.7
$[FeF_3]$	8×10^{11}	11.9	$[Zn(C_2O_4)_3]^{4-}$	1.41×10^{8}	8.15
$[FeF_5]^{2-}$	5.9×10^{15}	15.77	$[Zn(OH)_4]^{2-}$	4.57×10^{17}	17.66
$[Fe(NCS)_3]$	4.4×10^{5}	5.64	$[Zn(SCN)_4]^{2-}$	41.7	1.62
$[Fe(CN)_6]^{4-}$	1.00×10^{35}	35.00	$[Zn(en)_3]^{2+}$	1.29×10^{14}	14.11
$[Fe(CN)_6]^{3-}$	1.00×10^{42}	42.00	$[Zn(EDTA)]^{2-}$	2.51×10^{16}	16.40

附表 8　一些物质的溶度积 $K_{sp}^{\ominus}$(298.15 K)

难溶电解质	$K_{sp}^{\ominus}$	难溶电解质	$K_{sp}^{\ominus}$
AgAc	1.9×10^{-3}	BaF_2	1.8×10^{-7}
Ag_3AsO_4	1.0×10^{-22}	$Ba(OH)_2\cdot8H_2O$	2.55×10^{-4}
AgCl	1.77×10^{-10}	$Ba(NO_3)_2$	6.1×10^{-4}
AgBr	5.35×10^{-13}	α-$Be(OH)_2$	6.7×10^{-22}
AgI	8.52×10^{-17}	$Bi(OH)_3$	6.0×10^{-31}
$AgIO_3$	3.1×10^{-8}	Bi_2S_3	1×10^{-97}
AgCN	5.9×10^{-17}	$BiPO_4$	1.3×10^{-24}
AgOH	2.0×10^{-8}	BiOCl	1.8×10^{-31}
Ag_2SO_4	1.20×10^{-5}	BiOBr	6.7×10^{-9}
Ag_2SO_3	1.50×10^{-14}	$BiO(NO_3)$	2.82×10^{-3}
Ag_2S	6.3×10^{-50}	BiI_3	7.5×10^{-19}
Ag_2S_3	2.1×10^{-22}	$CaCrO_4$	7.1×10^{-4}
Ag_2CO_3	8.46×10^{-12}	$CaCO_3$	2.8×10^{-9}
$Ag_2C_2O_4$	5.40×10^{-12}	$Ca(OH)_2$	5.5×10^{-6}
Ag_2CrO_4	1.12×10^{-12}	CaF_2	5.2×10^{-9}
$Ag_2Cr_2O_7$	2.0×10^{-7}	$CaC_2O_4\cdot H_2O$	2.32×10^{-9}
Ag_3PO_4	8.89×10^{-17}	$Ca_3(PO_4)_2$	2.07×10^{-29}
Ag_2MoO_4	2.8×10^{-12}	$CaHPO_4$	1.8×10^{-7}
$AgNO_2$	3.0×10^{-5}	$CaSO_4$	7.1×10^{-5}
AgSCN	1.0×10^{-12}	$CaSO_3\cdot1/2H_2O$	3.1×10^{-7}
$Al(OH)_3$	1.3×10^{-33}	$CaWO_4$	8.7×10^{-9}
As_2S_3	2.1×10^{-22}	$Cd(OH)_2$	7.2×10^{-15}
AuCl	2.0×10^{-13}	CdS	8.0×10^{-27}
$AuCl_3$	3.2×10^{-25}	$CdCO_3$	5.27×10^{-12}
$Au(OH)_3$	5.5×10^{-46}	$Cd[Fe(CN)_5]$	3.2×10^{-17}
$BaSO_4$	1.08×10^{-10}	$CdC_2O_4\cdot3H_2O$	9.1×10^{-5}
$BaSO_3$	5.0×10^{-10}	$Ce(OH)_3$	1.6×10^{-20}
$BaCO_3$	2.58×10^{-9}	$Ce(OH)_4$	2.0×10^{-28}
BaC_2O_4	1.6×10^{-7}	$Cr(OH)_3$	6.3×10^{-31}
$BaCrO_4$	1.17×10^{-10}	$Co(OH)_2$	5.92×10^{-15}
$Ba_3(PO_4)_2$	3.4×10^{-23}	$Co(OH)_3$	1.6×10^{-44}

续表

难溶电解质	$K_{sp}^{\ominus}$	难溶电解质	$K_{sp}^{\ominus}$
$CoCO_3$	1.4×10^{-13}	HgS(红)	4×10^{-53}
α-CoS	4.0×10^{-21}	HgS(黑)	1.6×10^{-52}
β-CoS	2.0×10^{-25}	Hg_2CrO_4	2.0×10^{-9}
$Co_2[Fe(CN)_6]$	1.8×10^{-15}	Hg_2SO_4	7.9×10^{-7}
$Co[Hg(SCN)_4]$	1.5×10^{-6}	$K_2[PtCl_6]$	7.5×10^{-6}
$Co_3(PO_4)_2$	2.0×10^{-35}	$La(OH)_3$	2.0×10^{-19}
$CsClO_4$	3.95×10^{-3}	Li_2CO_3	8.1×10^{-4}
Cu(OH)	1×10^{-14}	LiF	1.8×10^{-3}
$Cu(OH)_2$	2.2×10^{-20}	Li_3PO_4	3.2×10^{-9}
CuCl	1.72×10^{-7}	$MgCO_3$	6.8×10^{-6}
CuBr	6.27×10^{-9}	MgF_2	7.4×10^{-11}
CuI	1.27×10^{-12}	$Mg(OH)_2$	5.1×10^{-12}
$CuCO_3$	1.4×10^{-10}	$Mg_3(PO_4)_2$	1.0×10^{-24}
$Cu_2P_2O_7$	1×10^{-14}	$MgNH_4PO_4$	2.0×10^{-13}
Cu_2S	2.5×10^{-48}	$MnCO_3$	2.2×10^{-11}
CuS	6.3×10^{-36}	MnS(无定形)	2.0×10^{-10}
$FeCO_3$	3.1×10^{-11}	MnS(晶形)	2.5×10^{-13}
$Fe(OH)_2$	8.0×10^{-16}	$Mn(OH)_2$	1.9×10^{-13}
$Fe(OH)_3$	4.0×10^{-38}	$Ni(OH)_2$(新析出)	5.5×10^{-16}
FeS	6.0×10^{-18}	$Ni_3(PO_4)_2$	5.0×10^{-31}
$FePO_4$	1.3×10^{-22}	α-NiS	3.2×10^{-19}
$Hg_2(OH)_2$	2.0×10^{-24}	β-NiS	1.0×10^{-24}
$Hg(OH)_2$	3.0×10^{-26}	γ-NiS	2.0×10^{-26}
Hg_2Cl_2	1.43×10^{-18}	$NiCO_3$	1.4×10^{-7}
Hg_2Br_2	6.4×10^{-23}	$Pb(OH)_2$	1.43×10^{-15}
Hg_2I_2	5.2×10^{-29}	$Pb(OH)_4$	3.2×10^{-19}
Hg_2CO_3	3.6×10^{-17}	PbF_2	3.3×10^{-8}
$HgCO_3$	3.7×10^{-17}	$PbCl_2$	1.70×10^{-5}
$HgBr_2$	6.2×10^{-20}	$PbBr_2$	6.60×10^{-6}
HgI_2	2.8×10^{-29}	PbI_2	9.8×10^{-9}
Hg_2S	1.0×10^{-47}	$PbSO_4$	2.53×10^{-8}

续表

难溶电解质	$K_{sp}^{\ominus}$	难溶电解质	$K_{sp}^{\ominus}$
$PbCO_3$	7.4×10^{-14}	SrF_2	2.4×10^{-9}
$PbCrO_4$	2.8×10^{-13}	$SrC_2O_4\cdot H_2O$	1.6×10^{-7}
PbS	8.0×10^{-28}	$Sr_3(PO_4)$	4.1×10^{-28}
$PbMoO_4$	1.0×10^{-13}	TlCl	1.9×10^{-4}
$Pb_3(PO_4)_2$	8.0×10^{-43}	TlI	5.5×10^{-8}
$Pb(N_3)_2$(斜方)	2.0×10^{-9}	$Tl(OH)_3$	1.5×10^{-44}
$Sn(OH)_2$	5.45×10^{-28}	$Ti(OH)_3$	1.0×10^{-40}
$Sn(OH)_4$	1.0×10^{-56}	$TiO(OH)_2$	1.0×10^{-29}
SnS	1.0×10^{-25}	$Zn(OH)_2$	3.0×10^{-17}
SnS_2	2.0×10^{-27}	$ZnCO_3$	1.46×10^{-10}
$SrCO_3$	5.60×10^{-10}	$Zn_3(PO_4)_2$	9.1×10^{-33}
$SrCrO_4$	2.2×10^{-5}	α-ZnS	1.6×10^{-24}
$SrSO_4$	3.4×10^{-7}	β-ZnS	2.5×10^{-22}

附表 9　标准电极电势

1. 在酸性溶液中

电极	电极反应	$E^{\ominus}$/V
N_2/N_3^-	$3N_2+2H^++2e^-=2HN_3$	−3.09
Li^+/Li	$Li^++e^-=Li$	−3.0401
Cs^+/Cs	$Cs^++e^-=Cs$	−3.026
Rb^+/Rb	$Rb^++e^-=Rb$	−2.98
K^+/K	$K^++e^-=K$	−2.931
Ba^{2+}/Ba	$Ba^{2+}+2e^-=Ba$	−2.912
Sr^{2+}/Sr	$Sr^{2+}+2e^-=Sr$	−2.899
Ca^{2+}/Ca	$Ca^{2+}+2e^-=Ca$	−2.868
Ra^{2+}/Ra	$Ra^{2+}+2e^-=Ra$	−2.8
Na^+/Na	$Na^++e^-=Na$	−2.71
La^{3+}/La	$La^{3+}+3e^-=La$	−2.379
Mg^{2+}/Mg	$Mg^{2+}+2e^-=Mg$	−2.372
Be^{2+}/Be	$Be^{2+}+2e^-=Be$	−1.847
Al^{3+}/Al	$Al^{3+}+3e^-=Al$	−1.662
Ti^{2+}/Ti	$Ti^{2+}+2e^-=Ti$	−1.630
Zr^{4+}/Zr	$Zr^{4+}+4e^-=Zr$	−1.45

续表

电极	电极反应	$E^{\ominus}/V$
Mn^{2+}/Mn	$Mn^{2+}+2e^{-}═Mn$	−1.185
V^{2+}/V	$V^{2+}+2e^{-}═V$	−1.175
Se/Se^{2-}	$Se+2e^{-}═Se^{2-}$	−0.924
Zn^{2+}/Zn	$Zn^{2+}+2e^{-}═Zn$	−0.7618
Cr^{3+}/Cr	$Cr^{3+}+3e^{-}═Cr$	−0.744
Ga^{3+}/Ga	$Ga^{3+}+3e^{-}═Ga$	−0.549
Fe^{2+}/Fe	$Fe^{2+}+2e^{-}═Fe$	−0.447
Cr^{3+}/Cr^{2+}	$Cr^{3+}+e^{-}═Cr^{2+}$	−0.407
Cd^{2+}/Cd	$Cd^{2+}+2e^{-}═Cd$	−0.4030
Ti^{3+}/Ti^{2+}	$Ti^{3+}+e^{-}═Ti^{2+}$	−0.373
Tl^{+}/Tl	$Tl^{+}+e^{-}═Tl$	−0.336
Co^{2+}/Co	$Co^{2+}+2e^{-}═Co$	−0.28
Ni^{2+}/Ni	$Ni^{2+}+2e^{-}═Ni$	−0.257
Mo^{3+}/Mo	$Mo^{3+}+3e^{-}═Mo$	−0.200
AgI/Ag	$AgI+e^{-}═Ag+I^{-}$	−0.1522
Sn^{2+}/Sn	$Sn^{2+}+2e^{-}═Sn$	−0.1375
Pb^{2+}/Pb	$Pb^{2+}+2e^{-}═Pb$	−0.1262
WO_3/W	$WO_3+6H^{+}+6e^{-}═W+3H_2O$	−0.090
H^{+}/H_2	$2H^{+}+2e^{-}═H_2$	±0.000
$AgBr/Ag$	$AgBr+e^{-}═Ag+Br^{-}$	0.07133
$S_4O_6^{2-}/S_2O_3^{2-}$	$S_4O_6^{2-}+2e^{-}═2S_2O_3^{2-}$	0.08
Sn^{4+}/Sn^{2+}	$Sn^{4+}+2e^{-}═Sn^{2+}$	0.151
Cu^{2+}/Cu^{+}	$Cu^{2+}+e^{-}═Cu^{+}$	0.153
$AgCl/Ag$	$AgCl+e^{-}═Ag+Cl^{-}$	0.2223
Ge^{2+}/Ge	$Ge^{2+}+2e^{-}═Ge$	0.24
Cu^{2+}/Cu	$Cu^{2+}+2e^{-}═Cu$	0.3419
$Fe(CN)_6^{3-}/Fe(CN)_6^{4-}$	$Fe(CN)_6^{3-}+e^{-}═Fe(CN)_6^{4-}$	0.358
Cu^{+}/Cu	$Cu^{+}+e^{-}═Cu$	0.521
I_2/I^{-}	$I_2+2e^{-}═2I^{-}$	0.5355
MnO_4^{-}/MnO_4^{2-}	$MnO_4^{-}+e^{-}═MnO_4^{2-}$	0.558
Te^{4+}/Te	$Te^{4+}+4e^{-}═Te$	0.568
Rh^{2+}/Rh	$Rh^{2+}+2e^{-}═Rh$	0.600
Fe^{3+}/Fe^{2+}	$Fe^{3+}+e^{-}═Fe^{2+}$	0.771

续表

电极	电极反应	$E^{\ominus}/V$
Hg_2^{2+}/Hg	$Hg_2^{2+}+2e^- = 2Hg$	0.7973
Ag^+/Ag	$Ag^+ + e^- = Ag$	0.7996
NO_3^-/N_2O_4	$2NO_3^- + 4H^+ + 2e^- = N_2O_4(g) + 2H_2O$	0.803
Hg^{2+}/Hg	$Hg^{2+} + 2e^- = Hg$	0.851
Hg^{2+}/Hg_2^{2+}	$2Hg^{2+} + 2e^- = Hg_2^{2+}$	0.920
Pd^{2+}/Pd	$Pd^{2+} + 2e^- = Pd$	0.951
Br_2/Br^-	$Br_2 + 2e^- = 2Br^-$	1.066
Pt^{2+}/Pt	$Pt^{2+} + 2e^- = Pt$	1.18
ClO_4^-/ClO_3^-	$ClO_4^- + 2H^+ + 2e^- = ClO_3^- + H_2O$	1.189
MnO_2/Mn^{2+}	$MnO_2 + 4H^+ + 2e^- = Mn^{2+} + 2H_2O$	1.224
O_2/H_2O	$O_2 + 4H^+ + 4e^- = 2H_2O$	1.229
Tl^{3+}/Tl^+	$Tl^{3+} + 2e^- = Tl^+$	1.252
$Cr_2O_7^{2-}/Cr^{3+}$	$Cr_2O_7^{2-} + 14H^+ + 6e^- = 2Cr^{3+} + 7H_2O$	1.33
Cl_2/Cl^-	$Cl_2 + 2e^- = 2Cl^-$	1.3583
HIO/I_2	$2HIO + 2H^+ + 2e^- = I_2 + 2H_2O$	1.439
PbO_2/Pb^{2+}	$PbO_2 + 4H^+ + 2e^- = Pb^{2+} + 2H_2O$	1.455
BrO_3^-/Br_2	$2BrO_3^- + 12H^+ + 10e^- = Br_2 + 6H_2O$	1.482
Au^{3+}/Au	$Au^{3+} + 3e^- = Au$	1.498
MnO_4^-/Mn^{2+}	$MnO_4^- + 8H^+ + 5e^- = Mn^{2+} + 4H_2O$	1.507
$HClO_2/Cl^-$	$HClO_2 + 3H^+ + 4e^- = Cl^- + 2H_2O$	1.570
$HBrO/Br_2$	$2HBrO + 2H^+ + 2e^- = Br_2 + 2H_2O$	1.596
$HClO/Cl_2$	$2HClO + 2H^+ + 2e^- = Cl_2 + 2H_2O$	1.611
MnO_4^-/MnO_2	$MnO_4^- + 4H^+ + 3e^- = MnO_2 + 2H_2O$	1.679
$PbO_2/PbSO_4$	$PbO_2 + SO_4^{2-} + 4H^+ + 2e^- = PbSO_4 + 2H_2O$	1.6913
Au^+/Au	$Au^+ + e^- = Au$	1.692
Ce^{4+}/Ce^{3+}	$Ce^{4+} + e^- = Ce^{3+}$	1.72
H_2O_2/H_2O	$H_2O_2 + 2H^+ + 2e^- = 2H_2O$	1.776
$S_2O_8^{2-}/SO_4^{2-}$	$S_2O_8^{2-} + 2e^- = 2SO_4^{2-}$	2.010
F_2/F^-	$F_2 + 2e^- = 2F^-$	2.866

2. 在碱性溶液中

电极	电极反应	$E^{\ominus}/V$
$Ca(OH)_2/Ca$	$Ca(OH)_2+2e^- = Ca+2OH^-$	−3.02
$Mg(OH)_2/Mg$	$Mg(OH)_2+2e^- = Mg+2OH^-$	−2.690
$[Al(OH)_4]^-/Al$	$[Al(OH)_4]^- +3e^- = Al+4OH^-$	−2.328
SiO_3^{2-}/Si	$SiO_3^{2-}+3H_2O+4e^- = Si+6OH^-$	−1.697
$Cr(OH)_3/Cr$	$Cr(OH)_3+3e^- = Cr+3OH^-$	−1.48
$[Zn(OH)_4]^{2-}/Zn$	$[Zn(OH)_4]^{2-}+2e^- = Zn+4OH^-$	−1.199
SO_4^{2-}/SO_3^{2-}	$SO_4^{2-}+H_2O+2e^- = SO_3^{2-}+2OH^-$	−0.93
$HSnO_2^-/Sn$	$HSnO_2^-+H_2O+2e^- = Sn+3OH^-$	−0.909
H_2O/H_2	$2H_2O+2e^- = H_2+2OH^-$	−0.8277
$Ni(OH)_2/Ni$	$Ni(OH)_2+2e^- = Ni+2OH^-$	−0.72
AsO_4^{3-}/AsO_2^-	$AsO_4^{3-}+2H_2O+2e^- = AsO_2^-+4OH^-$	−0.71
AsO_2^-/As	$AsO_2^-+2H_2O+3e^- = As+4OH^-$	−0.68
SbO_2^-/Sb	$SbO_2^-+2H_2O+3e^- = Sb+4OH^-$	−0.66
$SO_3^{2-}/S_2O_3^{2-}$	$2SO_3^{2-}+3H_2O+4e^- = S_2O_3^{2-}+6OH^-$	−0.571
$Fe(OH)_3/Fe(OH)_2$	$Fe(OH)_3+e^- = Fe(OH)_2+OH^-$	−0.56
S/S^{2-}	$S+2e^- = S^{2-}$	−0.476
NO_2^-/NO	$NO_2^-+H_2O+e^- = NO+2OH^-$	−0.46
$CrO_4^{2-}/Cr(OH)_3$	$CrO_4^{2-}+4H_2O+3e^- = Cr(OH)_3+5OH^-$	−0.13
O_2/HO_2^-	$O_2+H_2O+2e^- = HO_2^-+OH^-$	−0.076
$Co(OH)_3/Co(OH)_2$	$Co(OH)_3+e^- = Co(OH)_2+OH^-$	0.17
Ag_2O/Ag	$Ag_2O+H_2O+2e^- = 2Ag+2OH^-$	0.342
O_2/OH^-	$O_2+2H_2O+4e^- = 4OH^-$	0.401
MnO_4^-/MnO_4^{2-}	$MnO_4^-+e^- = MnO_4^{2-}$	0.558
MnO_4^-/MnO_2	$MnO_4^-+2H_2O+3e^- = MnO_2+4OH^-$	0.595
MnO_4^{2-}/MnO_2	$MnO_4^{2-}+2H_2O+2e^- = MnO_2+4OH^-$	0.60
ClO^-/Cl^-	$ClO^-+H_2O+2e^- = Cl^-+2OH^-$	0.81
O_3/OH^-	$O_3+H_2O+2e^- = O_2+2OH^-$	1.24

注：表中数据取自于 Lide D R. Handbook of Chemistry and Physics. 81st ed. New York：CRC Press，2000～2001。